Máquinas Síncronas y Máquinas de Corriente Continua

Máquinas Síncronas y Máquinas de Corriente Continua

Francisco Blázquez García   -   Jaime Rodríguez Arribas
Ángel M. Alonso Rodríguez   -   Carlos Veganzones Nicolás

INDUSTRIALES
ETSII | UPM
SECCIÓN DE PUBLICACIONES

DEXTRA
EDITORIAL

Consulte la página www.dextraeditorial.com

Diseño de cubierta: ©TheIdeas · www.ideasjc.net

© Francisco Blázquez García, Jaime Rodríguez Arribas,
Ángel M. Alonso Rodríguez y Carlos Veganzones Nicolás

© Sección de Publicaciones de la Escuela Técnica
Superior de Ingenieros Industriales.
Universidad Politécnica de Madrid

© Dextra Editorial S.L.
C/Arroyo de Fontarrón, 271, 28010 Madrid
Teléfono: 91 773 37 10

ISBN: 978-84-16277-08-7
Depósito legal: M-26700-2014
Impreso en España. Printed in Spain

ÍNDICE

PARTE I. MÁQUINAS SÍNCRONAS

1. Generalidades 3
1.1. Introducción 3
1.2 .Principio de funcionamiento 5
1.3. Aspectos constructivos 8
1.4. Refrigeración de las grandes máquinas 11
1.5. Sistemas de excitación de las máquinas síncronas 13

2. Funcionamiento en vacío y en carga del generador síncrono 17
2.1. Fuerza magnetomotriz (f.m.m.) de excitación 17
2.2. Fuerza magnetomotriz inducida en vacío 20
2.3. Característica de saturación en vacío 22
2.4. Diagrama fasorial (vectorial) de funcionamiento en vacío 23
2.5. Efectos de la carga. Reacción de inducido 25

3. Modelización de las máquinas síncronas. Ensayos para la determinación de las magnitudes y parámetros funcionales 35
3.1. Introducción 35
3.2. Modelo de la máquina síncrona. Equivalente eléctrico 36
3.3. Determinación de las reactancias mediante ensayos 45
3.4. Determinación de la Intensidad de Excitación Asignada y la Variación de Tensión Asignada 52

4. La máquina síncrona en régimen permanente 59
4.1. Introducción 59
4.2. Generador Síncrono funcionando en una red aislada 60
4.3. Generador Síncrono conectado a una red de potencia infinita 65
4.4. El Motor Síncrono 83

5. Funcionamiento de los generadores síncronos en régimen transitorio 91
5.1. Introducción 91
5.2. Cortocircuito trifásico en vacío 91
5.3. Determinación de los parámetros transitorios mediante ensayos 100

Problemas resueltos de máquinas síncronas 107

PARTE II. MÁQUINAS DE CORRIENTE CONTINUA

1. Introducción. Descripción de la máquina de corriente continua. Aspectos constructivos 127
1.1. Introducción 127
1.2. Descripción de la máquina de corriente continua.
Aspectos constructivos. 129
1.3. Funcionamiento del colector 132

2. Principio de funcionamiento como generador y como motor ... 137
2.1. Funcionamiento como generador 137
2.2. Funcionamiento como motor 140

3. Tipos de devanados del inducido de una máquina de corriente continua 143
3.1. Devanados imbricados 145
3.2. Devanados ondulados... 150

4. Expresión de la fuerza electromotriz y del par electromagnético en una máquina de corriente continua. Circuito equivalente 155
4.1. Expresión de la fuerza electromotriz 155
4.2. Expresión del par electromagnético 156
4.3. Modelo de la máquina de corriente continua funcionando
como generador 157
4.4. Modelo de la máquina de corriente continua funcionando
como Motor 158

5. Funcionamiento en carga. Reacción de inducido. 163

6. La conmutación. Polos auxiliares y devanado de compensación 169
6.1. Devanados de compensación y polos de conmutación...... 169
6.2. La conmutación 171

7. Generadores de corriente continua. Tipos de excitación 177
7.1. Tipos de excitación 177
7.2. Generador de excitación independiente 179
7.3. Generador de excitación derivación 180
7.4. Generador de excitación serie 183
7.5. Generador de excitación compuesta 183

8. Motores de corriente continua 185

8.1. Motor de excitación independiente y derivación 186

8.2. Motor de excitación serie 189

8.3. Determinación del punto de funcionamiento de un motor 193

9. Arranque de motores de corriente continua 197

9.1. Método de arranque por resistencias en serie con el inducido 197

9.2. Método de arranque por variación de la tensión 200

10. Frenado eléctrico de los motores de corriente continua 203

10.1. Frenado por contracorriente 203

10.2. Frenado reostático 205

10.3. Frenado con recuperación o regenerativo 206

11. Regulación de velocidad en motores de corriente continua 211

Problemas resueltos de máquinas de corriente continua 219

PARTE I.
MÁQUINAS SÍNCRONAS

1.

GENERALIDADES

1.1. Introducción

Las máquinas síncronas son máquinas eléctricas (rotativas) de corriente alterna cuya velocidad de giro, en régimen permanente, está rígidamente ligada con la frecuencia de la tensión en bornes (*f*) según la siguiente expresión:

$$n(rpm) = \frac{60 \cdot f}{p} \tag{1.1}$$

siendo *p* el número de pares de polos.

Esta expresión de la velocidad coincide con la del campo giratorio creado por corrientes de frecuencia f circulando por un devanado polifásico (Teorema de Ferraris), denominada velocidad síncrona o velocidad de sincronismo, y de aquí la designación de máquina síncrona.

La máquina síncrona tiene dos devanados concatenados por un campo magnético: el *devanado inducido* y el *devanado de campo*[1]. El devanado inducido es un devanado generalmente trifásico[2], de corriente alterna, situado en el estator, y que tiene una construcción similar al de las máquinas asíncronas; el devanado de campo, situado en el rotor, monofásico, está alimentado en corriente continua. En algunas máquinas especiales, por ejemplo las excitatrices principales de los sistemas de excitación sin escobillas (ver el apartado 1.5.2), la disposición es inversa, estando el devanado inducido situado en el rotor y el devanado de campo en el estator.

La disposición normal presenta una serie de ventajas constructivas de gran importancia práctica:

– Los anillos colectores necesarios para alimentar el devanado situado en una parte giratoria son únicamente dos, a diferencia de los seis que serían necesarios si el devanado rotórico fuese trifásico, para poder instalar la protección diferencial. Además la intensidad del devanado de campo es menor que la del inducido, lo que facilita el buen funcionamiento del contacto deslizante anillo-escobilla. Sirva como ejemplo el Turbogenerador de la Central Nuclear de Trillo, que tiene una intensidad asignada en el inducido de *24.780 A (S_N = 1159 MVA, U_N = 27 kV)*. Además, si el devanado de campo está alimentado por un sistema de excitación sin escobillas (o de diodos giratorios), del que se ha hecho mención en el párrafo anterior, incluso no son necesarios anillos colectores[3].

– Debido a las elevadas intensidades que circulan por él, el devanado inducido está sometido a esfuerzos electrodinámicos muy elevados. La fijación mecánica de las

---

[1] Aunque esta es la designación del VEI (411-37-09), se suele emplear frecuentemente el término "devanado inductor".

[2] Existen algunas máquinas síncronas monofásicas, p.e. para ensayos de aislamiento, pequeños grupos portátiles, …

[3] Las máquinas síncronas de imanes permanentes, tampoco tienen anillos colectores ya que no necesitan un devanado inductor para crear el campo magnético.

cabezas de bobina para resistir esos esfuerzos es más sencilla cuando el devanado está fijo.

– El aislamiento de los conductores es también más fácil en los devanados fijos, pudiendo alcanzar tensiones de funcionamiento más elevadas, con la consiguiente reducción en la sección de los conductores. (Ejemplo del Turboalternador de Trillo: inducido, 27kV c.a.; campo, 1 kV c.c.)

En las máquinas síncronas existe un tercer devanado, denominado *devanado amortiguador*, que está en cortocircuito y generalmente en forma de jaula de ardilla, y cuya misión es evitar el funcionamiento de la máquina síncrona a una velocidad diferente a la de sincronismo; cuando se produce esta circunstancia el devanado amortiguador crea un par que es función de la diferencia de velocidades (prácticamente proporcional) y tiende a anularla (frena el rotor si la velocidad de éste es mayor y lo acelera, si es inferior).

Según el número de fases del devanado inducido, las máquinas síncronas se clasifican en:

– Monofásicas, utilizadas generalmente en pequeñas redes domésticas de zonas aisladas donde no llega la red eléctrica.

– Trifásicas (teóricamente, polifásicas en general), que se emplean en el resto de los sistemas eléctricos.

Por la forma constructiva del sistema inductor, las máquinas síncronas se clasifican en:

– Máquinas de polos salientes (Figura 1.1), cuya configuración es la propia de máquinas de baja y media velocidad (inferior a 1000 r.p.m.). Cuando funcionan como generadores son accionadas por turbinas lentas (hidráulicas o eólicas) o motores de combustión interna.

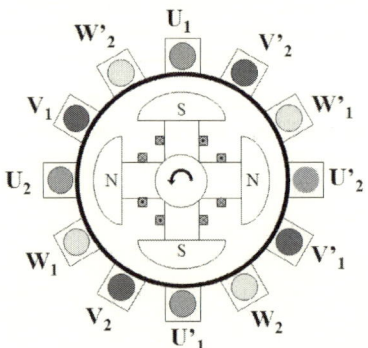

Figura 1.1. Configuración de una máquina síncrona de polos salientes

– Máquinas de rotor cilíndrico o "liso" (Figura 1.2), cuya configuración es la propia de máquinas de alta velocidad (igual o superior a 1500 r.p.m.). Cuando funcionan como generadores son accionadas por turbinas de vapor o por turbinas de gas.

Como todas las máquinas rotativas, la máquina síncrona es reversible, pudiendo funcionar como generador de corriente alterna (alternador síncrono) o como motor de corriente alterna (motor síncrono). En su utilización como *generador*, la máquina síncrona es el tipo de generador eléctrico que se utiliza de forma casi exclusiva en las centrales eléctricas, y con ella se produce, actualmente, más del 99% de la energía eléctrica.

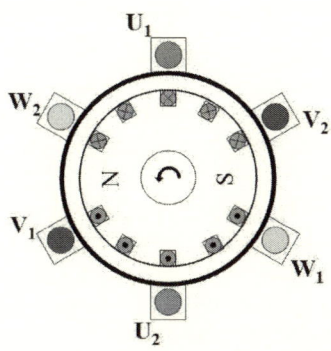

Figura 1.2. Configuración de una máquina síncrona de rotor liso

La carencia de par de arranque en esta máquina, que se justifica en el capítulo 4, ha hecho que, tradicionalmente, su utilización como *motor* haya sido poco frecuente salvo en el caso de potencias muy elevadas[4], donde la tecnología de máquina síncrona es más favorable (aunque hay motores asíncronos de algunas decenas de MW). Sirva como ejemplo el hecho de que uno de los motores mayores del mundo hasta la fecha, 100 MW, es síncrono y ha sido puesto en servicio en Diciembre de 1997 en el túnel aerodinámico supersónico de la NASA en el Langley Research Center (Virginia – USA).

En la actualidad, la utilización masiva de accionamientos de velocidad variable, gracias al gran desarrollo de la electrónica de potencia, ha propiciado la utilización de motores síncronos en toda la gama de potencias, aunque siguen siendo menos utilizados que los asíncronos. Por ejemplo, aunque la primera generación de trenes de alta velocidad (AVE Madrid-Sevilla, fabricados por Alstom) dispone de motores síncronos, los trenes de Siemens siguen montando motores asíncronos.

En algunas ocasiones, en las redes eléctricas se utilizan máquinas síncronas exclusivamente para el control del flujo de potencia reactiva en las redes eléctricas, sin suministrar ni absorber potencia activa de la red. En este caso la máquina funciona como "*compensador*" de caídas de tensión y se designa frecuentemente como "*condensador síncrono*".

1.2. Principio de funcionamiento

Según se ha indicado en el apartado anterior, la máquina síncrona tiene tres modos de funcionamiento: generador, motor y compensador. A continuación se explica el principio de funcionamiento de la máquina síncrona como generador, por ser éste su modo de funcionamiento más extendido.

1.2.1. Funcionamiento en vacío

Cuando el rotor de la máquina síncrona es accionado mediante una turbina o motor primario, aparece en los bornes de cada fase del devanado estatórico, en vacío, una tensión con variación senoidal en el tiempo. Para ello es necesario que el devanado de campo,

---

[4] También han sido utilizado en gamas de potencia muy pequeñas, donde tradicionalmente ha sido muy factible solucionar el problema de la carencia de par de arranque.

alimentado en corriente continua, cree un campo magnético cuya inducción se distribuya idealmente en el entrehierro según la siguiente expresión:

$$B(\alpha) = \hat{B} \cdot \cos \alpha \qquad (1.2)$$

donde α la coordenada angular del entrehierro medida desde el eje del campo rotórico.

Para conseguir esta distribución ideal de inducción (véase apartado 2.1) se construye el entrehierro variable en el caso de las máquinas de polos salientes, o se distribuye el devanado de campo en el caso de las máquinas de rotor liso (véanse las Figuras 1.1 y 1.2). Aún tomando estas medidas, no se consigue que la distribución de inducción sea perfectamente ideal. La distribución real contiene armónicos cuyos efectos en el funcionamiento de la máquina (sobre la f.e.m. inducida en el devanado inducido), se atenúan mediante la distribución y el acortamiento de paso del devanado inducido.

Con el rotor, y por tanto el campo magnético, girando a una velocidad Ω, velocidad física equivalente a una eléctrica ω (ω *(en grados eléctricos)* $= p \cdot \Omega$ *(en grados geométricos)*), como se muestra en la Figura 1.3 la expresión de la inducción en el entrehierro con respecto a una referencia fija ligada al estator viene dada por:

$$B(\alpha,t) = \hat{B} \cdot \cos(\alpha + \omega t) \qquad (1.3)$$

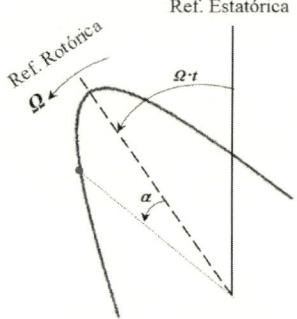

Figura 1.3. Distribución de la inducción magnética en el entrehierro

Esta distribución u onda de inducción origina un flujo magnético en una bobina situada en el estator, que responde a la siguiente expresión:

$$\phi = \iint_{Area\_Bobina} B(\alpha,t) \cdot dS = L \cdot R \cdot \int_{Ang\_Bobina} \hat{B} \cdot \cos(\alpha + \omega t) \cdot d\alpha \qquad (1.4)$$

donde L y R son la longitud y el radio interno del estator, respectivamente.

Si esta bobina estatórica es de paso diametral, los límites de la integral que aparece en la expresión (1.4) son 0 y π, por lo que el flujo se puede expresar:

$$\phi = -2 \cdot L \cdot R \cdot \hat{B} \cdot sen(\omega t) = -\hat{\phi} \cdot sen(\omega t) \qquad (1.5)$$

Al ser el flujo magnético en la bobina variable en el tiempo, se induce una fuerza electromotriz (f.e.m) de acuerdo con la ley de Lenz:

$$e(t) = -N \cdot \frac{d\phi}{dt} = \omega \cdot N \cdot \hat{\phi} \cdot \cos(\omega t) = \sqrt{2} \cdot E \cdot \cos(\omega t) \qquad (1.6)$$

donde N es el número de espiras de la bobina y E el valor eficaz de la f.e.m inducida en la bobina.

La expresión (1.6) muestra que la pulsación de la f.e.m inducida coincide con la velocidad del rotor en grados eléctricos. De esta misma ecuación se deduce una expresión muy utilizada para calcular el valor eficaz de la f.e.m inducida:

$$E = \frac{\omega}{\sqrt{2}} \cdot N \cdot \hat{\phi} = \frac{2\pi \cdot f}{\sqrt{2}} \cdot N \cdot \hat{\phi} = 4,44 \cdot f \cdot N \cdot \hat{\phi} \qquad (1.7)$$

La expresión (1.6) corresponde a la f.e.m inducida en una máquina síncrona monofásica. Sin embargo, la inmensa mayoría de las máquinas síncronas son polifásicas, más concretamente trifásicas con tres devanados equi-espaciados en el perímetro interno del estator.

En el caso ideal, se consideran devanados concentrados con bobinas de paso diametral, de forma que se disponen tres bobinas simples idénticas U_1 - U_2, V_1 - V_2, W_1 - W_2 cuyos ejes están desplazados entre sí $2\pi/3$ radianes, según se indica en la Figura 1.4:

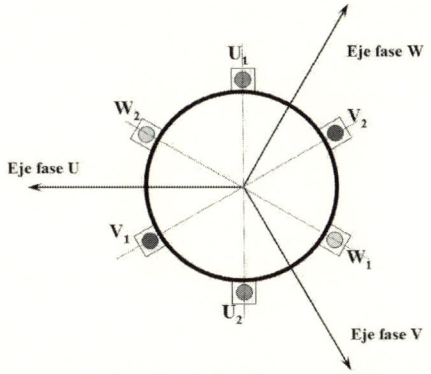

Figura 1.4. Situación espacial de las bobinas de un devanado trifásico

Con esta disposición, la ecuación (1.6) corresponde a la f.e.m inducida en la fase U_1-U_2 y para calcular el flujo en las dos bobinas, restantes se integra la ecuación (1.4) desplazando ahora los límites de integración en $2\pi/3$ radianes, para la bobina V_1-V_2, y en $4\pi/3$ radianes, para la bobina W_1-W_2. Al derivar las ecuaciones obtenidas para el flujo se obtienen las tres expresiones de las f.e.m.s inducidas (expresión 1.8), y se puede observar que constituyen un sistema trifásico equilibrado de tensiones:

$$e_u(t) = \sqrt{2} \cdot E \cdot \cos(\omega t)$$
$$e_v(t) = \sqrt{2} \cdot E \cdot \cos(\omega t - 2\pi/3) \qquad (1.8)$$
$$e_w(t) = \sqrt{2} \cdot E \cdot \cos(\omega t - 4\pi/3)$$

En las máquinas reales cada fase del devanado estatórico está constituida por varias bobinas de paso acortado (factor de paso ξ_p <1) conectadas en serie y distribuidas en q ranuras por polo (factor de distribución ξ_d <1). Por efecto de esta construcción, el valor eficaz de la f.e.m inducida en cada fase resulta menor que en un devanado "ideal" siendo su expresión:

$$E = \frac{\omega}{\sqrt{2}} \cdot \xi \cdot N \cdot \hat{\phi} = \frac{2\pi}{\sqrt{2}} \cdot f \cdot \xi \cdot N \cdot \hat{\phi} = 4,44 \cdot f \cdot \xi \cdot N \cdot \hat{\phi} \qquad (1.9)$$

A $\xi = \xi_d \cdot \xi_p$ se le denomina factor de devanado.

1.2.2. Funcionamiento en carga

Al conectar el devanado inducido a una carga trifásica equilibrada, el sistema trifásico de tensiones (e_u, e_v, e_w) inducidas por el campo magnético creado por el devanado inductor, provoca la circulación de un sistema trifásico equilibrado de corrientes. Según el Teorema de Ferraris, un sistema trifásico de corrientes circulando por un devanado trifásico origina una onda senoidal de fuerza magnetomotriz (f.m.m) giratoria, que tiene el mismo número de polos que el rotor y que gira a la misma velocidad angular n_1 que el rotor de la máquina (1.1):

$$n_1(rpm) = \frac{60 \cdot f}{p} \qquad (1.10)$$

Al girar la onda de f.m.m. creada por el devanado inducido a la misma velocidad que la onda de f.m.m. originada por el devanado de campo, y tener el mismo número de polos, se pueden combinar ambas distribuciones de f.m.m. determinando su resultante el campo magnético giratorio en la máquina cuando está en carga. Como consecuencia, la f.e.m. inducida en el devanado inducido varía en función de la potencia que suministra la máquina. Este efecto es resultado de lo que se denomina *reacción de inducido*[5], aunque en el leguaje corriente se suelen considerar como sinónimos.

La circulación de corriente por el devanado inducido produce otros dos efectos. El primero, bien conocido, es la aparición de una caída de tensión en la impedancia interna del devanado, de modo que la tensión en bornes de la máquina ya no es igual a la f.e.m inducida (f.e.m. interna), igualdad que evidentemente se tiene con la máquina funcionando en vacío. Por otra parte, se originan unas fuerzas electromagnéticas entre los devanados que dan lugar a un par electromagnético que, en el rotor, será un par resistente opuesto al de la máquina motriz (turbina, motor diésel, etc.) en el caso de los generadores.

1.3. Aspectos constructivos

En este apartado se realiza una somera descripción de los elementos constructivos más importantes de las máquinas síncronas comenzando por el estator, que tiene una construcción similar, salvo por el tamaño, para las máquinas de rotor cilíndrico y de polos salientes, y acabando con el rotor que sí presenta unas características muy diferentes en estos dos tipos constructivos.

1.3.1. Estator

Conceptualmente, el estator de una máquina síncrona no difiere del estudiado para la máquina asíncrona: un devanado trifásico de corriente alterna se aloja en las ranuras

---

[5] Según el VEI (411-49-01), el término reacción de inducido designa la "f.m.m. engendrada por las corrientes en el devanado inducido" o, en un sentido más amplio, la "modificación del flujo en el entrehierro" a que da lugar.

existentes en un circuito magnético, constituido por el apilamiento de chapas magnéticas (de Fe-Si) aisladas eléctricamente entre sí.

Las mayores diferencias constructivas se dan en las máquinas síncronas de gran potencia, y por tanto de gran volumen, que son mucho mayores que las más grandes máquinas asíncronas:

– El circuito magnético está construido, en el caso de las grandes máquinas, mediante segmentos de chapa magnética (de entre 0,35 a 0,5mm de espesor), solapando los segmentos de chapa de las capas sucesivas para evitar las juntas a tope en los paquetes de chapa. Por las necesidades de refrigeración de las máquinas de potencia elevada es necesario que los segmentos de chapa tengan unos orificios para formar conductos de ventilación axiales. Un cierto número de chapas forman un paquete, estando separados los sucesivos paquetes para formar los conductos de ventilación radiales.

– Los devanados suelen ser de doble capa, de paso acortado y con bobinas constituidas por varias espiras. En las máquinas muy grandes, con tensiones próximas a 30 kV, las bobinas tienen una sola espira y el conductor, denominado barra, está formado por múltiples subconductores ligeramente aislados entre sí; estos conductores están dispuestos con transposiciones a lo largo de la barra alojada en la ranura (barra ROEBEL o similar)

Según se ha indicado en la introducción de este apartado 1.3, las únicas diferencias en cuanto a la configuración estatórica entre las máquinas de rotor cilíndrico y las de polos salientes son puramente dimensionales: mientras las máquinas de polos salientes tienen gran diámetro pero una relativa pequeña longitud, las de rotor cilíndrico se caracterizan por su gran longitud y su relativo pequeño diámetro.

1.3.2. Rotor

La configuración del rotor, tanto del núcleo magnético como de los devanados, es muy diferente según se trate de una máquina de polos salientes o de rotor cilíndrico.

1.3.2.1. Máquinas de polos salientes

Dado que el campo magnético "visto" desde el rotor no es alterno no habrá corrientes parásitas inducidas en el rotor, por lo que, en el diseño de la máquina, se le puede dar más importancia a la resistencia mecánica en la construcción de los polos. Por ello es frecuente que los polos sean de chapas apiladas de gran espesor (1 mm) o incluso macizos.

La fijación de los polos al cuerpo del rotor debe soportar los esfuerzos derivados de las fuerzas de atracción magnética y la fuerza centrífuga. Así pues, mientras que para bajas velocidades periféricas, los polos se atornillan al cuerpo rotórico, para velocidades superiores a 25 m/s se recurre a la fijación mediante colas de milano (Figura 1.5).

Según se verá en el apartado 2.1 es importante diseñar las expansiones polares ("cabezas de los polos") para conseguir que la onda de inducción tenga una distribución lo más senoidal posible a lo largo del entrehierro y reducir así al mínimo el contenido en armónicos de la f.e.m inducida en el devanado estatórico.

En cuanto al *devanado de campo o de excitación* está compuesto por conductores en forma de pletina de sección rectangular arrollada de canto, generalmente de cobre y a veces de aluminio. Está alimentado en corriente continua mediante un sistema de excitación (Ver apartado 1.5.)

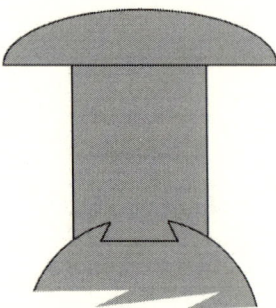

Figura 1.5. Fijación mediante colas de milano de los polos en las máquinas de polos salientes

Además del devanado inductor, responsable de la creación del campo magnético, en el rotor puede haber otro devanado denominado *amortiguador (amortiguador Leblanc)*. La misión básica del devanado amortiguador es originar un par que tiene por efecto oponerse a cualquier variación de la velocidad del rotor con respecto a la velocidad de sincronismo, amortiguando las oscilaciones que aparecen en el funcionamiento en paralelo con otros alternadores o con la red (oscilaciones pendulares). El devanado amortiguador produce, además, otros efectos:

– Afecta al campo magnético de reacción de inducido en los primeros instantes de un cortocircuito (régimen subtransitorio).

– Reduce el efecto de los campos armónicos, que no giran a la velocidad de sincronismo.

– Puede actuar como devanado de arranque cuando la máquina funciona como motor, en cuyo caso debe diseñarse en consecuencia ya que las solicitaciones durante el arranque son mucho más severas que durante el amortiguamiento.

El devanado amortiguador, similar a una jaula de ardilla, está compuesto por unas barras de cobre que se cortocircuitan en los extremos y se aloja en ranuras circulares semi-abiertas que se practican en las chapas, en el caso de que los polos estén constituidos por chapas apiladas (ver Figura 1.6). Algunas veces se interconectan los amortiguadores de todos los polos, formando el devanado amortiguador una verdadera jaula de ardilla, como la de los motores de inducción.

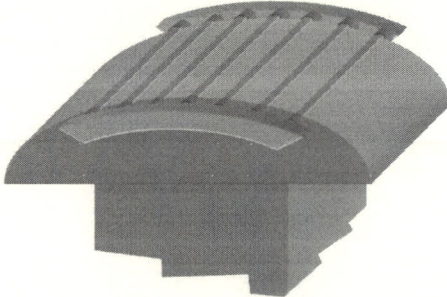

Figura 1.6. Devanado amortiguador y su situación en los polos del rotor.

Cuando los polos de las máquinas son macizos, las corrientes de Foucault que se inducen por la diferencia de velocidad entre el campo y el rotor, suelen producir un amortiguamiento suficiente y no es necesaria la presencia de devanado amortiguador.

1.3.2.2. Máquinas de rotor liso (cilíndrico)

En los rotores de los alternadores de alta velocidad, accionados por turbinas de vapor o turbinas de gas, no resulta adecuado el diseño de polos salientes debido al elevado valor de las fuerzas centrífugas. Por este motivo el rotor se construye a partir de un cilindro de acero de alta resistencia mecánica (p.e. Cr – Ni – Va – Mo, con resistencia de 800 MN/m^2) en cuya periferia se fresan unas ranuras, para alojar los lados de las bobinas inductoras, distribuidas en varias ranuras por polo.

Figura 1.7. Esquema del rotor de una máquina de rotor liso

El diámetro del rotor se limita a unos 1,2 m y la longitud activa del mismo es del orden de 10 mm/MVA. Así, por ejemplo, un turboalternador de 500 MVA tendrá una longitud superior a 5 m. La potencia máxima de diseño está limitada por consideraciones mecánicas del rotor (el turboalternador mayor construido tiene una potencia mayor de 1200MVA). Los entrehierros de diseño son grandes (10 cm en un turboalternador de 500 MVA) para reducir la reactancia de dispersión del devanado inducido y conseguir, de esta manera, una mejora de la regulación de la tensión y de la estabilidad, pero ello exige una mayor intensidad de excitación en el devanado de campo.

Según se verá en el apartado 2.1, la mejora de la forma del campo magnético se consigue gracias a la distribución del devanado de campo.

Por el devanado de campo circulan intensidades muy elevadas, del orden de 6-8 kA a tensiones hasta 1 kV en turbogeneradores de 1000 MVA (TG de la CN Trillo – 8800A), por lo que los conductores deben ser pletinas de cobre de la sección adecuada. Las cabezas de bobina están contenidas en anillos de alta resistencia mecánica, y no magnéticos para reducir el campo magnético de dispersión del rotor (p.e. acero austenítico no magnético 18% Mn, 3% Cr, 0,5% C y resistencia de 1150 MN/m^2)

1.4. Refrigeración de las grandes máquinas

En el funcionamiento normal de las máquinas se producen pérdidas en los devanados y en el circuito magnético, pérdidas que se transforman en energía térmica (calor) que eleva la temperatura de los diferentes componentes de la máquina. De éstos, son los aislantes los más sensibles a la temperatura, ya que en caso de soportar temperaturas superiores a la que impone su clase térmica se produce un envejecimiento acelerado de los mismos.

Si se mantienen constantes los criterios de diseño, tales como la densidad de corriente por los conductores y la inducción en el circuito magnético, las pérdidas de energía en forma de calor Q_p son proporcionales al volumen de la máquina, en tanto que las calorías evacuadas al ambiente Q_e son proporcionales a la superficie de la máquina en contacto con el medio ambiente y al incremento de temperatura sobre éste θ_M, siendo K_t el coeficiente de transmisión calórica:

$$Q_p = C_1 \cdot L^3 \quad ; \quad Q_e = C_2 \cdot L^2 \cdot K_t \cdot \theta_M \tag{1.11}$$

El equilibrio térmico se alcanza cuando el calor producido es igual al calor evacuado, con lo que la temperatura interna es constante y su incremento sobre la ambiental vale:

$$\theta_M = \frac{C_1 \cdot L^3}{C_2 \cdot L^2 \cdot K_t} = C_3 \cdot \frac{1}{K_t} \cdot L \tag{1.12}$$

Según la ecuación (1.12), el incremento de temperatura sobre el ambiente es proporcional a la dimensión lineal L (relación de semejanza) e inversamente proporcional al coeficiente de transmisión calórica K_t. En una serie de máquinas semejantes, si no se modifica el sistema de refrigeración (K_t = cte), el calentamiento aumenta a medida que aumenta el tamaño. Así pues, para mantener la temperatura de funcionamiento dentro de los límites dados por la clase térmica de los aislantes, es necesario aumentar el coeficiente de transmisión calórica K_t a medida que aumenta el tamaño de la máquina.

De este modo, mientras que en máquinas de poca potencia se utiliza el aire ambiente como fluido de refrigeración, bien con circulación natural, o bien con circulación forzada mediante ventiladores de la propia máquina o exteriores, en alternadores de gran potencia se utilizan otros fluidos refrigerantes como el hidrógeno, en circuito cerrado con intercambiadores de calor. El hidrógeno presenta las siguientes ventajas respecto al aire:

− Mayor coeficiente de transmisión calórica K_t (hasta 4,8 veces mayor, a 5 kg / cm^2).

− Menores pérdidas por ventilación, dada la menor densidad del hidrógeno, que se traduce en una disminución del calor Q_p a disipar, con el consiguiente aumento del rendimiento (hasta el 1%).

La refrigeración mediante hidrógeno se emplea en todas las máquinas con potencias superiores a unos 100 MVA y su utilización con presiones superiores a la atmosférica, exige que la envolvente sea estanca y a prueba de explosión. Para máquinas de potencia superior es necesario recurrir a la refrigeración interna o directa del cobre de los devanados, utilizando conductores huecos a través de los cuales circula el hidrógeno. En las máquinas muy grandes, por encima de 300 a 500 MVA, el hidrógeno presenta limitaciones y se sustituye por agua (totalmente desmineralizada, con una conductividad inferior a 5μS/cm), cuyo coeficiente de transmisión calórica es diez veces mayor que el del hidrógeno a 5 kg / cm^2.

En la Figura 1.8, se muestra la disposición de los conductores con refrigeración directa (interna). En la actualidad, los turbogeneradores más grandes tienen los núcleos estatóricos refrigerados por hidrógeno, los devanados estatóricos con refrigeración directa por agua, y los devanados rotóricos con refrigeración directa por hidrógeno o por agua.

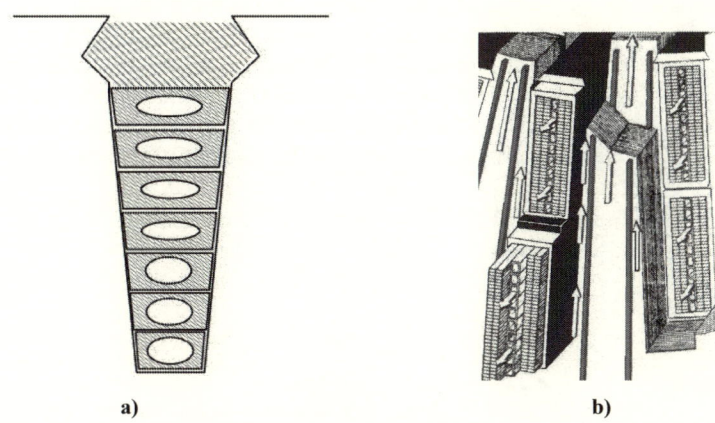

a)   b)

Figura 1.8. Esquema de la refrigeración directa del devanado de campo y del devanado inducido.

1.5. Sistemas de excitación de las máquinas síncronas

De acuerdo con la Norma UNE 60034-16-1 – Sistemas de Excitación para máquinas síncronas – un sistema de excitación es el equipo que suministra la corriente al devanado de campo de una máquina síncrona, incluyendo todos los órganos de regulación y de mando, así como los elementos de descarga o de supresión de campo y los dispositivos de protección.

Dentro del sistema completo, el elemento fundamental es la fuente de potencia eléctrica o *excitatriz*, que proporciona la corriente para la alimentación del devanado de campo. Los sistemas de excitación se clasifican en función del tipo de excitatriz. Así, se puede distinguir entre:

– *Excitatriz estática*, constituida por un convertidor electrónico estacionario alimentado desde una fuente de corriente alterna, que puede ser la propia máquina síncrona.

– *Excitatriz rotativa*, que es otra máquina eléctrica generalmente acoplada al mismo eje que la máquina síncrona principal.

Dentro de cada uno de estos dos grupos existen diferentes alternativas que se presentan a continuación.

1.5.1. Excitatriz estática

Mediante un rectificador electrónico, generalmente alimentado mediante un transformador reductor (transformador de excitación) desde la salida de corriente alterna del propio generador síncrono, se obtiene una fuente de corriente continua con la que se alimenta el devanado de campo, a través de dos anillos colectores y escobillas. En la Figura 1.9 se muestra un esquema de esta configuración.

Al sistema descrito se le denomina *excitatriz estática con fuente de tensión*. Aunque en algunos casos la inducción remanente es suficiente para alcanzar la tensión de vacío de la máquina y alimentar así el convertidor de la excitación (*autoexcitación*), en otros casos es necesario disponer de un sistema de "cebado" (utilizando otra fuente de alimentación) para conseguir excitar la máquina, siendo éste uno de los principales inconvenientes de las excitatrices estáticas.

Otro inconveniente de esta excitatriz es que si la máquina síncrona está conectada directamente a la red, sin interruptor de grupo, (máquinas pequeñas en plantas industriales de 3 a 20 kV), y se produce un cortocircuito franco en una de las líneas de salida, la intensidad de excitación se anula. En estas condiciones, la intensidad de cortocircuito I_{cc}, proporcionada por el generador, disminuye rápidamente y puede ocurrir que los relés de protección no lleguen a actuar, provocando un cero total en la instalación.

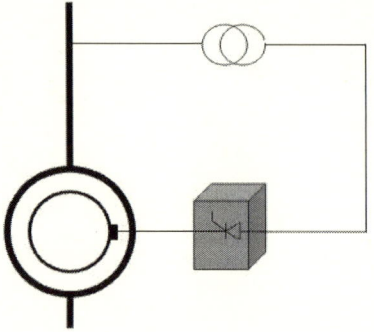

Figura 1.9. Esquema unifilar de una excitatriz estática

Para solucionar este problema se utiliza un sistema denominado *excitatriz estática con fuente compuesta* (Figura 1.10) en el que se alimenta la excitación con una segunda fuente (de intensidad) que consiste en un transformador de corriente no saturado. La propia intensidad del inducido de la máquina síncrona refuerza la excitación, y en el caso de un cortocircuito, mantiene la corriente de cortocircuito y las protecciones pueden actuar.

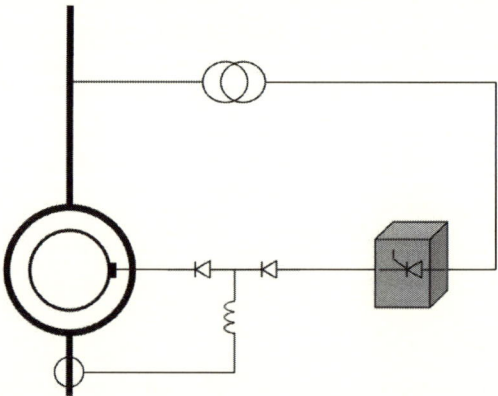

Figura 1.10. Esquema unifilar de una excitatriz estática en fuente compuesta

1.5.2. Excitatriz rotativa

Es una máquina eléctrica que normalmente recibe la potencia mecánica del mismo eje que la máquina síncrona. Existen varios tipos según sea la máquina de corriente continua o de corriente alterna.

1.5.2.1. Excitatriz de corriente continua

Este tipo de excitatrices fueron las primeras en utilizarse y, aunque actualmente no se instalan en los nuevos grupos generadores, aún se pueden encontrar en algunos grupos hidroeléctricos funcionando satisfactoriamente. A su vez, esta excitatriz puede tener un sistema de *autoexcitación* (Figura 1.11.a), si se alimenta el devanado inductor con el propio devanado inducido, o un sistema de *excitación independiente* (Figura 1.11.b), en cuyo caso es necesaria una segunda excitatriz, de menor potencia, denominada *excitatriz auxiliar* (o *excitatriz piloto*). En este caso a la primera excitatriz se le denomina *excitatriz principal*.

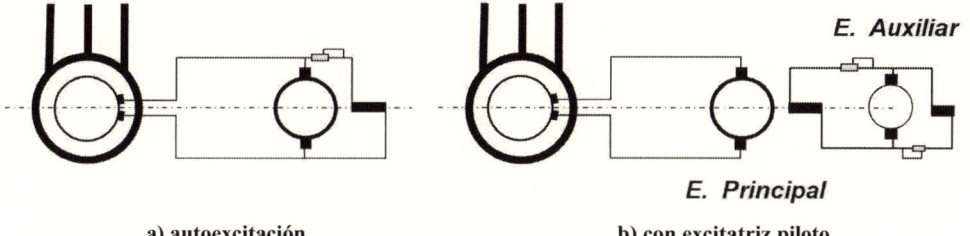

a) autoexcitación   **b) con excitatriz piloto**

Figura 1.11. Excitatrices de corriente continua

1.5.2.2. Excitatriz de corriente alterna con rectificadores estacionarios

Como excitatriz se utiliza otra máquina síncrona de configuración convencional, que genera en su estator un sistema trifásico de tensiones (Figura 1.12). Como la excitación del generador síncrono principal es de corriente continua, es necesario disponer de unos rectificadores para obtenerla a partir del sistema trifásico generado en la excitatriz. Estos rectificadores, situados en la parte fija, son controlados como en las excitatrices estáticas (Figuras 1.9 y 1.10) para ajustar directamente la intensidad de excitación en la máquina.

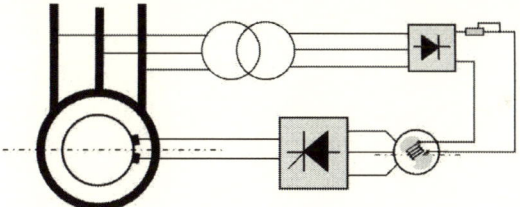

Figura 1.12. Esquema de un sistema de excitación de diodos estacionarios

El devanado de excitación de la excitatriz se alimenta a su vez con una excitatriz de c.c. o más frecuentemente, según se observa en la figura anterior, desde la salida de la máquina síncrona principal mediante un transformador y un rectificador

1.5.2.3. Excitatriz de corriente alterna con rectificadores giratorios

Este sistema, conocido también como "*excitatriz sin escobillas o de diodos giratorios*", tiene como objetivo eliminar la necesidad de disponer de anillos colectores y escobillas para llevar la corriente de excitación generada en una parte fija a otra giratoria (el devanado de campo). Para ello es necesario generar la corriente continua de excitación en la propia parte giratoria. Esto se consigue utilizando una máquina síncrona con *configuración inversa*, cuyo devanado de campo está en el estator y su devanado inducido en el rotor.

La tensión alterna inducida en el rotor es rectificada mediante un puente no controlado, montado naturalmente sobre la parte giratoria y de ahí la denominación de *excitatriz de diodos giratorios*. El devanado inductor de esta excitatriz, ahora en la parte fija, está alimentado con corriente continua procedente bien de la corriente alterna de la máquina principal previamente rectificada (Figura 1.13.a), o bien de una excitatriz auxiliar de corriente alterna de imanes permanentes (excitatriz piloto) (Figura 1.13.b).

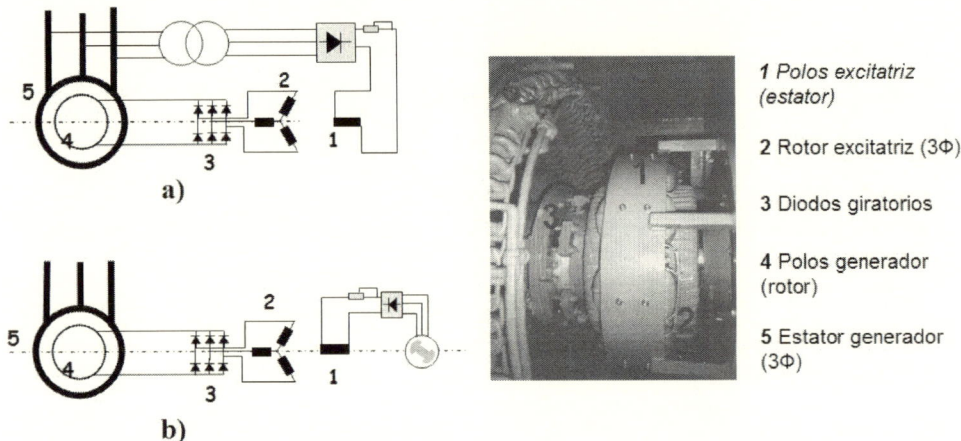

1 *Polos excitatriz (estator)*

2 Rotor excitatriz (3Φ)

3 Diodos giratorios

4 Polos generador (rotor)

5 Estator generador (3Φ)

Figura 1.13. Esquemas de sistemas de excitación con diodos giratorios

2.

FUNCIONAMIENTO EN VACÍO Y EN CARGA DEL GENERADOR SÍNCRONO

2.1. Fuerza magnetomotriz (f.m.m) de excitación

Según se demostró en el apartado 1.2, para que se induzcan en el devanado estatórico f.e.m.s puramente senoidales es necesario que la inducción magnética creada por los polos varíe también senoidalmente a lo largo del entrehierro de forma que:

$$B(\alpha) = \hat{B} \cdot \cos\alpha \tag{2.1}$$

La distribución senoidal de la inducción magnética (onda de inducción) se consigue por medios constructivos que son diferentes para las máquinas de rotor cilíndrico y las de polos salientes.

2.1.1. Máquina de rotor cilíndrico (liso)

Según la Figura 2.1.a y si se considera que, en una primera aproximación, en las máquinas de rotor cilíndrico el entrehierro δ es constante y que la permeabilidad magnética del hierro es infinita respecto a la del aire ($H_{Fe} = 0$; $l_{Fe} \cdot H_{Fe} = 0$), al aplicar la ley de Ampere en el circuito cerrado de una cualquiera de las líneas del campo creado por una bobina concentrada de N_e espiras, situada en el rotor, se obtienen las siguientes expresiones:

$$H = \frac{F_f}{2 \cdot \delta} = \frac{N_e \cdot I_f}{2 \cdot \delta} \quad \rightarrow \quad B = \mu_0 \cdot \frac{N_e \cdot I_f}{2 \cdot \delta} \tag{2.2}$$

donde I_f (subíndice f, del inglés "field") es la intensidad de campo o de excitación, F_f (F_e) es la fuerza magnetomotriz creada por el devanado de campo, H es el campo magnético en el entrehierro, B es la inducción magnética en el entrehierro y μ_0 es la permeabilidad magnética del aire del entrehierro.

La distribución de B, y por tanto de H y de F_f, a lo largo del entrehierro es rectangular (Figura 2.1.b) y su descomposición en serie de Fourier contiene todos los armónicos impares, con amplitudes inversamente proporcionales al orden del armónico:

$$B(\alpha) = \frac{4}{\pi} \cdot \mu_0 \cdot \frac{N_e \cdot I_f}{2 \cdot \delta} \cdot \left(\cos\alpha - \frac{1}{3}\cos 3\alpha + \frac{1}{5}\cos 5\alpha - \frac{1}{7}\cos 7\alpha + ... + \frac{1}{h}\cos(h\alpha) \right) \tag{2.3}$$

Según la expresión anterior la amplitud del armónico genérico de orden h responde a la siguiente ecuación:

$$\hat{B}_h = \frac{4}{\pi} \cdot \mu_0 \cdot \frac{N_e \cdot I_f}{2 \cdot \delta} \cdot \frac{1}{h} \tag{2.4}$$

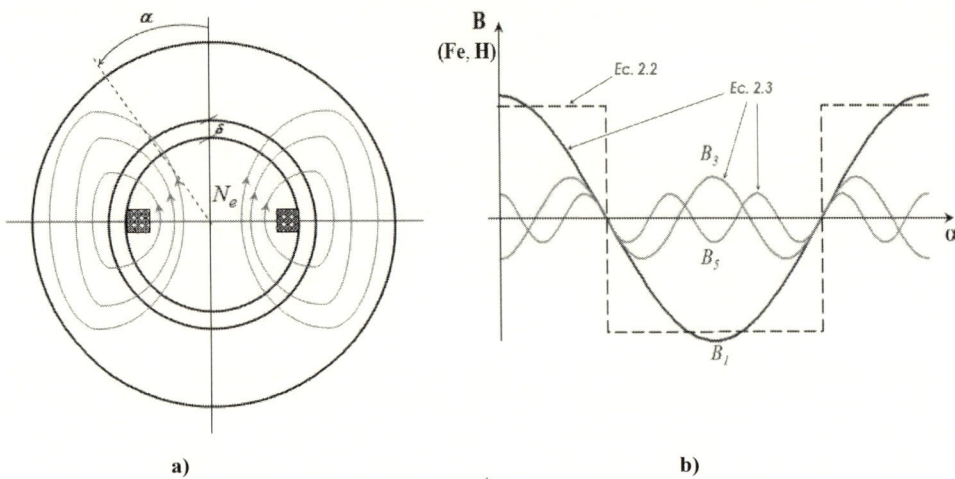

a)   b)

Figura 2.1. Distribución del campo magnético en el entrehierro de una máquina de rotor liso y su descomposición en sus armónicos principales

Para disminuir la amplitud de los armónicos (2.4) de la onda de inducción resultante (2.3), se distribuye el devanado inductor en varias ranuras dando lugar a una distribución escalonada de la inducción:

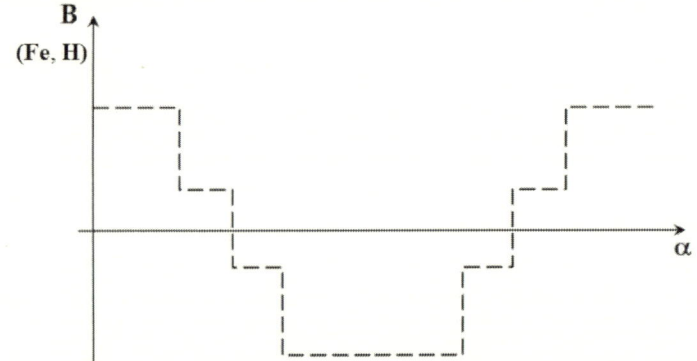

Figura 2.2. Onda de inducción magnética creada por un devanado de campo distribuido en 3 ranuras por polo

Es fácil comprobar (se deja para el lector) que si el devanado de campo se distribuye en q ranuras por polo, separadas α_r °eléctricos, con N_r conductores por ranura, los coeficientes del desarrollo en serie anterior responden ahora a las expresiones:

$$\hat{B}_{hd} = \frac{4}{\pi} \cdot \mu_0 \cdot \frac{N_r \cdot I_f}{2 \cdot \delta} \cdot \frac{1}{h} \cdot \left(\cos\frac{h \cdot \alpha_r}{2} + \cos\frac{h \cdot 3\alpha_r}{2} + ... + \cos(h \cdot \frac{q-1}{2}\alpha_r) \right) = \xi_{rh} \cdot \hat{B}_h \quad (2.5)$$

para q par,

$$\hat{B}_{hd} = \frac{4}{\pi} \cdot \mu_0 \cdot \frac{N_r \cdot I_f}{2 \cdot \delta} \cdot \frac{1}{h} \cdot \left(\frac{1}{2} + \cos(h \cdot \alpha_r) + \cos(h \cdot 2\alpha_r) + ... + \cos(h \cdot \frac{q-1}{2}\alpha_r) \right) = \xi_{rh} \cdot \hat{B}_h \quad (2.6)$$

En estas expresiones ξ_{rh} es el factor de distribución del devanado inductor para el armónico h.

2.1.2. Máquina de polos salientes

De la misma forma que para la máquina de rotor liso, aplicando la ley de Ampere al circuito cerrado de cualquier línea de campo que cruza el entrehierro δ en la coordenada angular α (figura 2.3.a), y considerando también que la permeabilidad del hierro es infinita respecto a la del aire, se obtiene el siguiente valor para la inducción magnética:

$$H = \frac{F_e}{2 \cdot \delta} = \frac{N_e \cdot I_f}{2 \cdot \delta} \quad \rightarrow \quad B = \frac{1}{2} \cdot \mu_0 \cdot \frac{N_e \cdot I_f}{\delta} \tag{2.7}$$

Dado que la distribución de la onda de f.m.m. del inductor F_e es rectangular (figura 2.3.b), siendo el ancho de los rectángulos igual al paso polar, para que la onda de inducción en el entrehierro sea senoidal, la relación F_e / δ debería ser necesariamente senoidal. Para ello se hace variable la longitud δ del entrehierro en función de la coordenada angular α, con un valor mínimo en el eje del devanado rotórico (eje del polo):

$$\delta(\alpha) = \delta_{min} / \cos\alpha \quad \rightarrow \quad B = \frac{1}{2}\mu_0 \frac{N_e I_f}{\delta_{min}} \cdot \cos\alpha \tag{2.8}$$

En la práctica la forma de onda de la inducción no es puramente senoidal, entre otras razones porque el ancho polar b_p tiene que ser menor que el paso polar τ_p, y contiene armónicos impares:

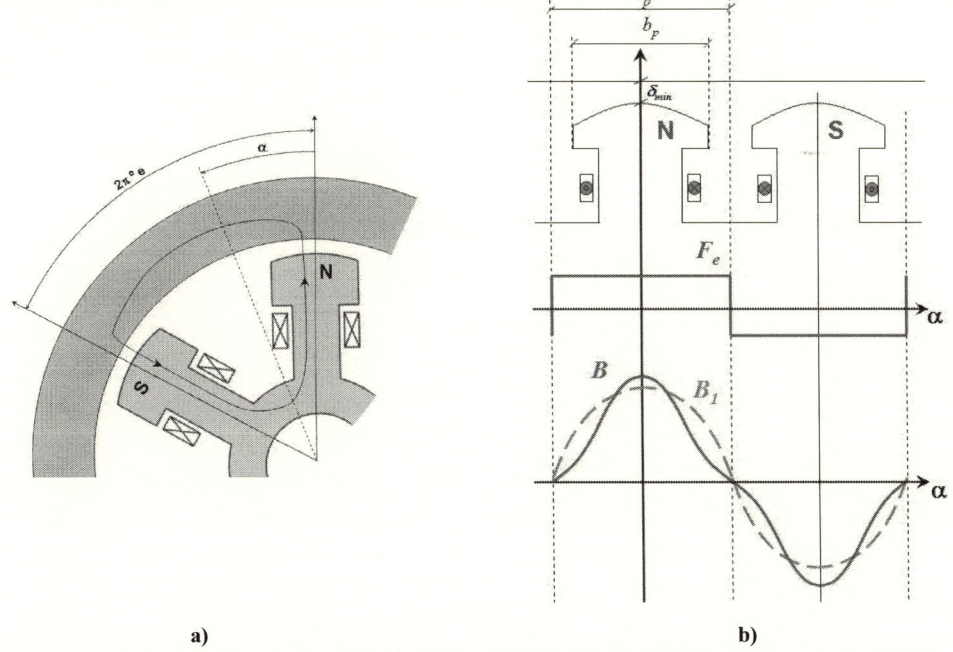

a)   b)

Figura 2.3. Distribución de las ondas de F.m.m y de inducción magnética creadas por el devanado de campo de una máquina síncrona de polos salientes.

En la Figura 2.3.b se representa la onda real obtenida, B, y la onda senoidal equivalente B_l. El valor máximo de ésta, $\hat{B}_l$ está relacionado con $\hat{B}$ según la expresión:

$$\hat{B}_l = K \cdot \hat{B} \tag{2.9}$$

siendo K un valor que se obtiene gráficamente y que depende del tipo de entrehierro (constante, senoidal) y del recubrimiento polar ψ_p (b_p/τ_p). En la práctica, el valor de K es del orden de 0,96 a 0,98 para un recubrimiento polar $\psi_p = 0,7$ (70%).

2.2. Fuerza electromotriz inducida en vacío

En el apartado 1.2 del Capítulo 1, se han obtenido las f.e.m.s. inducidas por una onda giratoria de inducción magnética con distribución senoidal en un devanado trifásico, que responden a las siguientes expresiones:

$$
\begin{aligned}
e_u(t) &= \sqrt{2} \cdot E \cdot \cos(\omega \cdot t) \\
e_v(t) &= \sqrt{2} \cdot E \cdot \cos(\omega \cdot t - 2\pi/3) \\
e_w(t) &= \sqrt{2} \cdot E \cdot \cos(\omega \cdot t - 4\pi/3)
\end{aligned}
\tag{2.10}
$$

donde E es el valor eficaz y viene dado por:

$$E = \frac{\omega}{\sqrt{2}} \cdot (\xi \cdot N) \cdot \hat{\phi} = \frac{2\pi}{\sqrt{2}} \cdot f \cdot (\xi \cdot N) \cdot \hat{\phi} = 4,44 \cdot f \cdot (\xi \cdot N) \cdot \hat{\phi} \tag{2.11}$$

con f, frecuencia la f.e.m inducida; ξ, factor de devanado; N, número de espiras en serie por fase; $\hat{\phi}$, flujo máximo a través de una espira diametral del devanado inducido, cuyo valor se alcanza cuando el eje del campo magnético creado por el devanado de campo coincide con el eje del devanado inducido (Figura 2.4). El producto $\xi \cdot N$ se denomina número efectivo de espiras (en serie por fase).

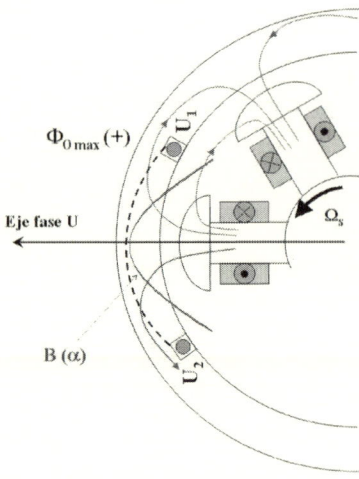

Figura 2.4. Posición en la que el flujo es máximo (e=0) en la fase U (máquina de p pares de polos)

Sin embargo, según se ha indicado en el apartado 2.1, en las máquinas reales la

impares. Estas componentes armónicas del campo giratorio inducen f.e.m.s armónicas cuyas expresiones genéricas son:

$$e_{u,h}(t) = \sqrt{2} \cdot E_h \cdot \cos(h \cdot (\omega \cdot t))$$
$$e_{v,h}(t) = \sqrt{2} \cdot E_h \cdot \cos(h \cdot (\omega \cdot t - 2\pi/3))$$
$$e_{w,h}(t) = \sqrt{2} \cdot E_h \cdot \cos(h \cdot (\omega \cdot t - 4\pi/3))$$
$$E_h = 4{,}44 \cdot (h \cdot f) \cdot (\xi_h \cdot N) \cdot \hat{\phi}_h$$

(2.12)

siendo *h,* el orden del armónico; ξ_h, el factor de devanado para el armónico *h*; $\hat{\phi}_h$, el valor máximo del flujo del armónico *h*.

En el caso particular del tercer armónico, las f.e.m.s. armónicas, es decir, $e_{u,3}$, $e_{v,3}$ y $e_{w,3}$, son homopolares (están en fase). Si la máquina tiene una conexión estrella, estos armónicos no aparecen en las tensiones compuestas aunque sí existan en las tensiones simples (Figura 2.5.a.). Si la conexión de la máquina es triángulo, la componente de armónico 3 da lugar a la circulación de una corriente armónica interna en el triángulo, pero las tensiones entre fases, en los terminales de la máquina, no contienen ese armónico (Figura 2.5.b.):

$$\bar{I}_3 = \frac{\bar{E}_{u3} + \bar{E}_{v3} + \bar{E}_{w3}}{\bar{Z}_{u3} + \bar{Z}_{v3} + \bar{Z}_{w3}} = \frac{3 \cdot \bar{E}_3}{3 \cdot \bar{Z}_3} = \frac{\bar{E}_3}{\bar{Z}_3} \quad \rightarrow \quad \bar{U}_{3(RS,ST,TR)} = \bar{E}_3 - \bar{I}_3 \cdot \bar{Z}_3 = 0 \qquad (2.13)$$

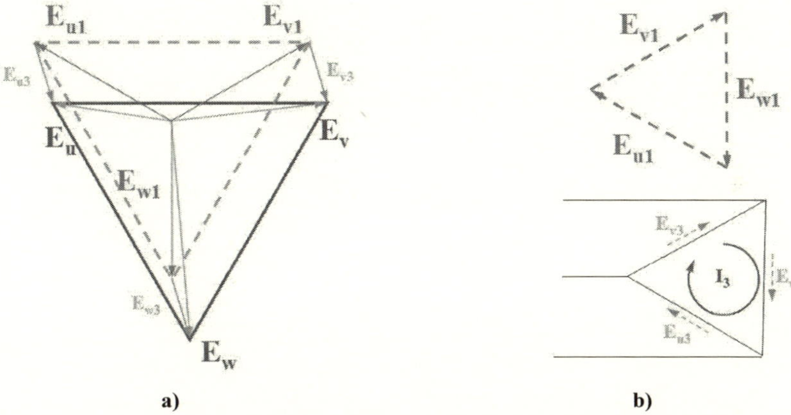

a)   b)

Figura 2.5. Tensiones de línea con conexión estrella (a) y triángulo (b)

La presencia de estos terceros armónicos de f.e.m. y de intensidad puede producir disparos intempestivos de los relés de protección de los generadores. La Norma Española UNE EN 60 034-1, que corresponde a la Norma Internacional CEI 60034-1, limita el contenido de armónicos para las máquina síncronas de potencia $P_N \geq 300kW$ (kVA) estableciendo un valor límite del 5% para la Distorsión Armónica Total (DAT)[1].

---

[1] $DAT = \sqrt{\sum_2^k u_h}$; $\qquad u_h = \dfrac{U_h}{U_1}$; $\qquad U_h$ y U_1, tensión en bornas entre fases; $\qquad k = 100$

El límite de DAT es el 5% de la tensión entre fases, ensayando la máquina en vacío y con valores asignados

2.3. Característica de saturación en vacío

También conocida como *característica de vacío*, es la representación gráfica de la relación que existe entre la componente fundamental de la f.e.m. inducida y la intensidad de excitación en los polos inductores, cuando la máquina funciona en vacío (sin carga) a la velocidad de sincronismo:

$$E_0 = f(I_f) \tag{2.14}$$

Teniendo en cuenta la expresión (2.11) y que el flujo ϕ y la inducción B son magnitudes proporcionales, se obtiene fácilmente que:

$$E_0 = K_1 \cdot \hat{B} \tag{2.15}$$

Además, aplicando la ley de Ampere y la definición de f.m.m, se deduce que:

$$N_e \cdot I_f = H \cdot \delta + H_{Fe} \cdot l_{Fe} \cong H \cdot \delta$$
$$I_f = K_2 \cdot H \tag{2.16}$$

Se observa que la relación entre E_0 e I_f es la misma, a otra escala, que la relación entre $\hat{B}$ y H, es decir, la curva de magnetización del circuito magnético de la máquina. Aunque teniendo en cuenta esto se podría calcular la característica de vacío de forma analítica, en la práctica se determina experimentalmente mediante el *ensayo de vacío*.

Ensayo de vacío

La normativa contempla tres métodos para realizar este ensayo, siendo el más común de ellos el que se basa en hacer funcionar la máquina en vacío como generador, accionándola con un motor. En la aplicación de este método es necesario medir simultáneamente la intensidad de excitación, la tensión en bornes y la frecuencia (o la velocidad de giro).

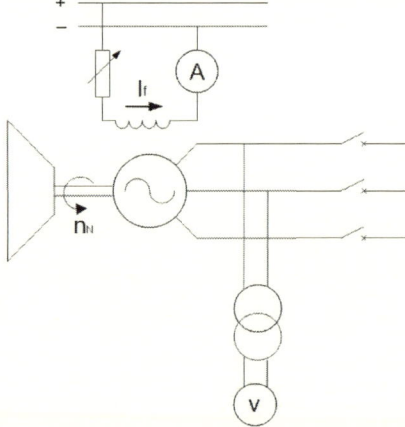

Figura 2.6. Esquema de montaje del ensayo de vacío

Controlando el motor de arrastre para que la velocidad se mantenga constante (velocidad de sincronismo), se varía la intensidad de excitación por escalones de igual magnitud iniciando el ensayo con el valor más elevado, que corresponde a la intensidad de excitación de plena carga (I_{fN}) o como máximo al que proporciona una tensión en vacío de $1,3 \cdot U_N$ (U_N, tensión asignada de la máquina). La intensidad de excitación se reduce hasta que la tensión medida sea $0,2 \cdot U_N$, a menos que la tensión residual U_r debida al magnetismo remanente, sea superior a ese valor. En todo caso, se mide esta tensión residual (con $I_f = 0$). El motor necesario para hacer el ensayo, debe de tener una potencia superior a la suma de las pérdidas en el circuito magnético (P_{Fe}) y perdidas mecánicas y de ventilación (P_{m+V}) de la máquina síncrona sometida a ensayo, potencia que, en cualquier caso, es mucho menor que la potencia asignada de dicha máquina.

Con los datos obtenidos se traza la *característica de vacío* (Figura 2.7.a). Como se indica en esta figura, si existe una tensión residual importante, se realiza una corrección: se prolonga la parte recta de la característica, denominada *recta (o característica) del entrehierro* hasta cortar el eje de abscisas, y se realiza una translación ΔI_f de la característica para hacerla pasar por el origen.

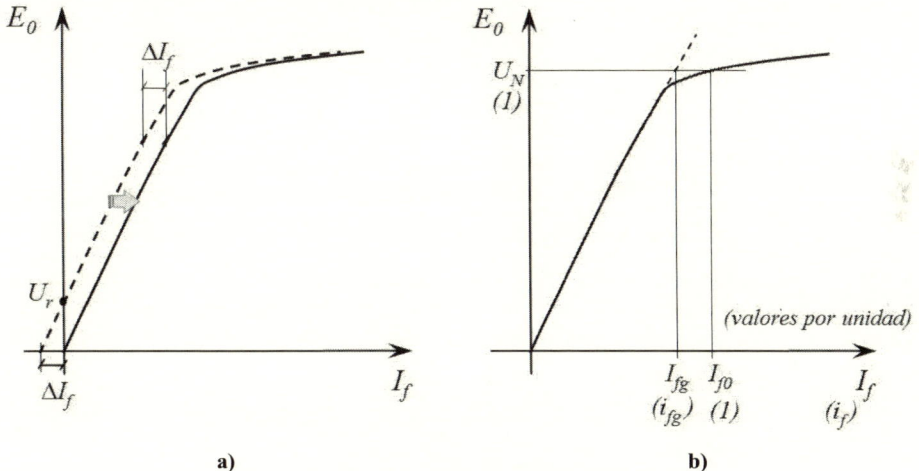

Figura 2.7. Característica de vacío

Sobre la figura 2.7.b se han representado las intensidades I_{fo}, intensidad de excitación que en vacío produce la tensión asignada, e I_{fg}, intensidad de excitación que en vacío produciría la tensión asignada si la máquina no estuviese saturada, es decir, si tuviese la característica del Entrehierro (denominado Gap en inglés, de ahí el subíndice "g") como característica de vacío. Los valores de U_N y de I_{fo} se toman como tensión e intensidad base cuando la característica de vacío se dibuja en valores por unidad (p.u.)

Aunque la potencia del motor de arrastre es mucho menor que la de la máquina a ensayar, en el caso de grandes generadores síncronos el laboratorio podría no disponer de un motor de la potencia necesaria, por lo que se recurre a reducir la velocidad del ensayo con el objetivo disminuir las pérdidas en vacío. En este caso, los valores de la tensión medida deben corregirse a la velocidad asignada multiplicándolos por la relación de velocidades (n_N / n_{ensayo}).

2.4. Diagrama fasorial (vectorial) de funcionamiento en vacío

Antes de plantear el diagrama conviene recordar el *concepto de fasor*. Cualquier magnitud que varíe senoidalmente en el tiempo se puede representar como un vector (fasor temporal de Fresnel), cuyo módulo coincide con el valor máximo de la magnitud representada, que "gira" en un "espacio virtual" a una velocidad que coincide con la pulsación (ω) con la que varía en el tiempo la onda senoidal. El valor instantáneo de dicha magnitud coincide con la proyección del vector sobre un eje fijo. En la Figura 2.8 se muestra la representación en fasores espaciales de un sistema trifásico senoidal genérico, en el que el eje de proyección es el horizontal.

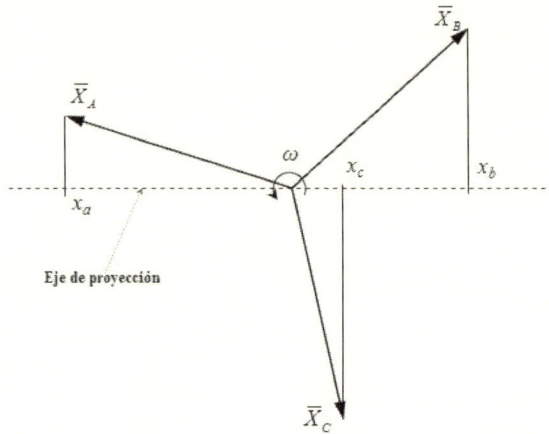

Figura 2.8. Representación en fasores de un sistema trifásico genérico

Dado que las magnitudes f.e.m E_0 y flujo ϕ_0, que intervienen en el funcionamiento de la máquina en vacío, varían senoidalmente en el tiempo, admiten una representación en fasores. Se elige como eje de proyección del sistema de fasores el eje de la fase U (Figura 2.9).

Por otro lado, las magnitudes con distribución senoidal en el espacio admiten una *representación vectorial*: el módulo del vector coincide con el valor máximo de la distribución senoidal y su dirección es la del eje que pasa por el máximo de dicha distribución. Esta representación es muy útil ya que, cuando existe más de una distribución senoidal, la distribución resultante corresponde a un vector que es la suma de los vectores individuales que representan cada distribución.

Ya se ha visto que la distribución de f.m.m de excitación en las máquinas reales, a pesar de no tener una distribución senoidal, ni en máquinas de rotor cilíndrico ni en máquinas de polos salientes, se comporta como si la tuviera porque induce en el devanado estatórico una f.e.m con un contenido en armónicos prácticamente despreciable. Por este motivo, de aquí en adelante, se emplea para representar la f.m.m de excitación el vector $\vec{F}_f$ situado en el eje polar (eje del rotor) y que, por tanto, gira "físicamente" a la velocidad de sincronismo.

En la Figura 2.9.a, se representa la posición de $\vec{F}_f$ en el instante en que coincide con el eje físico de la *fase U* de la máquina. En el instante representado, el flujo del campo magnético creado por $\vec{F}_f$ a través del bobinado diametral equivalente de la fase U de la máquina, es máximo, por lo que el fasor $\overline{\phi}_{0u}$ se sitúa sobre el eje de proyección que, como se ha dicho, coincide con el eje de dicha fase. Aplicando la Ley de Faraday (Lenz) al régimen estacionario senoidal, el fasor $\overline{E}_{0u}$ estará retrasado 90° con respecto al fasor $\overline{\phi}_{0u}$ (el valor instantáneo de la f.e.m en la fase U es nulo cuando el flujo es máximo):

$$e_{0u} = -N \cdot \frac{d\phi_{0u}}{dt} \quad \rightarrow \quad \overline{E}_{0u} = -j\omega \cdot N \cdot \overline{\phi}_{0u} \qquad (2.17)$$

El módulo del fasor $\overline{E}_{0u}$ se determina mediante la característica de vacío con el valor correspondiente de la intensidad de excitación, I_f. El fasor $\overline{\phi}_{0u}$ es colineal con el vector $\vec{F}_f$, aunque no se debe olvidar que mientras $\vec{F}_f$ es un verdadero vector giratorio $\overline{\phi}_{0u}$ "gira" en un "espacio virtual".

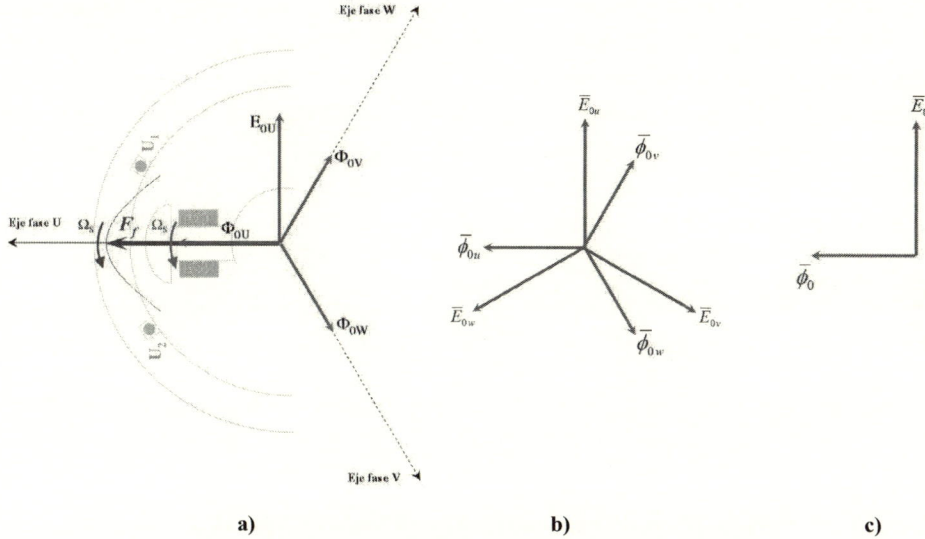

a)   b)   c)

Figura 2.9. Diagrama fasorial del generador síncrono en vacío

Esta representación también tiene sentido físico y se aplica en las otras dos fases de la máquina síncrona. Partiendo de la situación inicial representada en la Figura 2.9.a, cuando el rotor haya girado un ángulo de 120° eléctricos, la f.m.m. $\vec{F}_f$ se habrá colocado en el eje de la fase V por lo que el flujo a través del bobinado de esta fase será máximo. Consecuentemente el fasor $\overline{\phi}_{0v}$ estará situado sobre el eje de proyección, por lo que en el instante representado en la figura debe estar retrasado 120° con respecto a $\overline{\phi}_{0u}$. Se puede hacer el mismo razonamiento para la fase W con un retraso de 240°. Asimismo los fasores representativos de las f.e.m.s. en estas dos fases están a su vez a 90° en retraso en relación a los flujos respectivos (Figura 2.9.b).

Dado que la máquina es simétrica, normalmente es suficiente representar las magnitudes fasoriales de una sola fase, por ejemplo la fase U (Figura 2.9.c.)

2.5. Efectos de la carga. Reacción de inducido

El generador síncrono accionado (movido) por una turbina, con el devanado de excitación alimentado en corriente continua, se comporta (en vacío) como una fuente de tensión de amplitud y frecuencia variables[2]. Al conectar los bornes del generador síncrono a una carga

---

[2] Aunque esté en vacío su funcionamiento normal es con f = cte = 50/60 Hz

se produce la circulación de corriente por el devanado estatórico, lo que origina los siguientes efectos:

- *Caída de tensión* en los conductores del inducido, con una componente resistiva (resistencia óhmica del devanado) y otra inductiva (reactancia de dispersión X_σ) que representa la f.e.m. que se produce por la variación del flujo de dispersión a través del devanado inducido. Generalmente, salvo en las máquinas pequeñas, la componente resistiva es despreciable frente a la componente inductiva.

- *Modificación del campo magnético* en el entrehierro. La circulación de un sistema trifásico de corrientes por el devanado (trifásico) del estator origina una f.m.m. giratoria de distribución prácticamente senoidal $\vec{F}_i$, que gira en sincronismo con $\vec{F}_f$. La resultante de ambas crea un campo magnético en el entrehierro diferente del que existe en vacío, que produce un cambio en la f.e.m inducida. A este efecto se le conoce como *reacción de inducido*.

- *Aparición de un par electromagnético* M_e debido a la interacción entre las corrientes del inducido y el campo magnético. El par electromagnético se opone al par mecánico producido por la turbina, según la ecuación dinámica:

$$M_T - M_e = J \cdot \frac{d\Omega_m}{dt} + A \cdot \Omega_m \qquad (2.18)$$

con M_T, par mecánico de la turbina; J, momento de inercia total del grupo; A, coeficiente de pérdidas mecánicas (rozamiento y ventilación); Ω_m, velocidad de giro (radianes geométricos por segundo).

2.5.1. Caída de tensión. Flujo de dispersión. Reactancia de dispersión

La circulación de corriente por los conductores del inducido origina una caída de tensión en la resistencia de los mismos. Con corriente alterna, la resistencia efectiva aumenta con relación a la resistencia óhmica pura (medida con corriente continua) por el denominado "*efecto pelicular*" (en inglés, skin effect). Este efecto se incrementa cuando los conductores están rodeados parcialmente de material magnético, como ocurre con los del inducido que están alojados en ranuras, por un efecto de "*desplazamiento de corriente*" originado por el flujo de dispersión de ranura que se va a considerar a continuación.

No todos los efectos que se producen en la máquina por la circulación de corriente por el devanado inducido, están representados por la f.m.m de reacción de inducido $\vec{F}_i$. Esta f.m.m. genera todas las líneas del campo del estator que concatenan el devanado inductor, pero además origina otras líneas de campo que no concatenan dicho devanado (circuito de dispersión). Estas líneas de campo constituyen el campo de dispersión, y el flujo equivalente abarcado por las bobinas del inducido, el flujo de dispersión del inducido.

Para el análisis de las máquinas la f.e.m inducida por el flujo disperso se considera como una caída de tensión en una reactancia denominada "*de dispersión*", X_σ (X_l en las normas). Esto es admisible ya que el flujo disperso es proporcional a la intensidad "I" que circula por el inducido (circuito magnético con aire). Para el análisis de los efectos del campo disperso se divide éste, por comodidad de cálculo, en tres partes:

- *Campo de dispersión de ranura.* Tal como se muestra en la Figura 2.10, en este caso las líneas de campo se cierran en torno a una sola ranura del estator, concatenando bien todos los conductores de la ranura o bien una parte de ellos. La variación del flujo debido a estas líneas de campo en todas las espiras de una fase, induce una f.e.m $\overline{E}_{\sigma-r}$ que se considera como una caída de tensión en una única reactancia $X_{\sigma-r}$. (reactancia de dispersión de ranura)

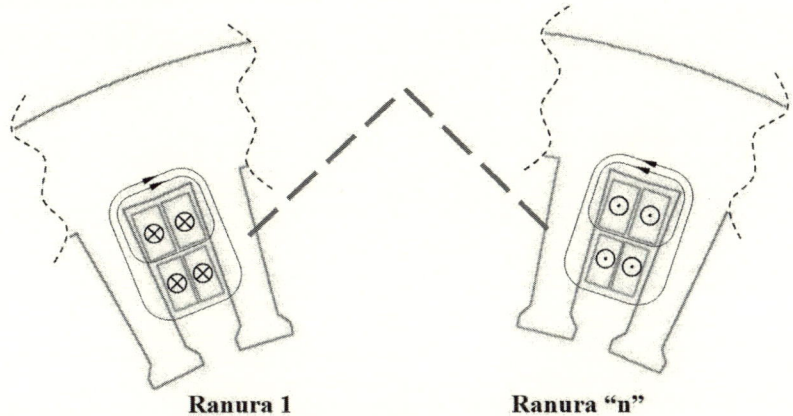

Figura 2.10. Líneas de campo disperso de ranura

– *Campo de dispersión de cabezas de diente*. Las líneas de campo en este caso se cierran en torno a varias ranuras del estator, aprovechando la baja reluctancia que ofrecen los dientes del estator y las expansiones polares del rotor en el caso de las máquinas de polos salientes (Figura 2.11). De la misma manera que para el campo de dispersión de ranura, aparece una f.e.m $\overline{E}_{\sigma-cd}$ debida a la variación del flujo, que se considera como la caída de tensión en una reactancia $X_{\sigma-cd}$ (reactancia de dispersión de cabezas de diente):

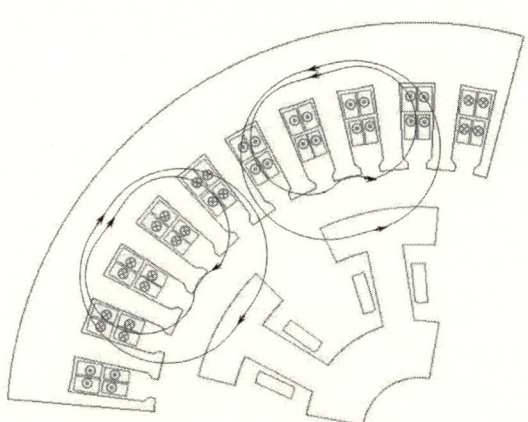

Figura 2.11. Líneas de campo disperso de cabeza de diente

– *Campo de dispersión de cabezas de bobina*. Aparece en las partes del devanado situadas en el exterior del núcleo magnético (cabezas de bobina, ver Figura 2.12). Como en los casos anteriores la variación de este flujo se considera en una reactancia $X_{\sigma-cb}$ (reactancia de dispersión de cabeza de bobina):

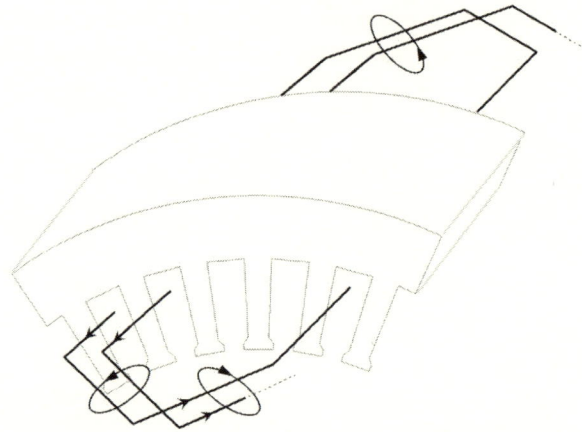

Figura 2.12. Líneas de campo disperso de cabeza de bobina

La reactancia de dispersión de la máquina es la suma de las tres reactancias de dispersión anteriores:

$$X_\sigma = X_{\sigma-r} + X_{\sigma-cd} + X_{\sigma-cb} \qquad (2.19)$$

Para dar una idea de magnitud de los valores que tienen estos parámetros, los datos de un turbogenerador concreto de 660 MVA y 19 kV, son:

– Resistencia del inducido a 20ºC = 1,05$m\Omega$ (0,0019 p.u) (por fase)

– Reactancia de dispersión = 110$m\Omega$ (0,198 p.u.) (por fase)

2.5.2. F.m.m. de reacción de inducido

Cuando el generador síncrono se conecta a una carga trifásica equilibrada, el valor máximo de la f.m.m. creada por la circulación de corriente por el devanado estatórico (trifásico) viene dado por el teorema de Ferraris:

$$F_{i\_max} = \frac{3}{2} \cdot F_{max} = \frac{3}{2} \cdot \frac{4}{\pi} \cdot \frac{\xi \cdot N \cdot I \cdot \sqrt{2}}{2 \cdot p} = 1,35 \cdot \xi \cdot \frac{N \cdot I}{p} \qquad (2.20)$$

siendo N, número de espiras en serie por fase; ξ, factor de devanado; F_{max}, valor máximo de la f.m.m. de una fase; I, valor eficaz de la intensidad en cada fase (carga equilibrada); p, número de pares de polos de la máquina.

La velocidad de giro del vector $\vec{F}_i$ depende de la frecuencia de la intensidad que circula por el devanado inducido (estatórico). Dado que esta frecuencia está determinada por la f.e.m. inducida por el campo rotórico, la velocidad de giro coincide en magnitud y sentido con la de los polos inductores:

$$n = \frac{60 \cdot f}{p_e} = \frac{60 \cdot \dfrac{n_r \cdot p_r}{60}}{p_e} = n_r \qquad (2.21)$$

con p_e, nº de pares de polos del devanado estatórico; p_r, nº de pares de polos del rotor ($p_e = p_r = p$, en todas las máquinas eléctricas).

Según el *Teorema de Ferraris*, el valor máximo (eje) del campo giratorio creado por un devanado trifásico se sitúa sobre el eje de una fase, cuando la corriente en la misma alcanza su valor máximo. Esto indica que en la representación fasorial, el vector giratorio $\vec{F}_i$ está situado sobre el fasor $\bar{I}$ (Figura 2.13.).

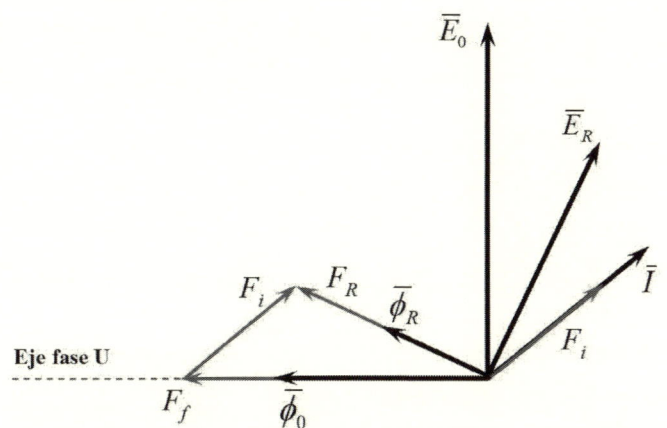

Figura 2.13. Diagrama fasorial del generador síncrono en carga

Por consiguiente, cuando la máquina síncrona está en carga hay en ella dos f.m.m.s, la del devanado de campo y la de reacción de inducido, cuyos vectores representativos $\vec{F}_f$ y $\vec{F}_i$ están desfasados un cierto ángulo constante (en régimen permanente). Sumando geométricamente estos dos vectores se obtiene el vector $\vec{F}_R$, que indica la magnitud y la posición de la distribución de f.m.m. resultante. Esta nueva distribución de f.m.m. determina el flujo magnético de la máquina en carga $\bar{\phi}_R$, flujo cuya variación en el tiempo da origen a la f.e.m. inducida en los devanados en carga $\bar{E}_R$, de la misma forma que el flujo $\bar{\phi}_0$ crea en vacío la f.e.m. $\bar{E}_0$ (Figura 2.9.)

En la Figura 2.14.a. se comprueba que si la carga es puramente inductiva, la f.m.m. $\vec{F}_i$ está en el mismo eje que $\vec{F}_f$ y es opuesta a ella, por lo que la reacción de inducido es "*longitudinal desmagnetizante*". Un razonamiento similar muestra que con carga capacitiva pura, la reacción de inducido es "*longitudinal magnetizante*" (Figura 2.14.b).

Reacción de inducido con carga desequilibrada

En el funcionamiento real de una máquina síncrona puede ocurrir que por causas imputables al sistema eléctrico al que está conectada, y no a la propia máquina síncrona, la intensidad por el devanado estatórico sea desequilibrada. Entre las causas de los desequilibrios, en el caso de los generadores, las más frecuentes son las cargas diferentes en cada fase (en caso extremo una carga monofásica, que puede ser un fallo a tierra de una fase) y, en el caso de los motores, su alimentación con un sistema desequilibrado de tensiones.

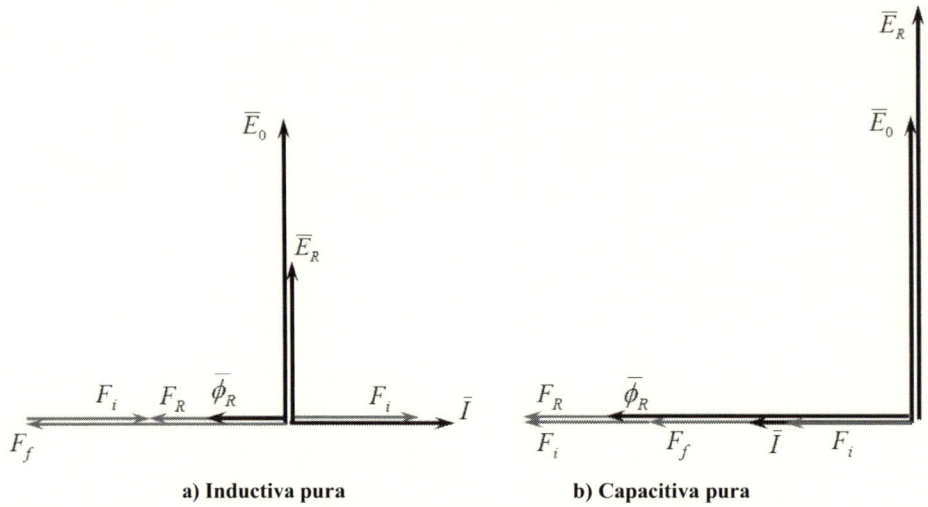

a) Inductiva pura   b) Capacitiva pura

Figura 2.14. Diagrama fasorial del generador síncrono con carga reactiva pura.

El análisis de los efectos del desequilibrio se realiza muy cómodamente mediante la descomposición de las corrientes del inducido en componentes simétricas:

$$\begin{bmatrix} I_0 \\ I_1 \\ I_2 \end{bmatrix} = \frac{1}{3} \cdot \begin{bmatrix} 1 & 1 & 1 \\ 1 & a & a^2 \\ 1 & a^2 & a \end{bmatrix} \cdot \begin{bmatrix} I_u \\ I_v \\ I_w \end{bmatrix} \tag{2.22}$$

En virtud de esta descomposición, se puede considerar cualquier sistema de corrientes estatóricas como la suma de tres sistemas equilibrados, de secuencia homopolar (corrientes en fase), de secuencia directa (misma secuencia que la red de alimentación) y de secuencia inversa (secuencia contraria a la red de alimentación):

– *Sistema de secuencia homopolar*. La componente homopolar $\bar{I}_0$ no produce ningún efecto en las máquinas trifásicas porque las f.m.m producidas en las 3 fases se anulan entre sí ($\vec{F}_{i0} = 0$).

– *Sistema de secuencia directa*. La componente directa $\bar{I}_1$ origina una f.m.m. $\vec{F}_{i1}$ que gira en el mismo sentido que el rotor, cuyos efectos son similares a los analizados en el caso de carga equilibrada.

– *Sistema de secuencia inversa*. La componente inversa $\bar{I}_2$ origina una f.m.m. $\vec{F}_{i2}$ que gira en sentido contrario al rotor, a una velocidad relativa de $2 \cdot n_1$ respecto al mismo, y que crea un campo que induce en los polos del rotor una f.e.m. de frecuencia doble (100 Hz), con diferentes efectos en las siguientes partes: en las expansiones polares se produce la circulación de corrientes parásitas de 100 Hz, que originan importantes pérdidas; en las bobinas de campo (inductoras) circulan también corrientes de 100 Hz, que originan un campo de la misma frecuencia, aunque de eje fijo, que en virtud del Teorema de Leblanc se descompone en dos giratorios que inducen en el devanado inducido f.e.m.s de 50 Hz (de secuencia inversa) y 150 Hz (Figura 2.15).

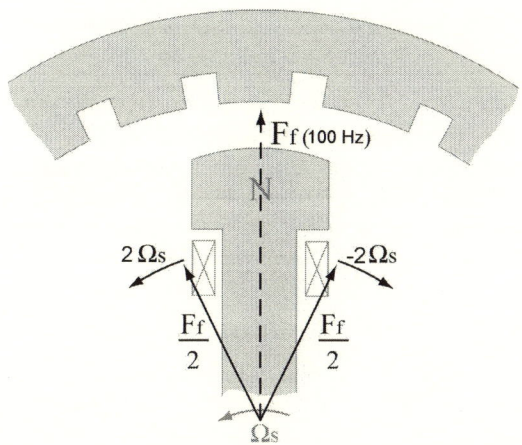

Figura 2.15. Descomposición del campo de 100Hz según el Teorema de Leblanc

En el caso de existir un devanado amortiguador, estos efectos estarán muy atenuados por las corrientes inducidas en él. En las máquinas de rotor liso, construido éste de material macizo, las corrientes inducidas en él son suficientes para atenuar el campo inverso sin necesidad de un devanado amortiguador.

Aunque los efectos de la f.m.m. inversa sobre la f.e.m. inducida no son muy importantes, sí afectan notablemente al calentamiento de la máquina. Por ello las normas (UNE-EN 60034-1, CEI 60034-1) limitan el valor de la componente inversa de la corriente (I_2).

2.5.2.1. Tensión en bornes de la máquina síncrona en carga

Según se ha visto en el apartado 2.4, cuando la máquina síncrona funciona en vacío no hay circulación de intensidad por el devanado estatórico y, por tanto, la tensión en bornes $\overline{U}$ coincide con la f.e.m inducida por el campo rotórico $\overline{E}_0$ (tensión interna) (Figura 2.9.c).

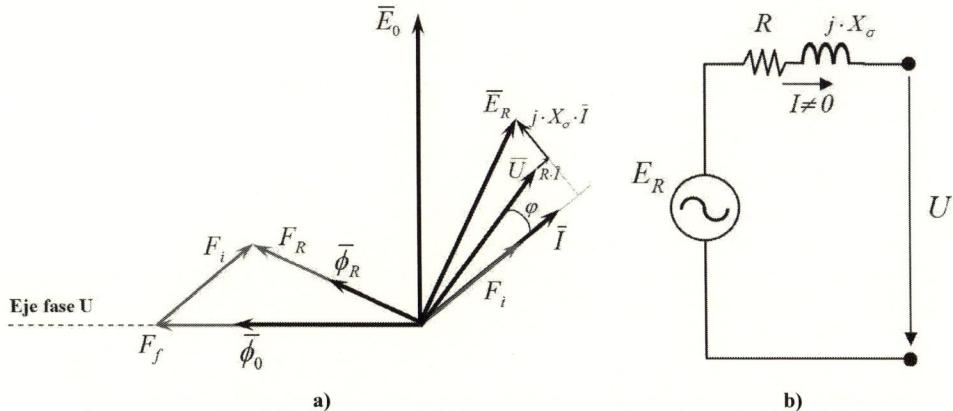

a)   b)

Figura 2.16. Circuito equivalente y diagrama fasorial del generador síncrono en carga

Sin embargo cuando la máquina funciona con carga, la circulación de intensidad por el inducido produce los dos efectos mencionados en los apartados anteriores, reacción de inducido y caída de tensión interna, de modo que la tensión de salida $\overline{U}$ ya no coincide con $\overline{E}_0$ (Figura 2.16.a.). Considerando únicamente las magnitudes eléctricas, el comportamiento de la máquina síncrona responde al circuito equivalente de la Figura 2.16.b.

El diagrama fasorial que relaciona todas las magnitudes eléctricas correspondientes a la Figura 2.16.b, se representa en la Figura 2.17.a tomando la tensión U como origen de fases. En máquinas de elevada potencia la caída de tensión en el término resistivo se suele despreciar (Figura 2.17.b).

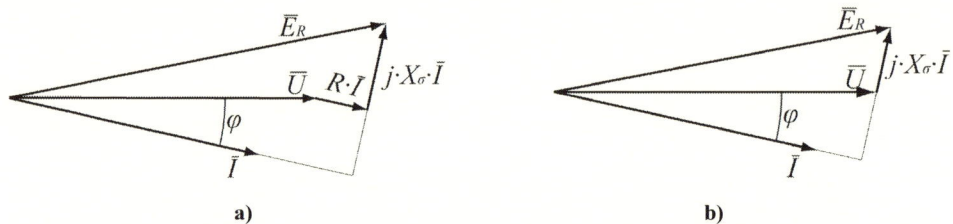

a)   b)

Figura 2.17. Diagrama fasorial simplificado del generador síncrono en carga.

Este análisis es muy apropiado cuando el generador síncrono alimenta a una carga, lo que se denomina funcionamiento aislado. Como se pone de manifiesto en las Figuras 2.16 y 2.17, la tensión en bornes U varía al hacerlo la carga si se mantiene constante la intensidad de campo (excitación) I_f. En este funcionamiento aislado debe modificarse la intensidad de campo para mantener constante la tensión en bornes, y esta función la realizan los Reguladores Automáticos de Tensión.

Sin embargo, es mucho más frecuente que un generador síncrono funcione conectado a una red eléctrica, es decir, que esté en paralelo (próximo o lejano) con muchos generadores, también síncronos, que representan una potencia total muy superior a la de cualquiera de los generadores individualmente. En este caso, la tensión en bornes de cualquier generador es prácticamente constante y no depende del régimen de carga de un generador en particular. Este modo de funcionamiento, "conectado a" o "en paralelo con" una red infinita, se analiza mediante el denominado *diagrama de carga*, en lugar de los diagramas de las Figuras 2.16 y 2.17.

En el Capítulo 4, se analiza con más detalle el funcionamiento del generador síncrono, tanto aislado como conectado a una red infinita.

2.5.3. Par electromagnético

Aunque posteriormente, en el apartado 4.3, se va a deducir una expresión del par muy útil para los estudios de estabilidad, es precisa una formulación del mismo basada en consideraciones electromagnéticas para poder explicar ciertos aspectos del funcionamiento de una máquina síncrona.

Esta expresión del par se obtiene derivando la energía magnética con relación al ángulo β (radianes geométricos) que forman las f.m.m.s $\vec{F}_f$ y $\vec{F}_i$, con la intensidad i constante:

$$M_e = \left. \frac{dW_m}{d\beta} \right|_{i=cte} \tag{2.23}$$

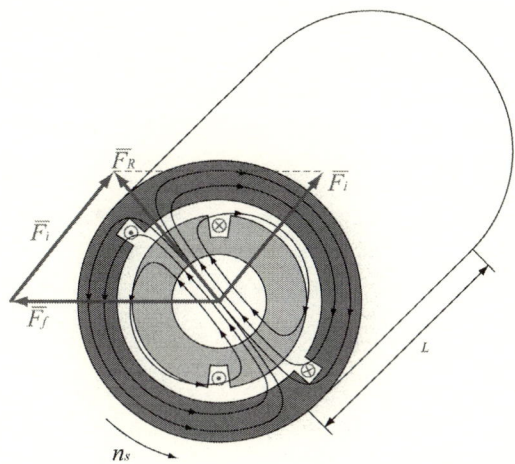

Figura 2.18. Campos magnéticos involucrados en el funcionamiento de una máquina síncrona.

Dado que la energía magnética por unidad de volumen viene dada por

$$W_m = \frac{1}{2} \cdot \frac{B^2}{\mu_0 \cdot \mu_r} \tag{2.24}$$

con B, inducción en teslas (T); $\mu_0 = 4\pi \cdot 10^{-7}$,

si se considera que f.m.m.s $\vec{F}_f$ y $\vec{F}_i$ son puramente senoidales y que el material ferromagnético es ideal, de permeabilidad infinita, de forma que la energía magnética almacenada en la máquina está totalmente concentrada en el entrehierro ($\mu_r = 1$), se llega a la siguiente expresión para el par electromagnético (se deja la demostración al lector):

$$M_e = \pi \cdot p \cdot \mu_0 \cdot \frac{R \cdot L}{\delta} \cdot F_f \cdot F_i \cdot sen\beta \tag{2.25}$$

con p, número de pares de polos; $\mu_0 = 4\pi \cdot 10^{-7}$, permeabilidad magnética del entrehierro; R, radio medio del entrehierro; L, longitud del entrehierro; δ, espesor del entrehierro.

Esta expresión permite deducir que los motores síncronos no pueden arrancar con su par síncrono, ya que éste tiene un valor medio nulo cuando el rotor está parado. En efecto, al conectar el motor a la alimentación, se produce prácticamente de forma instantánea la f.m.m. $\vec{F}_i$ que gira a la velocidad de sincronismo, pero la f.m.m. $\vec{F}_f$, ligada a los polos inductores está fija en el espacio variando β continua y rápidamente entre 0 y 2π, siendo el valor medio de $sen\beta=0$ (Un motor de muy pequeño momento de inercia que acelerase hasta la velocidad de sincronismo durante un semiciclo (10ms), sí tendría par de arranque).

Para arrancar los motores síncronos, es preciso recurrir a métodos especiales, principalmente: alimentación con frecuencia variable iniciando el arranque con una frecuencia muy pequeña, arranque como asíncrono utilizando el devanado amortiguador como jaula de ardilla y arranque con motores de lanzamiento montados en el mismo eje (en centrales hidroeléctricas de bombeo).

3. MODELIZACIÓN DE LAS MÁQUINAS SÍNCRONAS. ENSAYOS PARA LA DETERMINACIÓN DE LAS MAGNITUDES Y PARAMETROS FUNCIONALES.

3.1. Introducción

En el apartado 2.5 se ha establecido el diagrama de funcionamiento de un generador síncrono en carga, y se ha representado gráficamente en la Figura 2.16.a que reproducimos aquí como Figura 3.1.

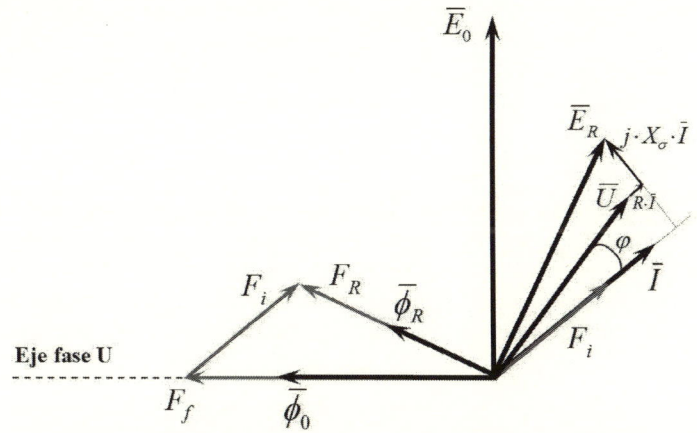

Figura 3.1. Diagrama fasorial de un generador síncrono en carga.

En este diagrama están presentes todas las "magnitudes magnéticas" internas de la máquina síncrona. En primer lugar y representadas por vectores de amplitud fija que giran en el espacio, están las distribuciones senoidales de fuerza magnetomotriz $\vec{F}_f$, $\vec{F}_i$ y $\vec{F}_R$. Originadas por estas f.m.m. aparecen otras magnitudes con variación senoidal en el tiempo, que admiten por tanto una representación en fasores temporales $\bar{\phi}_0$ y $\bar{\phi}_R$. Todas estas magnitudes son internas en el sentido de que no se pueden medir desde los bornes externos de la máquina.

Además de las magnitudes magnéticas, el diagrama incluye magnitudes eléctricas con variación senoidal en el tiempo, con la misma frecuencia que los fasores magnéticos. De estos fasores eléctricos, las fuerzas electromotrices $\bar{E}_0$ (cuando la máquina está en carga) y $\bar{E}_R$ son internos, mientras que la tensión en bornes $\bar{U}$ y la intensidad $\bar{I}$ se pueden medir desde el exterior. Estas dos últimas magnitudes son fundamentales en el análisis de la interacción de la máquina con el sistema eléctrico al que está conectada, ya sea un sistema de cargas en el caso de funcionar como generador alimentando una red propia, o bien una red eléctrica a la que cede o de la que absorbe energía en el caso de que funcione como generador o como motor.

El diagrama de la Figura 3.1 no resulta cómodo para estudiar el funcionamiento integrado de las máquinas síncronas en los sistemas eléctricos, que están representados por circuitos eléctricos constituidos por elementos bien conocidos como son fuentes (de tensión y de corriente), resistencias, inductancias y condensadores. Por ello sería muy útil representar también la máquina síncrona como un conjunto de estos elementos de circuito convenientemente asociados en un circuito equivalente. En el siguiente apartado se estudia detalladamente el comportamiento del circuito magnético de la máquina, para proceder a la deducción de su circuito eléctrico equivalente.

3.2. Modelo de la máquina síncrona. Equivalente eléctrico

3.2.1. Máquina de rotor liso

3.2.1.1. Máquina no saturada

El concepto de "no saturada" indica que el nivel de inducción magnética en el material ferromagnético del circuito es inferior al correspondiente al codo de la curva de magnetización y, en consecuencia, que la permeabilidad magnética relativa μ_r es muy elevada (permeabilidad "infinita"). En estas condiciones, según se ha visto en el apartado 2.3, se trabaja en la parte lineal de la característica de vacío, denominada recta del entrehierro.

Es necesario destacar que, debido al elevado valor de la permeabilidad relativa μ_r, al aplicar la ley de Ampere al circuito cerrado determinado por cualquiera de las líneas del campo magnético (Figura 3.2), se desprecia el valor del campo magnético en el material ferromagnético (H_{Fe}) frente al del campo en el entrehierro (H_δ), por lo que la constante de la expresión (2.16) queda en función del espesor δ del entrehierro de la máquina:

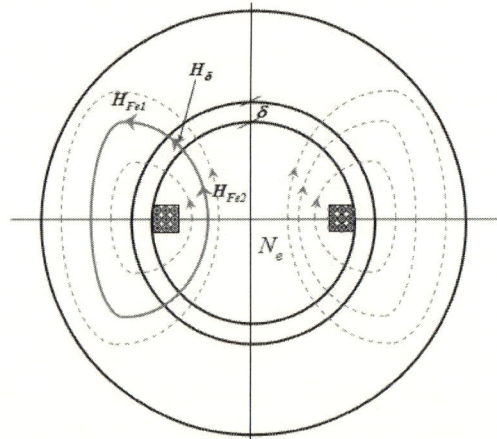

Figura 3.2. Aplicación de la Ley de Ampere en una línea genérica de campo magnético

$$N_e \cdot I_f = H_\delta \cdot 2\delta + H_{Fe1} \cdot l_{Fe1} + H_{Fe2} \cdot l_{Fe2} \cong H_\delta \cdot 2\delta$$

$$I_f = K_2 \cdot H_\delta \quad con \quad K_2 = \frac{2\delta}{N_e} \tag{3.1}$$

Como se puede observar, si el espesor del entrehierro es constante[1] la f.m.m $N_e \cdot I_f$ y el campo H_δ son proporcionales. Dado que la f.e.m. inducida en una fase del estator es

---

[1] Se desprecia, por ahora, el efecto de las ranuras rotórica que aumentan el espesor del entrehierro.

proporcional al flujo magnético, y a su vez éste es proporcional a la inducción y al campo magnético, se puede concluir que, en condiciones de máquina "no saturada" existe una relación proporcional entre la f.m.m. que "actúa" en el circuito magnético y la f.e.m inducida en el devanado estatórico.

Esta "linealidad" entre la respuesta de la máquina (f.e.m. inducida) y la excitación (f.m.m.) hace que, cuando la máquina está en carga, cada una de las dos excitaciones, la f.m.m. $\vec{F}_f$ (del devanado de campo) y la f.m.m. $\vec{F}_i$ (reacción de inducido), actúe de forma independiente produciendo sendos flujos $\overline{\phi}_0$ y $\overline{\phi}_i$, cuya variación en el tiempo induce las correspondientes f.e.m.s $\overline{E}_0$ y $\overline{E}_i$, cada una de ellas proporcional a la f.m.m que la origina (Figura 3.3.a). De esta forma la f.e.m. resultante $\overline{E}_R$ se determina como la suma de ambas f.e.m.s, sin necesidad de calcular el flujo resultante $\overline{\phi}_R$ (Figura 3.3.b):

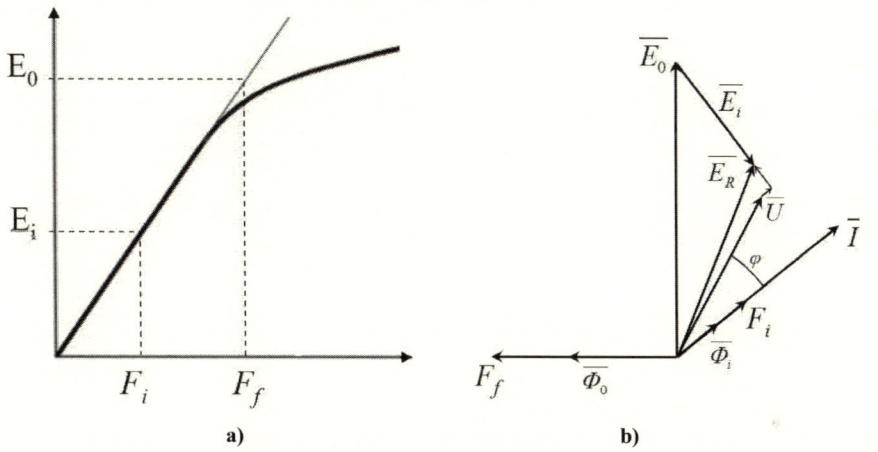

a)   b)

Figura 3.3. Relación entre f.m.m.s. y f.e.m.s. en máquinas síncronas de rotor liso "no saturadas"

$$\overline{\phi}_R = \overline{\phi}_0 + \overline{\phi}_i \quad \rightarrow \quad \overline{E}_R = \overline{E}_0 + \overline{E}_i \tag{3.2}$$

Según se verá en el apartado 3.2.2, el análisis de las máquinas de polos salientes es diferente (entrehierro variable).

Como ya se ha indicado, según la ecuación (2.20) reproducida a continuación, el módulo de la reacción de inducido F_i es proporcional a la intensidad I que circula por el devanado estatórico (o inducido),

$$F_{i\_max} = \frac{3}{2} \cdot F_{max} = \frac{3}{2} \cdot \frac{4}{\pi} \cdot \frac{\xi \cdot N \cdot I \cdot \sqrt{2}}{2 \cdot p} = 1{,}35 \cdot \xi \cdot \frac{N \cdot I}{p}$$

de forma que la f.e.m. E_i puede ser considerada como una caída de tensión en una reactancia X_i producida por la circulación de dicha intensidad. Partiendo de la expresión de la f.e.m inducida por un flujo variable, y teniendo en cuenta la definición de "*enlaces de flujo* ψ", la f.e.m $e_i(t)$ se puede expresar como sigue:

$$e_i = -N \cdot \frac{d\phi_i}{dt} = -\frac{d\psi_i}{dt} \quad con \quad \psi_i = N \cdot \phi_i \tag{3.3}$$

La inductancia de una bobina se define en función de los enlaces de flujo que origina una intensidad que circula por ella mediante la relación

$$L_i = \frac{\psi_i}{i} \tag{3.4}$$

Despejando ahora ψ_i y sustituyendo en (3.3), se obtiene la siguiente expresión:

$$e_i = -L_i \cdot \frac{di}{dt} \tag{3.5}$$

Esta expresión en régimen estacionario senoidal de frecuencia f, da lugar a:

$$\overline{E}_i = -j \cdot X_i \cdot \overline{I} \quad con \quad X_i = 2\pi \cdot f \cdot L_i \tag{3.6}$$

Llevando este valor de f.e.m. a (3.2), se obtiene:

$$\overline{E}_0 = \overline{E}_R - \overline{E}_i \quad \rightarrow \quad \overline{E}_0 = \overline{E}_R + j \cdot X_i \cdot \overline{I} \tag{3.7}$$

En el apartado 2.5 se demostró que la tensión de salida en carga $\overline{U}$, varía con respecto a la f.e.m $\overline{E}_0$, por efecto de la reacción de inducido y la caída de tensión interna:

$$\overline{U} = \overline{E}_R - (R + jX_\sigma) \cdot \overline{I} \tag{3.8}$$

Si en la expresión anterior se sustituye $\overline{E}_R$ por su valor (3.7) y se agrupan las reactancias se obtiene:

$$\overline{U} = \overline{E}_0 - R \cdot \overline{I} - j(X_\sigma + X_i) \cdot \overline{I}$$
$$\overline{E}_0 = \overline{U} + R \cdot \overline{I} + jX_S \cdot \overline{I} \tag{3.9}$$

La reactancia X_i se denomina "*Reactancia principal*" o "*Reactancia de reacción de inducido*", y la suma de ésta y la "*de dispersión*" X_σ es la "*Reactancia síncrona*" X_S [2]. El valor de X_i es muy superior al de X_σ (p.e. en el turboalternador de la Central Térmica de Meirama, $X_d = X_i + X_\sigma = 0,306$ p.u (0,166 Ω), y $X_\sigma = 0,198$ p.u (0,108 Ω)).

En la Figura 3.4 (a y b) se utilizan las relaciones indicadas en (3.9) para completar el diagrama fasorial de la Figura 3.1. En este nuevo diagrama fasorial se considera también el efecto de la resistencia aunque, según se ha indicado, es despreciable, especialmente en máquinas de potencia elevada:

[2] La normativa aplicable (Norma UNE EN 60034-4) no considera esta reactancia sino la X_d, Reactancia Síncrona Longitudinal, debido a que la máquina síncrona ideal (entrehierro constante) no existe en la realidad, pues en la zona donde se alojan los conductores del devanado de campo, el entrehierro "equivalente" es mayor que en la zona en que no hay ranuras rotóricas.

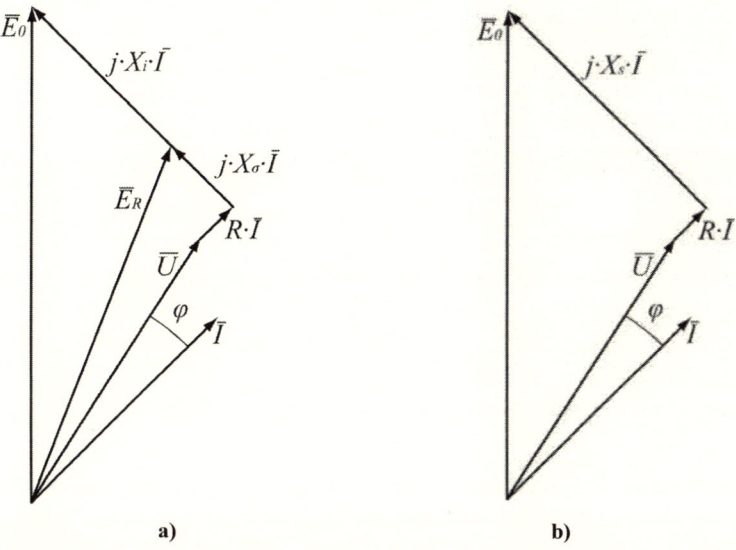

Figura 3.4. Diagrama fasorial eléctrico completo de un generador síncrono de rotor liso "no saturado"

El circuito equivalente de la máquina síncrona, que corresponde al diagrama fasorial de la figura anterior, se muestra en la Figura 3.5. Como se puede observar, contiene únicamente elementos eléctricos por lo que constituye un modelo de la máquina muy adecuado para el análisis de su funcionamiento en carga.

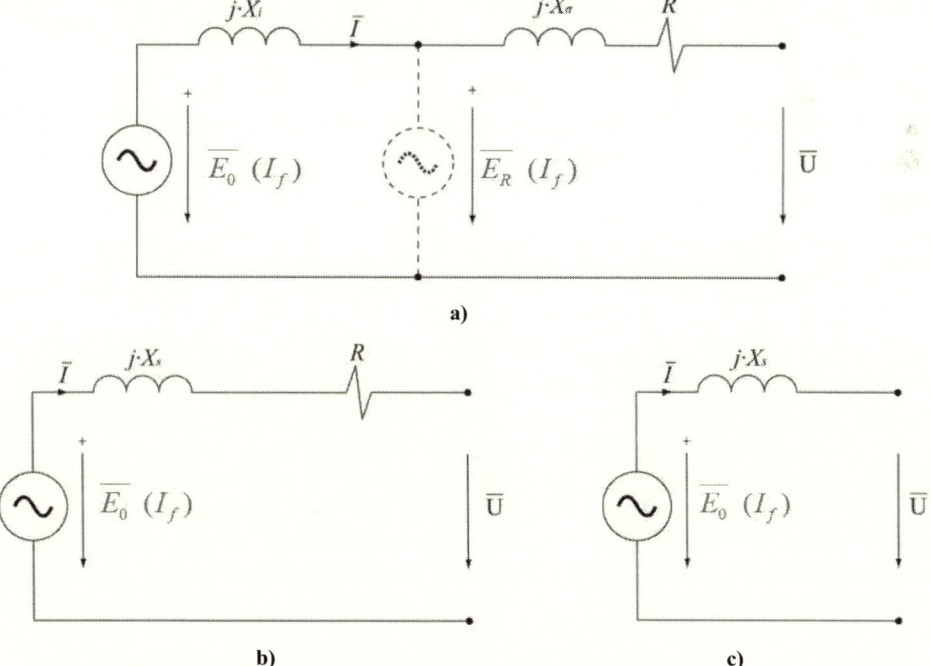

Figura 3.5. Circuito eléctrico equivalente de un generador síncrono de rotor liso "no saturado"

En este circuito equivalente la fuente de tensión E_0 corresponde a la f.e.m. que se induce en vacío si el devanado de campo se alimenta con la intensidad I_f. El valor de E_0 se obtiene por tanto en la *curva de vacío* para la corriente de excitación I_f.

El esquema equivalente simplificado de la Figura 3.5.c es válido para la mayoría de las máquinas ya que, en general, $X_S \gg R$ e incluso $X_\sigma \gg R$. Como ejemplo, en el turbogenerador de la C.T. de Meirama, ya citado, $X_\sigma = 0,198$ p.u y $R = 0,002$ p.u.

3.2.1.2. Máquina saturada

Cuando la máquina síncrona funciona con valores de inducción por encima del codo de saturación, situación ésta que se da actualmente en todas las máquinas eléctricas, no es admisible considerar que el efecto de la f.m.m de reacción de inducido $\vec{F}_i$ pueda ser representado por una caída de tensión en la reactancia X_i, ya que el valor de dicha reactancia debería ser diferente para cada carga y nivel de saturación.

Para ilustrar este hecho en la Figura 3.6 se presenta el efecto que tiene una misma intensidad de inducido $\bar{I}$, puramente inductiva, sobre una máquina síncrona funcionando previamente en vacío, en dos condiciones distintas de saturación. El carácter inductivo puro de la intensidad permite que se pueda operar directamente con los módulos de las f.m.m.s. ya que con este tipo de carga $\vec{F}_i$ y $\vec{F}_f$ están en contrafase.

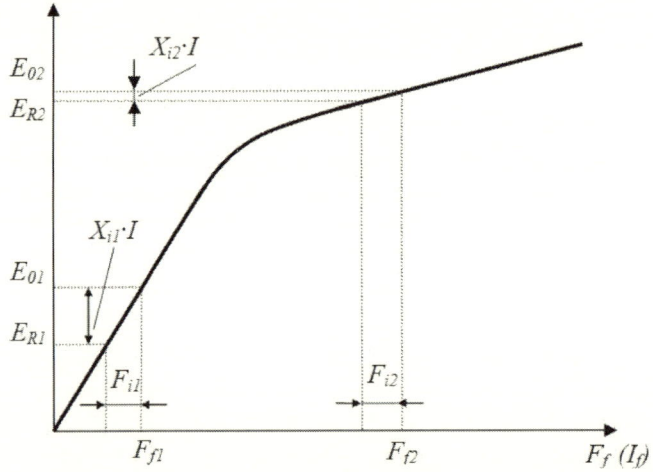

Figura 3.6. Efecto de la f.m.m de reacción de inducido en una máquina síncrona "saturada"

Si se parte de un estado inicial en vacío en el que la máquina no está saturada (E_{01}, F_{f1}), la presencia de la reacción de inducido F_i provoca una reducción de f.e.m mayor que si se parte de un estado en el que la máquina está fuertemente saturada (E_{02}, F_{f2}). Dado que esta diferencia entre las f.e.m.s se justifica en el circuito equivalente (Figura 3.5) como la caída de tensión en la reactancia X_i, se puede concluir que dicha reactancia es mayor con la máquina no saturada que con la máquina en condiciones de saturación:

$$E_{01} - E_{R1} > E_{02} - E_{R2} \quad \rightarrow \quad X_{i1} \cdot I > X_{i2} \cdot I \quad \rightarrow \quad X_{i1} > X_{i2} \qquad (3.10)$$

No obstante, la reactancia síncrona longitudinal no saturada X_d (X_s en la Figura 3.5) es una magnitud que se utiliza frecuentemente y que permite realizar análisis funcionales de los sistemas eléctricos con numerosas máquinas síncronas interconectadas conectadas, pero que no puede aplicarse cuando se requieren resultados muy precisos, como ocurre en el cálculo de la *Intensidad de Excitación Asignada* I_{fN}.

En conclusión, se puede considerar que si bien con el modelo de máquina "no saturada" se puede prescindir de la parte magnética, reduciendo la máquina a un simple circuito eléctrico, con el modelo de máquina "saturada" es preciso tener en cuenta los fenómenos físicos internos. Así pues, en estos casos es necesario considerar el comportamiento del circuito magnético, no existiendo un circuito eléctrico equivalente que tenga una aplicación generalizada.

3.2.2. Máquina de polos salientes

En la Figura 3.1 se observa que, así como la f.m.m. de excitación $\vec{F}_f$ está siempre situada en el eje del devanado de campo, la posición relativa de la f.m.m. de reacción de inducido $\vec{F}_i$ depende del desfase de la intensidad que circula por el estator.

Según se ha justificado en el apartado anterior, la relación entre el módulo de la f.m.m. de reacción de inducido (F_i) y el flujo (ϕ_i) al que da lugar es constante, sólo si el espesor del entrehierro también lo es (máquinas de rotor liso). En las máquinas de polos salientes, la circulación de intensidades de inducido con el mismo módulo y distinto factor de potencia, que implican reacciones de inducido de igual amplitud (2.20) pero con diferentes desfases, originan flujos diferentes cuyas variaciones inducen f.e.m.s "E_i" distintas en el devanado inducido. Evidentemente estas f.e.m.s no pueden representarse como caídas de tensión en una única reactancia X_i, por lo que no puede aplicarse el modelo utilizado en las máquinas de rotor cilíndrico denominado "*de la reacción única*".

Para obtener las ecuaciones de funcionamiento de las máquinas de polos salientes se utiliza el método basado en la "*Teoría de las dos reacciones de Blondel*" que considera separadamente, para la reacción de inducido, dos circuitos magnéticos distintos en la máquina: el circuito magnético longitudinal o directo, dd', según el eje de los polos inductores, y el circuito magnético transversal o en cuadratura, qq', a 90º eléctricos del anterior y por tanto en el eje interpolar. El primero contiene el entrehierro menor de la máquina, lo que implica un "camino magnético" de menor reluctancia, y el segundo contiene el entrehierro mayor, con el consiguiente aumento de la reluctancia.

El modelo se obtiene descomponiendo la onda senoidal de f.m.m. de reacción de inducido $\vec{F}_i$ en dos componentes, $\vec{F}_{id}$ según el eje longitudinal y $\vec{F}_{iq}$ según el eje transversal, y analizando sus efectos por separado. $\vec{F}_{id}$ se denomina "*reacción de inducido longitudinal*" y actúa sobre el circuito magnético longitudinal, de reluctancia constante $\Re_d$. $\vec{F}_{iq}$ se denomina "*reacción de inducido transversal*" y actúa sobre el circuito magnético transversal de reluctancia $\Re_q$, también constante, de valor mayor que la del circuito longitudinal.

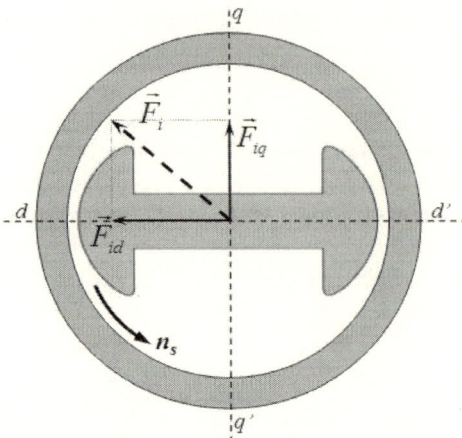

Figura 3.7. Descomposición en dos ejes de la f.m.m. de reacción de inducido

De esta manera, siguiendo un proceso análogo al utilizado en el apartado 3.2.1.1 para definir la reactancia de reacción de inducido, se pueden considerar las f.e.m.s. $\overline{E}_{id}$ y $\overline{E}_{iq}$, inducidas por las variaciones de los flujos $\overline{\phi}_{id}$ y $\overline{\phi}_{iq}$ producidos por las f.m.m.s, como caídas de tensión provocadas por la circulación de las corrientes $\overline{I}_d$ e $\overline{I}_q$, proyecciones de $\overline{I}$ sobre los ejes dd' y qq', a través de dos reactancias X_{id} y X_{iq}, respectivamente:

$$\begin{aligned} \vec{F}_{id} &\rightarrow \overline{\phi}_{id} \rightarrow \overline{E}_{id} \rightarrow -jX_{id}\cdot\overline{I}_d \\ \vec{F}_{iq} &\rightarrow \overline{\phi}_{iq} \rightarrow \overline{E}_{iq} \rightarrow -jX_{iq}\cdot\overline{I}_q \end{aligned} \tag{3.11}$$

A partir de aquí, de la misma forma que en la máquina de rotor cilíndrico (3.7), se puede plantear la siguiente ecuación para las f.e.m.s:

$$\overline{E}_0 = \overline{E}_R - \overline{E}_{id} - \overline{E}_{iq} \quad \rightarrow \quad \overline{E}_0 = \overline{E}_R + j\cdot X_{id}\cdot\overline{I}_d + j\cdot X_{iq}\cdot\overline{I}_q \tag{3.12}$$

Poniendo $\overline{E}_R$ en función de la tensión de salida $\overline{U}$ (3.8), la ecuación anterior da lugar a:

$$\overline{E}_0 = \overline{U} + (R + jX_\sigma)\cdot\overline{I} + j\cdot X_{id}\cdot\overline{I}_d + j\cdot X_{iq}\cdot\overline{I}_q$$

$$\overline{E}_0 = \overline{U} + R\cdot\overline{I} + jX_\sigma\cdot(\overline{I}_d + \overline{I}_q) + j\cdot X_{id}\cdot\overline{I}_d + j\cdot X_{iq}\cdot\overline{I}_q$$

$$\overline{E}_0 = \overline{U} + R\cdot\overline{I} + j\cdot(X_\sigma + X_{id})\cdot\overline{I}_d + j\cdot(X_\sigma + X_{iq})\cdot\overline{I}_q$$

$$\overline{E}_0 = \overline{U} + R\cdot\overline{I} + jX_d\cdot\overline{I}_d + jX_q\cdot\overline{I}_q \tag{3.13}$$

Las reactancias X_d y X_q que resultan de la adición de la reactancia de dispersión a las reactancias de reacción de inducido longitudinal X_{id} y transversal X_{iq}, se denominan *reactancias síncronas longitudinal y transversal*, respectivamente. X_d tiene un valor mayor que X_q debido a la menor reluctancia magnética del circuito longitudinal[3].

---

[3] Ya se ha indicado que la normativa no contempla la reactancia síncrona X_S por no ser exactamente constante el entrehierro en las máquinas de rotor cilíndrico, debido las ranuras donde se aloja el devanado de campo. Así, para todas las máquinas síncronas se definen dos reactancias síncronas, longitudinal X_d y transversal X_q, de valor diferente debido a que el entrehierro no es el mismo en los polos que en las zonas

En la Figura 3.8 se presenta el diagrama fasorial definido por la ecuación anterior:

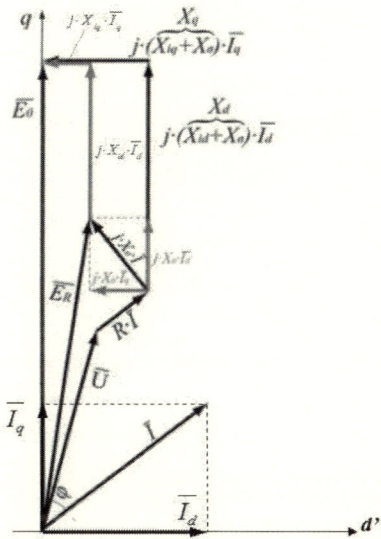

Figura 3.8. Diagrama fasorial de la máquina síncrona de polos salientes "no saturada"

La construcción del diagrama fasorial de la máquina de polos salientes a partir de unas condiciones de funcionamiento prefijadas, normalmente la tensión en bornes y la intensidad de carga (módulo y desfase), no es tan inmediata como en el caso de la máquina de rotor liso, ya que es necesario conocer previamente la posición de los ejes dd' y qq'. El método que se utiliza para determinar la posición de estos ejes es el método de Blondel, que está basado en una transformación adecuada de (3.13). Si en esta ecuación se expresa $\bar{I}_q$ en función de $\bar{I}$ y de $\bar{I}_d$, se obtiene:

$$\bar{E}_0 = \bar{U} + R \cdot \bar{I} + jX_d \cdot \bar{I}_d + jX_q \cdot (\bar{I} - \bar{I}_d)$$

$$\bar{E}_0 - j(X_d - X_q) \cdot \bar{I}_d = \bar{U} + R \cdot \bar{I} + jX_q \cdot \bar{I} \qquad (3.14)$$

Dado que el fasor resultante en el primer miembro de la ecuación anterior tiene la dirección del eje qq', el del segundo miembro también la tendrá. Así pues construyendo el fasor resultante en el segundo miembro queda determinado el eje qq' (Figura 3.9.a) y, a 90º eléctricos, el eje dd', lo que posibilita la deducción del diagrama fasorial completo.

La Figura 3.9 ilustra la construcción del diagrama fasorial de funcionamiento de la máquina de polos salientes a partir de la tensión $\bar{U}$, que se toma como origen de fases, y de la intensidad $\bar{I}$:

---

interpolares. La diferencia entre ellas es, lógicamente, más acusada en las máquinas de polos salientes que en las de rotor cilíndrico. **Ejemplo**:

     Turbogenerador de la C. Térmica de Meirama, $X_d = 2{,}306$ p.u. y $X_q = 2{,}214$ p.u.

     Alternador de la C. Hidráulica de Miranda, $X_d = 1{,}140$ p.u. y $X_q = 0{,}777$ p.u.

A partir de ahora no volverá a utilizar la Reactancia Síncrona X_S en las máquinas de rotor cilíndrico, sino la Reactancia Síncrona Longitudinal X_d aunque el diagrama fasorial de la Figura 3.4.a sigue siendo válido, cambiando X_S por X_d.

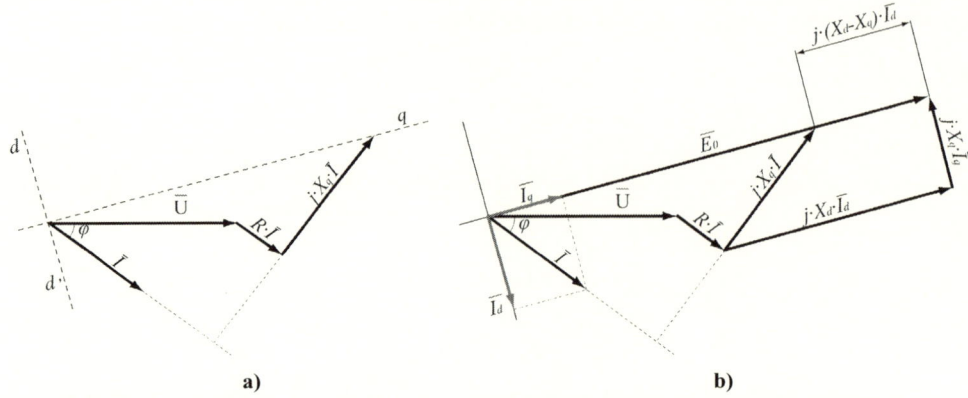

a)   b)

Figura 3.9. Determinación del diagrama fasorial de una máquina síncrona de polos salientes

El ángulo δ se denomina *ángulo de carga* y tiene una importancia decisiva, según se verá en los capítulos siguientes, para los estudios de los diferentes regímenes de funcionamiento de las máquinas síncronas cuando están conectadas a la red eléctrica, que es lo normal especialmente en los generadores de tamaños medio y grande.

Para finalizar este apartado 3.2, y a modo de conclusión, se presentan en la Figura 3.10 los diagramas fasoriales de funcionamiento utilizados en el estudio de las máquinas síncronas de rotor liso y de polos salientes. En ambos se han despreciado las resistencias del devanado inducido que, como ya se ha indicado, tienen generalmente valores muy pequeños comparados con los de las reactancias:

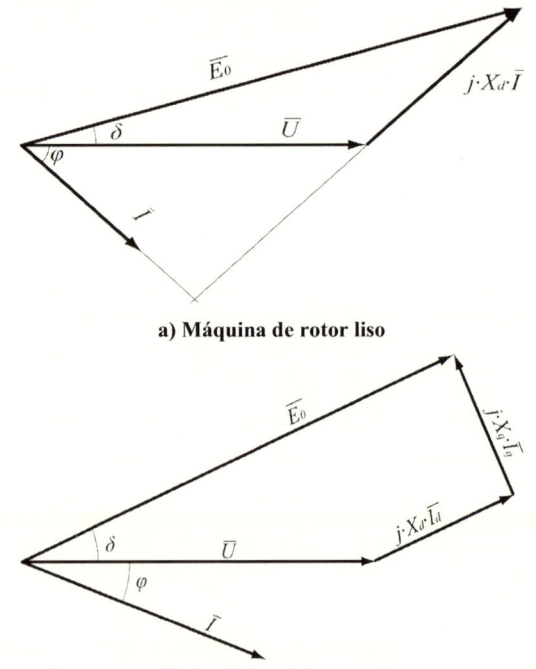

a) Máquina de rotor liso

b) Máquina de polos salientes

Figura 3.10. Diagramas fasoriales más utilizados para las máquinas síncronas

3.3. Determinación de las reactancias mediante ensayos

3.3.1. Determinación de la Reactancia Síncrona Longitudinal

La Norma UNE EN 60034-4 define la *Reactancia Síncrona Longitudinal* (X_d) como: "la relación entre la componente fundamental de la fuerza electromotriz generada en el inducido por el flujo longitudinal total creado por la corriente del inducido, y la intensidad que lo crea, que es la componente longitudinal de la intensidad".

Para la determinación de esta reactancia la norma especifica dos ensayos, el Ensayo de Vacío (ver el apartado 2.3) y el Ensayo de Cortocircuito Trifásico Permanente, que se describe a continuación. Esta forma de determinación está basada en el circuito equivalente de la Figura 3.5.c, en el que si la máquina está en cortocircuito, la intensidad que circula

será $\quad I_{cc} = \dfrac{E_0}{X_d} \quad$ y, por tanto, $\quad X_d = \dfrac{E_0}{I_{cc}}$

3.3.1.1. Ensayo de Cortocircuito Trifásico Permanente

Con los bornes en cortocircuito (U = 0), se hace girar a la máquina síncrona a velocidad constante arrastrada por un motor auxiliar. En estas condiciones se excita la máquina con diferentes intensidades y se miden simultáneamente la intensidad de excitación (I_f) y la que circula por el inducido (I_{cc}) (Figura 3.11.a). La intensidad máxima de excitación (I_{fk}) que se puede aplicar en el ensayo es la que da lugar a la corriente asignada (I_N) en el inducido, con la máquina girando a la velocidad asignada. Representando gráficamente los valores de la intensidad del inducido en función de los correspondientes de la intensidad de excitación, se obtiene *la Curva Característica de Cortocircuito* (Figura 3.11.b):

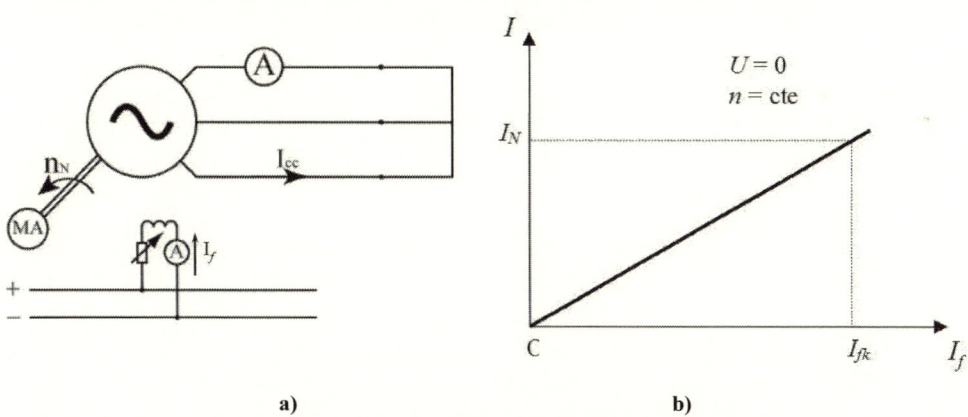

a)   b)

Figura 3.11. Ensayo de cortocircuito trifásico permanente

Aunque la norma no especifica una velocidad determinada para el ensayo, puede diferir pero no ser inferior a 0,2 veces la velocidad asignada, es recomendable realizarlo a velocidad asignada. En cualquier caso, deben coincidir las velocidades a las que se hacen los ensayos de Vacío y de Cortocircuito Trifásico Permanente.

Si se desprecia la resistencia del devanado inducido, un cortocircuito es una carga inductiva pura para la fuente de tensión interna (f.e.m E_0) de la máquina síncrona (Figura

3.12.a), la reacción de inducido tiene la dirección del eje longitudinal dd' (Figura 3.12.b), lo que permite obtener dos conclusiones importantes:

– El valor de la componente transversal de la intensidad de cortocircuito es nulo, por lo que el método es válido para determinar el valor de la Reactancia Síncrona Longitudinal, sea cual sea el tipo de máquina.

– En este ensayo la máquina se encuentra en estado no saturado, por lo que la característica de cortocircuito es una recta. Como consecuencia de esta linealidad bastaría un solo punto de ensayo, junto con el origen, para trazar la característica. Dado que la Norma UNE EN 60034-4 establece que en uno de los puntos de ensayo de la intensidad de cortocircuito sea próxima a la asignada, los puntos utilizados para determinar la característica deben ser el origen y un punto próximo a (I_{fk}, I_N).

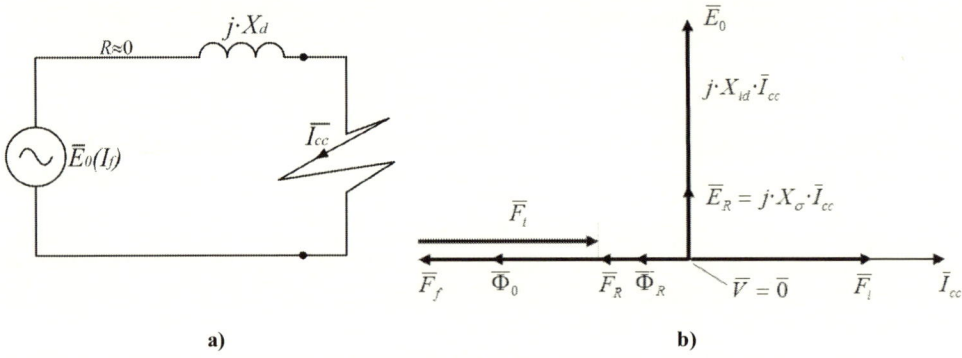

a)   b)

Figura 3.12. Circuito equivalente y diagrama fasorial de un generador síncrono en el ensayo de cortocircuito trifásico permanente.

3.3.1.2. Determinación de X_d

Bien particularizando para el caso del cortocircuito ($\overline{U} = 0$, $\overline{I} = \overline{I}_d$) la ecuación general de funcionamiento de la máquina síncrona (ec. 3.13, con $I_q = 0$ y $R = 0$) o bien a partir de su diagrama fasorial y circuito equivalente (Figura 3.12), se obtiene fácilmente la siguiente expresión para la Reactancia Síncrona Longitudinal:

$$X_d = \frac{E_0}{I_{cc}} \tag{3.15}$$

Teniendo en cuenta esta relación, se puede determinar gráficamente el valor de la reactancia. Para ello se representan superpuestas las dos curvas características, la de vacío y la de cortocircuito, según se presenta en la Figura 3.13. De acuerdo con la expresión anterior, el valor de X_d es el cociente entre las ordenadas respectivas de las dos características para un mismo valor de excitación. Por ejemplo:

$$I_{f1} \quad \rightarrow \quad X_d = \frac{\overline{AC}}{\overline{BC}} \tag{3.16}$$

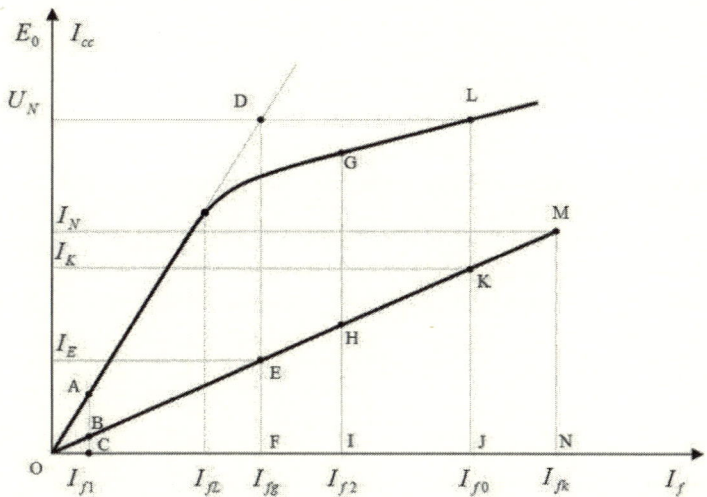

Figura 3.13. Determinación de X_d a partir de las características de vacío y cortocircuito

Se ha supuesto que en ordenadas de la característica de vacío se representan tensiones de fase. En el caso de que la característica venga dada en tensiones de línea, medidas directamente en el ensayo de vacío, el numerador de (3.16) estaría dividido por $\sqrt{3}$. En el cálculo de la reactancia por este método gráfico se observan dos zonas bien diferenciadas:

– Zona lineal ($I_f \le I_{fL}$), por ejemplo I_{f1}, donde X_d es constante

– Zona de saturación ($I_f \ge I_{fL}$), por ejemplo I_{f2}, donde X_d disminuye al aumentar I_f

$$I_{f2} \quad \rightarrow \quad X_d = \frac{\overline{GI}}{\overline{HI}} \tag{3.17}$$

Este método de cálculo fue propuesto por *Behn – Eschenburg* en una época en la que las máquinas eléctricas se diseñaban para trabajar con niveles de inducción bajos (zona no saturada). Sin embargo cuando la máquina está saturada, que es lo más normal en el diseño de las máquinas actuales, el valor de la reactancia no queda bien definido. Por este motivo, las normas consideran únicamente el valor para la condición no saturada, definiendo la Reactancia Síncrona Longitudinal (no saturada) como el cociente entre las ordenadas de la Curva Característica del Entrehierro y la Curva Característica de Cortocircuito para un mismo valor de la intensidad de excitación, en particular I_{fg}[4], resultando:

$$I_{fg} \quad \rightarrow \quad X_d = \frac{\overline{DF}}{\overline{EF}} = \frac{U_N}{I_E} \quad (\Omega) \tag{3.18}$$

Es habitual expresar la reactancia en valores por unidad:

---

[4] En el Capítulo 2 se definió I_{fg} como la intensidad de excitación que en vacío generaría la tensión asignada en el inducido de la máquina si ésta, girando a la velocidad asignada, no estuviese saturada. Asimismo se definió I_{f0} como la intensidad de excitación que en vacío genera la tensión asignada en el inducido de la máquina, girando ésta a la velocidad asignada (en condiciones de saturación del circuito magnético).
Si se pretendiese expresar las curvas características de la Figura 3.13 en valores p.u. se tomaría como base U_N, para la tensión del devanado inducido; I_N, para la intensidad por el devanado inducido y, finalmente, I_{f0}, para la intensidad por el devanado de excitación.

$$X_d \ (p.u.) = \frac{X_d}{X_{base}} = \frac{\dfrac{U_N}{I_E}}{\dfrac{U_N}{I_N}} = \frac{I_N}{I_E} = \frac{\overline{MN}}{\overline{EF}} = \frac{I_{fk}}{I_{fg}} \tag{3.19}$$

Se han desarrollado diversas formulaciones para determinar un valor saturado de la Reactancia Síncrona Longitudinal, aunque ninguna de ellas ha sido incluida en las normas. La más sencilla consiste en calcular la reactancia síncrona (Reactancia Síncrona Longitudinal Saturada, X_{ds}) para las condiciones de saturación de la máquina funcionando en vacío a tensión asignada, utilizando el método que se acaba de proponer (Figura 3.13):

$$I_{f0} \ \rightarrow \ X_{ds} = \frac{\overline{LJ}}{\overline{KJ}} = \frac{U_N}{I_K} \quad (\Omega) \tag{3.20}$$

Otras formulaciones están basadas en la aplicación de factores de saturación, determinados a partir de las curvas características, para corregir el valor no saturado de la reactancia. La formulación más simple está basada en un único factor de saturación K_s y determina el valor saturado de la reactancia en dos pasos:

- En primer lugar, utilizando las característica de vacío (Figura 3.13), define el factor de saturación K_s como:

$$K_s = \frac{I_{f0}}{I_{fg}} = \frac{\overline{JO}}{\overline{FO}} \tag{3.21}$$

- Con el factor de saturación y teniendo en cuenta que la saturación no afecta a la reactancia de dispersión X_σ (las líneas de campo que dan lugar al flujo de dispersión se distribuyen de forma predominante por el aire), se determina el valor de la Reactancia Síncrona Longitudinal Saturada X_{ds} como:

$$X_{ds} = X_\sigma + \frac{X_{id}}{K_s} = X_\sigma + \frac{X_d - X_\sigma}{K_s} \tag{3.22}$$

3.3.1.3. Relación de cortocircuito

Se define la *Relación de cortocircuito* K_C de una máquina síncrona como el cociente entre la intensidad de excitación que en vacío genera la tensión asignada U_N, y la intensidad de excitación que en cortocircuito hace circular la intensidad asignada, I_N.

De acuerdo con esta definición y según las notaciones indicadas en la Figura 3.13, se tiene:

$$K_C = \frac{I_{f0}}{I_{fk}} \tag{3.23}$$

Nuevamente a partir de la definición y de las relaciones de la Figura 3.13, se comprueba que la relación de cortocircuito resulta numéricamente igual a la inversa de la Reactancia Síncrona Longitudinal Saturada definida para las condiciones asignadas de tensión en vacío (3.20), expresada en valores por unidad:

$$'x_{ds}' = \frac{X_{ds}}{X_{base}} = \frac{\dfrac{U_N}{I_K}}{\dfrac{U_N}{I_N}} = \frac{I_N}{I_K} = \frac{\overline{MN}}{\overline{KJ}} = \frac{I_{fk}}{I_{f0}} = \frac{1}{K_C} \tag{3.24}$$

En el diseño de las máquinas síncronas normales, se eligen valores de K_C muy diferentes según el tipo de máquina. Así, mientras en los turboalternadores su valor es del orden de 0,5 a 0,6 (p.e. el turbogenerador de la C. N. de Trillo tiene $K_C = 0,48$), en las máquinas de polos salientes este valor suele oscilar entre 1 y 1,5, aunque en algunas ocasiones es aún más elevado (p.e. las máquinas de la C. H. de Boulder Dam en USA tienen $K_C = 2,4$).

La elección del valor del factor K_C es importante porque está relacionado con parámetros constructivos tales como el número de espiras por fase, el flujo en el entrehierro, la sección polar y la longitud y el volumen de la máquina, todos ellos estrechamente relacionados con el coste de la máquina.

3.3.2. Determinación de la Reactancia Síncrona Transversal

La misma norma que establece el método de determinación de la reactancia X_d, la UNE EN 60034-4, propone tres métodos para la determinación de X_q:

– Ensayo en carga con medición del ángulo de carga

– Ensayo de pequeño deslizamiento

– Ensayo con excitación negativa

A continuación se describen los dos primeros, por ser los más utilizados.

3.3.2.1. Ensayo en carga con medición del ángulo de carga δ

Según se ha mostrado en la Figura 3.10, el ángulo de carga δ es el desfase existente entre la f.e.m. interna $\overline{E}_0$ y la tensión en bornes de la máquina $\overline{U}$ [5].

Con la máquina funcionando en condiciones asignadas se mide:

– La tensión en bornes (tensión de línea U_L)

– La intensidad de carga (I).

– El factor de potencia ($\cos \varphi$)

– El ángulo de carga (δ)

El ángulo de carga se puede medir fácilmente si el grupo dispone de un alternador piloto, cosa habitual en muchos grupos de centrales hidroeléctricas, siendo igual al desfase existente entre la tensión generada por éste y la tensión de la red. Si no existe alternador piloto, la medición se realiza mediante una lámpara estroboscópica marcando la referencia, ángulo $\delta = 0$, cuando la máquina funciona en vacío.

Por simple inspección de la Figura 3.10.b. se obtienen las siguientes relaciones:

---

[5] En el Vocabulario Electrotécnico Internacional (Término 441-48-39) se designa por ángulo interno o desplazamiento angular.

$$U_d = U \cdot sen\delta = X_q \cdot I_q$$
$$I_q = I \cdot \cos(\delta + \varphi) = I \cdot (\cos\delta \cdot \cos\varphi - sen\delta \cdot sen\varphi) \qquad (3.25)$$

Por tanto:

$$X_q = \frac{U \cdot sen\delta}{I \cdot (\cos\delta \cdot \cos\varphi - sen\delta \cdot sen\varphi)} = \frac{U \cdot \tan\delta}{I \cdot (\cos\varphi - \tan\delta \cdot sen\varphi)}$$

$$X_q = \frac{U_L \cdot \tan\delta}{\sqrt{3} \cdot I \cdot (\cos\varphi - \tan\delta \cdot sen\varphi)} \qquad (3.26)$$

Así pues, a partir de las cuatro magnitudes medidas, se calcula X_q utilizando la expresión anterior.

El inconveniente fundamental para la aplicación de este método es la necesidad de realizar el ensayo con la máquina en carga, lo que no siempre es posible a partir de determinadas potencias, ni en la fábrica ni en los laboratorios. Este es el motivo de que, para máquinas de elevada potencia, sea más habitual utilizar el método que se describe a continuación.

3.3.2.2. Ensayo de pequeño deslizamiento

En este ensayo se hace girar la máquina síncrona accionada por un motor auxiliar a una velocidad inferior a la de sincronismo con un deslizamiento muy pequeño (inferior al 1%) y, al mismo tiempo, se alimenta el devanado inducido con un sistema trifásico equilibrado de tensiones de valor reducido (entre $0{,}01 \cdot U_N$ y $0{,}2 \cdot U_N$), dejando el devanado de excitación a circuito abierto.

En el ensayo se miden y se registran las formas de onda de la tensión, la intensidad que circula por el inducido y la tensión en bornes del devanado de excitación, según se indica en la Figura 3.14:

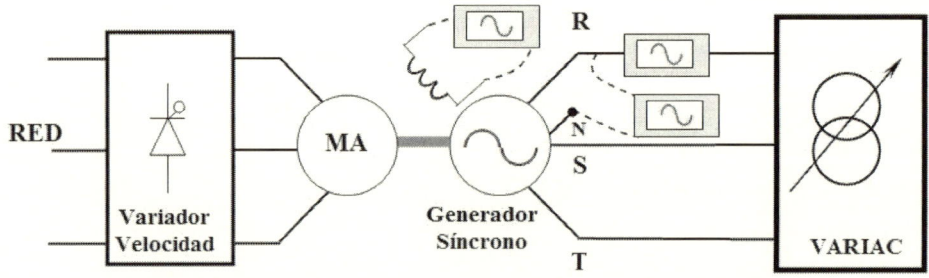

Figura 3.14. Esquema de montaje del ensayo de pequeño deslizamiento

Dado que en este modo de funcionamiento tan particular la máquina gira a distinta velocidad que el campo magnético giratorio creado por las corrientes del inducido, se comporta como una carga inductiva variable para la red de alimentación, lo que tiene consecuencias sobre las magnitudes registradas. A continuación se explica el significado de cada registro:

– *Intensidad en el devanado inducido.* En principio, la tensión de alimentación es constante en amplitud y frecuencia, por lo que impone en el entrehierro una onda de inducción giratoria de amplitud y velocidad constantes. Dado que esta velocidad es distinta de la que se fija en el rotor en este ensayo, el campo (o inducción) giratorio actúa sobre un circuito magnético de reluctancia variable; será mínima cuando el eje del campo se alineé con el eje dd' (entrehierro mínimo) y máxima cuando lo haga con el eje qq'. Evidentemente la f.m.m. necesaria para crear el campo magnético es función de la reluctancia, por lo que la intensidad del devanado inducido es variable, alcanzando su valor máximo cuando la reluctancia del circuito es máxima (eje qq') y su valor mínimo cuando la reluctancia es mínima (eje dd') (Figura 3.15.a). Desde el punto de vista eléctrico la máquina se comporta como una reactancia que varía entre un valor mínimo X_q, cuando la reluctancia es máxima (eje qq'), y un valor máximo X_d, cuando la reluctancia es mínima (eje dd').

– *Tensión de alimentación del devanado estatórico.* Aunque teóricamente el ensayo se realiza a tensión de alimentación constante puede suceder que, si la fuente no es de gran potencia, la tensión oscile entre un valor máximo y un valor mínimo. El mínimo, U_{min}, se produce cuando la intensidad demandada es mayor, momento en el que el campo pasa por el eje qq', mientras el máximo, U_{max}, se da cuando la intensidad es menor, que coincide con el instante en el que el campo pasa por el eje dd' (Figura 3.15.b).

– *Tensión inducida en el devanado de excitación.* En el devanado de excitación, a circuito abierto, se induce una f.e.m. debida al flujo variable creado por el campo giratorio. Cuando el máximo del campo coincide con el eje de la bobina de excitación (eje dd'), el flujo magnético a su través es máximo y por tanto la f.e.m. inducida es nula. Cuando el máximo de la distribución de campo se sitúa en el eje perpendicular a la bobina de excitación (eje qq'), el flujo es nulo y por tanto la f.e.m. inducida es máxima. De esta forma se conocen, de forma muy precisa, la posición de los ejes dd' y qq' en los oscilogramas de tensión e intensidad (Figura 3.15.c).

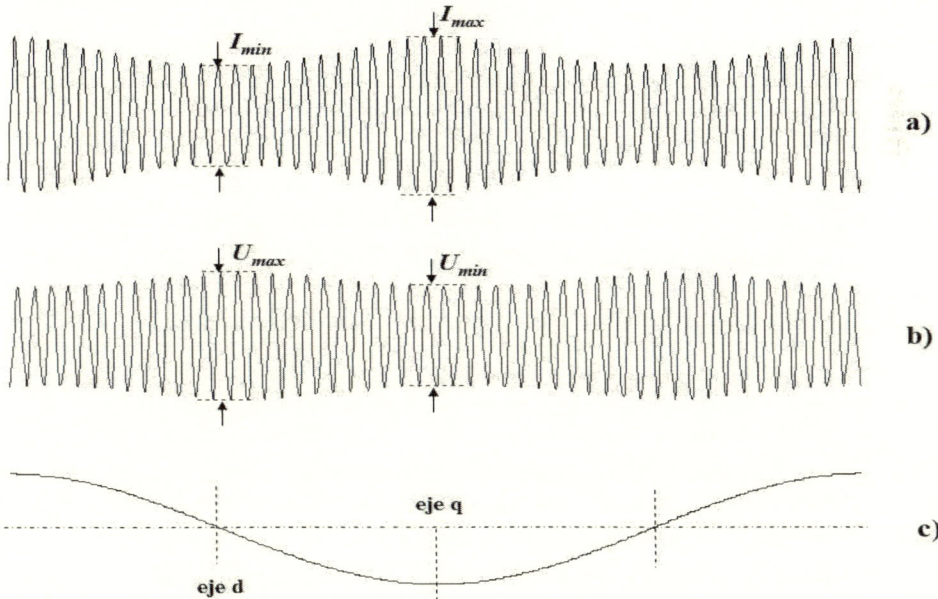

Figura 3.15. Registros oscilográficos del ensayo de pequeño deslizamiento

Atendiendo a las consideraciones anteriores, el valor de la reactancia síncrona transversal X_q, viene dado por:

$$X_q = \frac{U_{min}}{I_{max}} \tag{3.27}$$

De la misma forma se determina el valor de la reactancia síncrona longitudinal X_d como:

$$X_d = \frac{U_{max}}{I_{min}} \tag{3.28}$$

El valor de X_d calculado con la ecuación anterior se utiliza para validar el ensayo, de modo que si coincide prácticamente con el obtenido aplicando el método de *Behn – Eschenburg*, descrito en el apartado 3.3.1 se considera que el valor de X_q es válido. En caso contrario es necesario repetir el ensayo con menor deslizamiento hasta que se cumpla esa condición.

3.4. Determinación de la Intensidad de Excitación Asignada y la Variación de Tensión Asignada

La intensidad de excitación asignada I_{fN}, es el valor de la intensidad de excitación necesario para que la máquina funcione en sus condiciones asignadas (como generador), es decir, que girando a su velocidad asignada n_N, suministre la intensidad asignada I_N con el factor de potencia asignado $cos\varphi_N$, manteniendo en bornes la tensión asignada U_N.

En principio I_{fN} podría calcularse utilizando las ecuaciones de funcionamiento en fasores de la máquina síncrona, (3.9) para la máquina de rotor liso y (3.13) para la máquina de polos salientes. Conocidos U_N, I_N, φ_N y X_d (también X_q, en las máquinas de polos salientes), se despejaría el valor de E_{0N} y con él, en la característica de vacío, se obtendría I_{fN}. Sin embargo, dada la incertidumbre que introduce la saturación del circuito magnético en la determinación de las reactancias, se obtienen valores incorrectos de I_{fN} lo que hace que este método no sea técnicamente aceptable. La norma UNE EN 60034-4, citada anteriormente, establece dos tipos de métodos para la determinación mediante ensayos de I_{fN}:

– *Medida directa* en condiciones asignadas de funcionamiento. Este método tiene como inconveniente fundamental que, por consideraciones de potencia, no puede hacerse en las instalaciones del fabricante para máquinas a partir de un determinado tamaño.

– Métodos que utilizan los resultados de *ensayos sin carga* (de vacío, de cortocircuito y de factor de potencia cero):

  • Método de Potier.

  • Método de la ASA.

  • Método Sueco.

Los valores de intensidad calculados por cualquiera de estos tres métodos son prácticamente coincidentes. En los siguientes epígrafes se van a describir los dos primeros, por ser los más utilizados.

Una vez determinado el valor de la Intensidad de Excitación Asignada I_{fN} mediante cualquiera de los métodos expuestos, utilizando la característica de vacío se calcula una magnitud de gran importancia para el análisis de la interacción de la máquina síncrona con el sistema eléctrico: la Variación de Tensión Asignada ΔU_N (en inglés, "*voltage regulation*").

Esta magnitud es definida por la Norma como "*el incremento de la tensión en bornes que se produce al desconectar bruscamente la carga asignada, es decir, cuando la máquina queda en vacío pero manteniendo la velocidad y la intensidad de excitación asignadas*". Según la definición:

$$\Delta U_N = \left|\overline{E}_0\right| - \left|\overline{U}_N\right| \tag{3.29}$$

3.4.1. Método de Potier

Como ya se ha visto, el diagrama fasorial con las reactancias síncronas y la $\overline{E}_0$, no es válido para el cálculo de I_{fN}. Por este motivo el método de Potier recurre al diagrama original, con X_σ y $\overline{E}_R$ (Figura 2.16). Para ello se hacen las siguientes consideraciones:

- En las condiciones asignadas de funcionamiento, se calcula $\overline{E}_R$ a partir de $\overline{U}_N$ y de $\overline{I}_N$. Para ello es necesario conocer el valor de X_σ, que se obtiene del denominado *Triángulo de Potier*. La reactancia X_σ calculada por este método también se denomina reactancia de Potier (X_p).

- En este método no se utilizan las f.m.m. presentes en el diagrama fasorial, sino que se sustituyen por corrientes de excitación proporcionales que pueden ser medidas directamente sobre el eje de abscisas de la característica de vacío. Así, a partir de $\overline{E}_R$ se obtiene I_{fR}. (si sólo existiese campo de excitación, el creado por I_{fR} daría lugar a una tensión E_R en bornes del inducido).

- Para obtener I_{fN} es necesario considerar la influencia de la f.m.m. de reacción de inducido $\vec{F}_i$ que, como es sabido, está creada por el sistema trifásico de corrientes del inducido. Para ello se sustituye esta f.m.m. por la crearía una corriente continua I_{fa} circulando por una bobina ligada al rotor, de modo que:

$$F_i = K \cdot I_{fa} \quad \rightarrow \quad I_{fa} = K_i \cdot I \tag{3.30}$$

siendo K_i, la constante de inducido.

Para poder determinar I_{fa} utilizando la curva de vacío es necesario que la f.m.m. de reacción de inducido $\vec{F}_i$ este alineada con la de excitación $\vec{F}_f$, cosa que ocurre con carga reactiva pura, condición de funcionamiento en la que se aplica el método de Potier. Para ello es necesario determinar previamente la *característica reactiva pura*, mediante el ensayo de *sobreexcitación con factor de potencia nulo*. El valor de I_{fa} se obtiene utilizando el *Triángulo de Potier*.

3.4.1.1. Ensayo de sobreexcitación con factor de potencia nulo

Con la máquina girando a su velocidad asignada n_N, velocidad de sincronismo, se conecta en bornes una carga inductiva variable[6] y se obtienen distintos puntos de funcionamiento con intensidad asignada I_N por el inducido, variando simultáneamente la intensidad de

---

[6] Debido a que no siempre es posible disponer en la fábrica de reactancias de cientos de MVAr, suele ser habitual utilizar como carga inductiva variable otro generador en vacío y sobreexcitado.

excitación I_f y la inductancia L de la carga. Se realiza la medida de la tensión en bornes U, la intensidad de excitación I_f y de la intensidad de inducido I (I_N), y representando U en función de I_f se obtiene la *característica reactiva pura* (Figura 3.16)

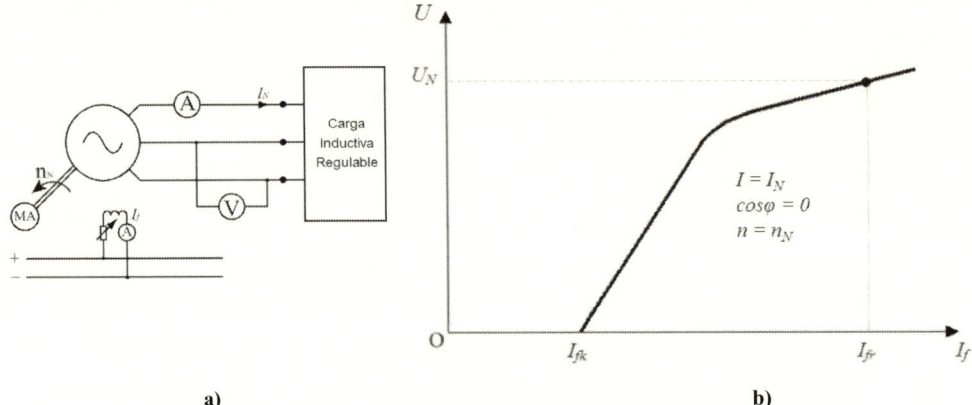

a)   b)

Figura 3.16. Ensayo para la determinación de la característica reactiva pura

Es importante hacer dos comentarios acerca de la característica reactiva pura:

– El primer punto de la característica $(0, I_{fk})$ se conoce a priori, ya que el cortocircuito es un caso particular de carga inductiva pura con tensión nula en bornes de la máquina ($U = 0$). En el ensayo de cortocircuito trifásico permanente cuando la intensidad del inducido es I_N, la intensidad de excitación vale I_{fk}. El punto ($U = 0$, I_{fk}) pertenecen por tanto a la característica reactiva pura.

– Al mantener constante la intensidad por el inducido (I_N) la reacción de inducido es constante y desmagnetizante, como corresponde a una carga inductiva pura. Por este motivo, la evolución de U con la intensidad de excitación es similar a la de E_0 con un "desplazamiento" constante de I_{fk}, necesario para neutralizar la reacción de inducido y compensar la caída de tensión en la reactancia X_σ (Figura 3.16.b).

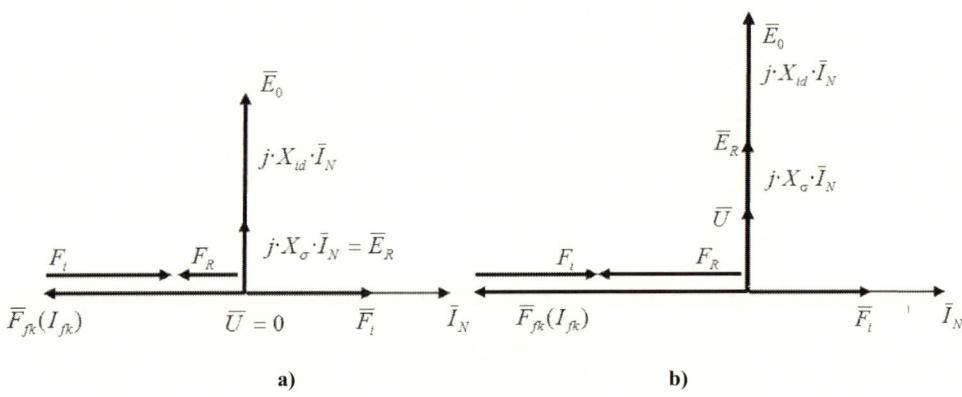

a)   b)

Figura 3.17. Diagramas fasoriales del generador síncrono con carga inductiva pura y dos valores diferentes de la intensidad de excitación

3.4.1.2. Triángulo de Potier

En primer lugar se representan en un mismo gráfico la característica de vacío y la característica reactiva pura (Figura 3.18). Estrictamente, para aplicar el método de Potier, de esta última característica sólo es necesario conocer el punto C correspondiente a U_N, y el punto C_1 ($U = 0$, I_{fk}), que también se podría obtener de la característica de cortocircuito (por ello se representa la característica reactiva pura con trazo discontinuo).

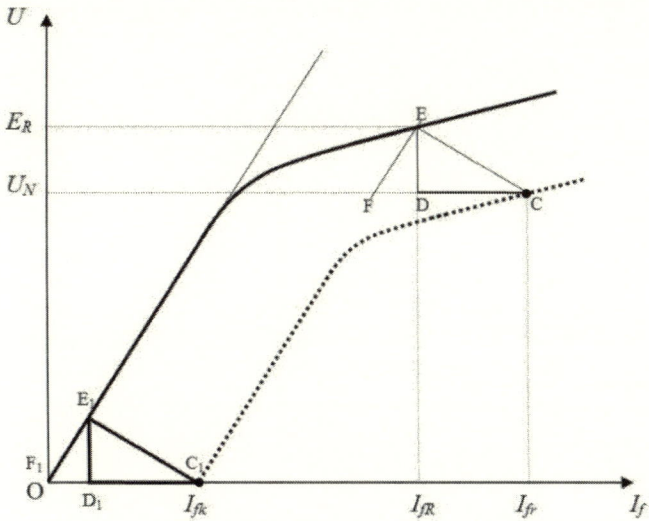

Figura 3.18. Situación del triángulo de Potier

En el punto C, la intensidad de excitación necesaria para mantener en bornes la tensión asignada con carga reactiva pura, I_{fr}, es mucho mayor que la necesaria para mantener esta misma tensión en vacío (Figura 3.19). Esto es consecuencia del efecto de la reacción de inducido desmagnetizante, fundamentalmente, y de la caída de tensión en la reactancia de dispersión.

Si se supone ahora que la intensidad equivalente a la reacción de inducido, I_{fa}, tiene la longitud CD, dado que $I_{fR} = I_{fr} - I_{fa}$, el segmento ED representará la caída de tensión en la reactancia de dispersión ($E_R - U_N$), denominada en este método reactancia de Potier (X_p). De la misma forma la f.e.m resultante (E_R) se denomina f.e.m de Potier (E_p). El triángulo CDE es el denominado triángulo de Potier y sus catetos, proporcionales a la intensidad de inducido I_N, (I en general, en caso de realizar el ensayo en condiciones distintas de las asignadas) tienen una longitud constante por lo que la característica reactiva puede reconstruirse a partir de la de vacío, haciendo una translación del triángulo CDE. En particular, para U = 0 (Figura 3.19.a) el triángulo pasa a la posición $C_1D_1E_1$.

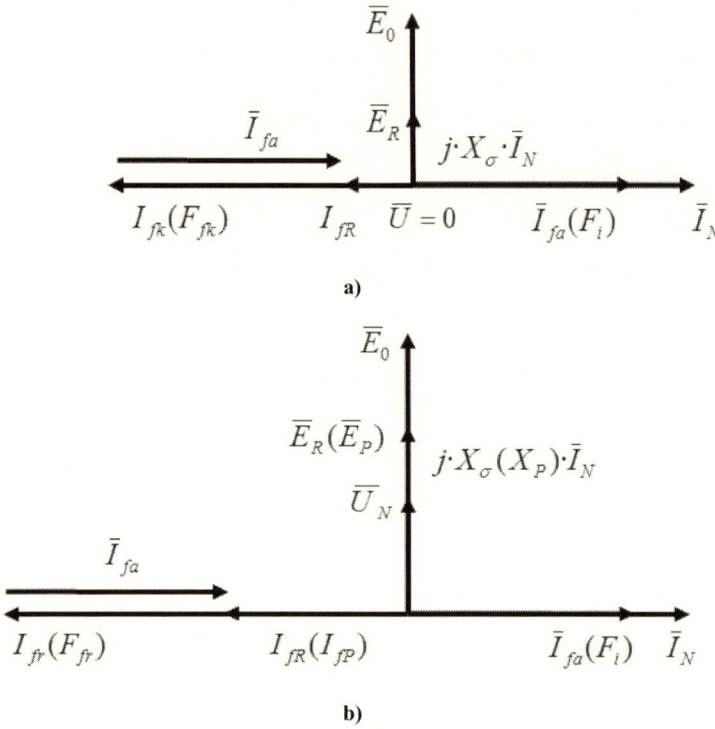

Figura 3.19. Diagramas fasoriales del generador síncrono con carga inductiva pura y corriente asignada, para tensiones nula y asignada

3.4.1.3. Determinación de I_{fN}

Una vez visto su significado físico, obsérvese que el triángulo de Potier CDE, con su valiosa información, se puede construir geométricamente de una manera muy sencilla (Figura 3.20.a) a partir de la característica de vacío y los dos puntos ya mencionados de la característica reactiva pura, el de tensión nula y el de tensión asignada U_N:

− Se toma el punto F sobre la horizontal trazada por C, siendo FC = OC$_1$.

− Se traza por F una paralela a la parte recta de la característica de vacío, que corta a ésta en el punto E.

− La perpendicular trazada por E define el punto D.

Con los datos obtenidos de los catetos del triángulo de Potier, I_{fa} y $X_p \cdot I_N$ $(X_\sigma \cdot I_N)$, se obtiene la corriente I_{fN} siguiendo el proceso indicado al principio de este epígrafe: conocido X_p (X_σ), se obtiene $\overline{E}_R$ a partir de $\overline{U}_N$ y de $\overline{I}_N$. Con el módulo de $\overline{E}_R$ se obtiene I_{fp} (I_{fR}) en la característica de vacío, que se compone con I_{fa} (al ser proporcionales a las f.m.m.s $\vec{F}_p$ ($\vec{F}_R$) y $\vec{F}_i$) para obtener I_{fN}. El proceso de determinación de I_{fN} se indica en el diagrama fasorial de la Figura 3.20.b.

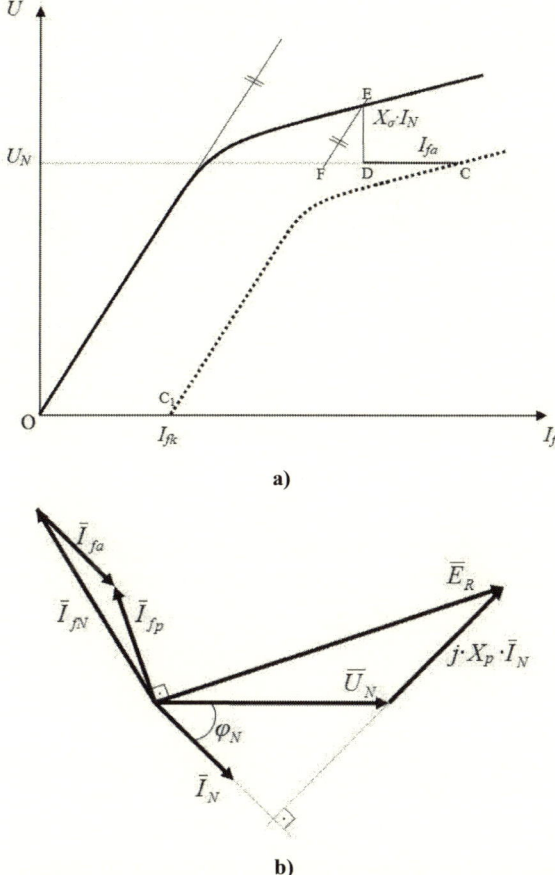

a)

b)

Figura 3.20. Determinación de la intensidad de excitación asignada (I_{fN}) mediante el método de Potier

3.4.2. Método de la ASA

El método de la ASA utiliza las curvas características de vacío y de cortocircuito (valor de I_{fk}), así como los valores de la resistencia del inducido R (si no es despreciable) y de la reactancia de dispersión X_σ determinada con el método de Potier (reactancia de Potier). Sin embargo, la norma permite sustituir la reactancia de Potier por otra cuyo valor es el producto $a \cdot X_a$ donde:

- a, es un coeficiente de valor unidad en las máquinas de polos salientes, y de valores entre 0,6 y 0,65, para máquinas de rotor cilíndrico.

- X_a, es la denominada *Reactancia en Hueco* o *Reactancia sin Rotor* (*con Rotor Quitado*).

La determinación de X_a se realiza de manera muy sencilla en las instalaciones del fabricante antes de montar el rotor. Para ello se hace un ensayo alimentando el devanado estatórico a tensión reducida y corriente asignada (I_N), midiendo la tensión, la corriente y la potencia. Debido a la sencillez que presenta este ensayo, en muchas ocasiones es preferible este método al de Potier, que precisa de un punto de la característica reactiva pura, cuya determinación necesita un ensayo mucho más complicado.

Según el método de la ASA cuya construcción se muestra en la Figura 3.21, la intensidad de excitación asignada viene dada por la suma vectorial de tres intensidades de excitación:

– La intensidad I_{fg}, que es la necesaria para generar la tensión asignada en vacío en ausencia de saturación, es decir, sobre la característica del entrehierro.

– La intensidad I_{fk}, que se requiere para hacer circular la intensidad asignada por el inducido, con la máquina en cortocircuito.

– Una intensidad suplementaria ΔI_f, que tiene en cuenta el efecto de saturación en la máquina.

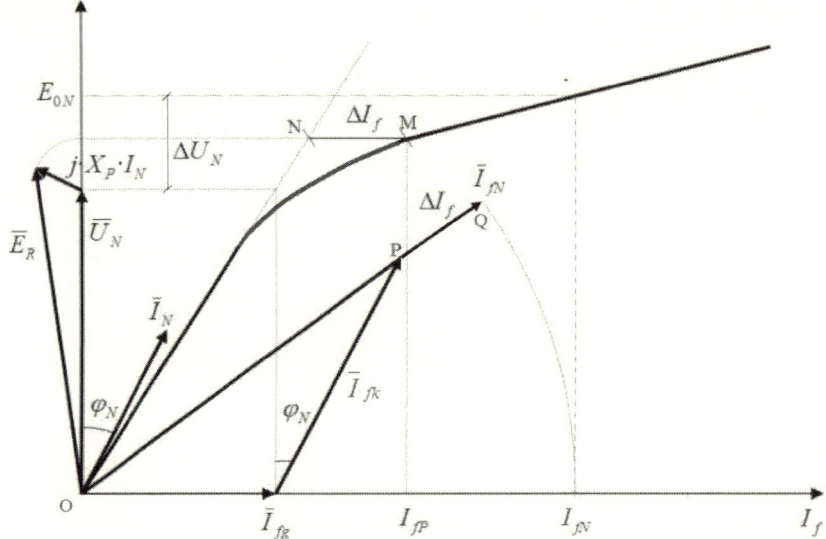

Figura 3.21. Determinación de la intensidad de excitación asignada (I_{fN}) mediante el método ASA

Los fasores que corresponden a la carga asignada se disponen colocando el de la tensión asignada $\overline{U}_N$ en el eje de ordenadas, el de la intensidad $\overline{I}_N$ retrasado el ángulo φ_N, y se determina la f.e.m. resultante $\overline{E}_R$, según la ecuación fasorial conocida.

Llevando el módulo de $\overline{E}_R$ al eje de ordenadas, se determina la intensidad ΔI_f como la diferencia entre de intensidades de excitación necesarias para obtener dicha f.e.m. con la máquina saturada (característica de vacío) y no saturada (característica del entrehierro), es decir, en la figura ΔI_f es igual al segmento NM.

A continuación, se suman las intensidades I_{fg} e I_{fk} (paralela a $\overline{I}_N$) como se indica en la figura y al vector suma de las dos, OP, y en fase con él, se le añade la intensidad ΔI_f obteniendo como resultado el vector OQ cuyo módulo es la Intensidad de Excitación Asignada I_{fN}.

A partir de I_{fN} se obtienen la f.e.m E_{0N}, en la característica de vacío, y la variación de tensión asignada ΔU_N, como la diferencia entre el módulo de esta f.e.m y el la tensión asignada U_N.

4. LA MÁQUINA SÍNCRONA EN RÉGIMEN PERMANENTE

4.1. Introducción

En este capítulo se van a estudiar el funcionamiento, como generador y como motor, de la máquina síncrona en régimen permanente. En la mayor parte de las aplicaciones la máquina síncrona funciona como generador porque además de suministrar potencia activa, y a diferencia de la máquina asíncrona, también es capaz de aportar potencia reactiva en el caso que sea necesario. Aparte de esto, la tecnología utilizada en las máquinas síncronas así como su propio principio de funcionamiento, permiten desarrollar generadores de mayor tamaño (GW) y rendimiento (el mayor tamaño de los generadores asíncronos es del orden de algunos MW).

Su utilización como motor no se ha extendido tanto debido a la existencia de ciertos inconvenientes que no aparecen en las máquinas asíncronas, como son la ausencia de par de arranque y la necesidad de sincronizarlo con la red de alimentación antes de la conexión. En cualquier caso, los motores síncronos han tenido y tienen un campo de aplicación importante en potencias muy elevadas: p.e. en un túnel aerodinámico supersónico de la NASA en el Langley Research Center (Virginia – USA), hay instalado un motor síncrono de 100 MW. Más recientemente en aplicaciones de muy alta velocidad, donde se requiere minimizar las pérdidas rotóricas, se vienen utilizando motores síncronos especiales (de imanes permanentes y de reluctancia) alimentados con un convertidor electrónico, lo que elimina los problemas de arranque y sincronización a los que se aludía anteriormente.

Modos de funcionamiento de los generadores síncronos: aislado y conectado a la red de potencia infinita.

Normalmente los generadores síncronos funcionan conectados a una red eléctrica en la que están conectados otros generadores síncronos trabajando en paralelo, de modo que la potencia global del conjunto es muy superior a la de cada uno de los generadores considerados individualmente (Figura 4.1):

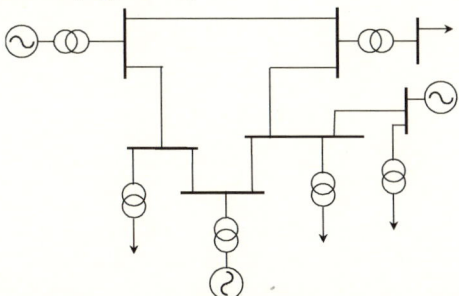

Figura 4.1. Esquema de una red modelo de 7 nudos con 3 generadores

En el límite puede decirse que la potencia de un generador es despreciable frente a la del resto de la red considerada en su conjunto y, consecuentemente, que esta red tiene una *potencia infinita*. En este caso, teóricamente, la red se caracteriza porque su tensión y su frecuencia permanecen constantes, independientemente de las variaciones de carga o de la excitación de cualquiera de los generadores individuales. (En realidad, así como la frecuencia se puede considerar prácticamente constante, 50 ± 0,5 Hz, la tensión puede presentar fluctuaciones no despreciables en la red de consumo, ± 10% de la tensión asignada).

En otras ocasiones y por diferentes circunstancias, un único generador puede estar suministrando toda potencia necesaria en una pequeña red:

– Cuando se produce un defecto en la red eléctrica que hace actuar a las protecciones de un generador síncrono, éste puede quedar funcionando "*en isla*" alimentando sus servicios auxiliares y, en su caso, los de la central, a la espera de ser reconectado una vez hayan desaparecido las condiciones de defecto en la red.

– Otros generadores síncronos son utilizados como fuentes de energía eléctrica de emergencia (grupos de socorro) o en aplicaciones donde no llega la red eléctrica, zonas aisladas, barcos, locomotoras diesel-eléctricas, etc. A este modo de funcionamiento se le denomina "*aislado*" y las potencias de estos generadores son relativamente pequeñas, hasta algunos miles de kVA.

En ambas condiciones de funcionamiento (en isla y aislado), los equipos de regulación de los grupos generadores (máquina primaria y alternador) determinan tanto la tensión como la frecuencia de salida.

4.2. Generador Síncrono funcionando en una red aislada

Como se ha indicado en el apartado anterior, en una red en la que existe un único grupo generador ($U_{gen} = U_{red}$), la regulación de éste permite mantener la tensión (regulación del alternador) y la frecuencia (regulación de la máquina primaria) de la misma, frente a cualquier variación de la carga que afecte en una medida apreciable a la onda de tensión de salida, tanto en amplitud como en frecuencia.

Esta consideración es aplicable a los casos en que hay un número reducido de generadores en paralelo de potencia similar.

4.2.1. Un único generador

Se considera que en la red hay un único grupo generador, cuyo esquema general se presenta en la Figura 4.2.a.

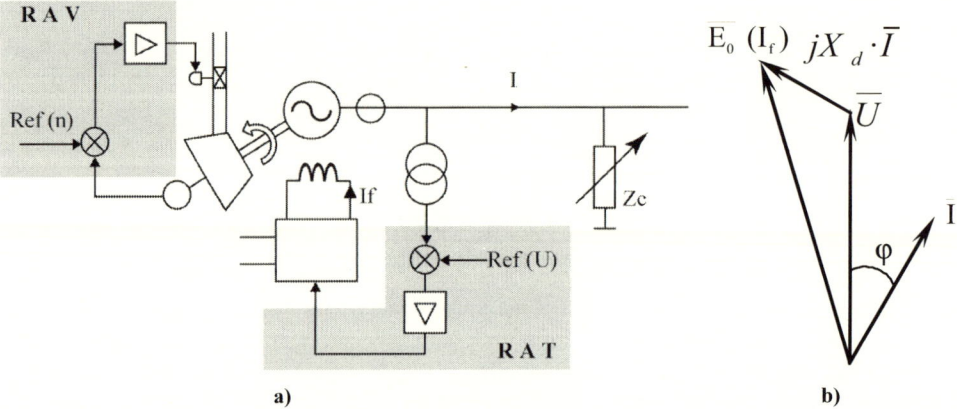

Figura 4.2. Esquema de funcionamiento y diagrama fasorial de un generador síncrono en red aislada.

Como se indica en esta figura, el grupo generador compuesto por el alternador o generador síncrono acoplado mecánicamente con la máquina motriz primaria (turbina o motor diésel), está controlado por dos elementos muy importantes en el funcionamiento de la central: el *Regulador (Automático) de Velocidad* RAV, que mantiene la frecuencia actuando sobre la admisión de la máquina primaria, y el *Regulador (Automático) de Tensión* RAT, que mantiene la tensión actuando sobre la excitación del alternador síncrono.

Si el generador es de rotor liso y se representa el conjunto de cargas que alimenta como una impedancia variable Z_c, el diagrama fasorial del sistema eléctrico completo se muestra en la Figura 4.2.b en la que el fasor $\overline{I}$ vale $\overline{U}/\overline{Z}_c$.

El análisis del funcionamiento del generador se realiza cómodamente mediante las curvas características, que representan gráficamente la evolución de una magnitud en función de otra, manteniendo constantes los valores de las restantes magnitudes funcionales. Las dos curvas características más utilizadas son:

– *Curva característica externa o exterior*, que muestra la evolución de la tensión en bornes al variar la intensidad de carga, manteniendo constantes la velocidad de giro, la intensidad de excitación y el factor de potencia de la carga:

$$U = f(I) \left| \begin{array}{c} n = n_N \ (f = cte = f_N) \\ I_f = cte \\ \cos\varphi = cte \end{array} \right. \tag{4.1}$$

– *Curva característica de excitación*, que representa la intensidad de excitación en función de la intensidad de carga, manteniendo constantes la velocidad de giro, la tensión en bornes y el factor de potencia de la carga:

$$I_f = f(I) \left| \begin{array}{c} n = n_N \ (f = cte = f_N) \\ U = cte \\ \cos\varphi = cte \end{array} \right. \tag{4.2}$$

Partiendo de los diagramas fasoriales de funcionamiento (Figura 4.3) se va a deducir la forma de estas dos curvas en tres condiciones límites de carga: inductiva pura, capacitiva pura y resistiva pura. En las tres condiciones de carga representadas se ha mantenido el valor eficaz de la intensidad por el devanado inducido, I, y el valor de la intensidad por el devanado de campo, I_f (E_0 = cte). Según estos diagramas fasoriales se obtienen las siguientes relaciones (en módulo):

– Para una carga inductiva pura,

$$E_0 = U + X_d \cdot I \tag{4.3}$$

– Para una carga resistiva pura,

$$E_0^2 = U^2 + X_d^2 \cdot I^2 \tag{4.4}$$

– Para carga capacitiva pura:

$$E_0 = U - X_d \cdot I \tag{4.5}$$

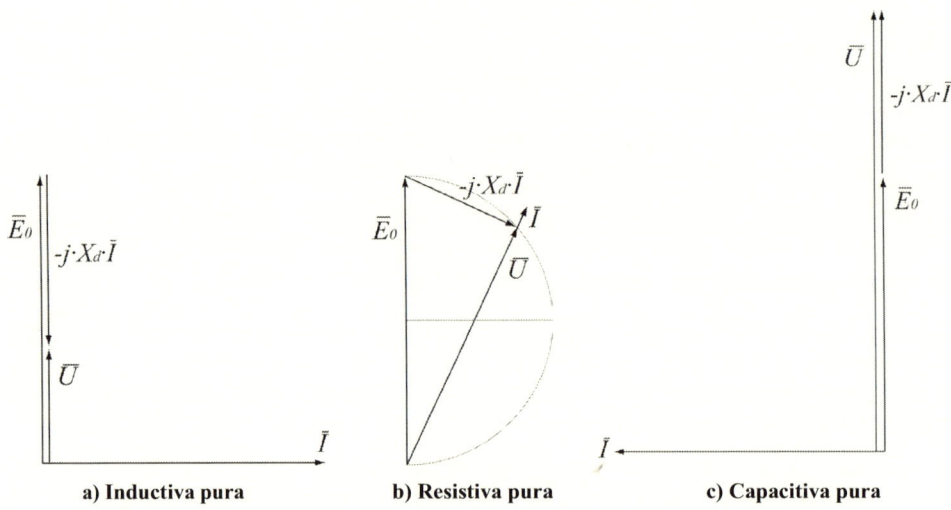

    a) Inductiva pura   **b) Resistiva pura**   **c) Capacitiva pura**

Figura 4.3. Diagramas fasoriales con cargas puras y corriente de excitación constante.

Para obtener la *característica externa*, en primer lugar se ajusta el valor de I_f para que la tensión en vacío (E_0) coincida con la asignada (U_N), valor que se designa como I_{f0}, y se mantiene constante durante el resto del ensayo. Si se considera que la máquina no está saturada, X_d es constante y las expresiones anteriores dan lugar a:

 – La recta $U = U_N - X_d \cdot I$, para carga inductiva pura

 – La elipse $U_N^2 = U^2 + X_d^2 \cdot I^2$, para carga resistiva pura

 – La recta $U = U_N + X_d \cdot I$, para carga capacitiva pura

En la Figura 4.4.a se muestra la forma de la característica externa para las diferentes condiciones de carga consideradas. Obsérvese cómo para otros factores de potencia diferentes de los definidos como límites, la característica "evoluciona" desde la elipse (carga resistiva pura, cosφ = 1) a las rectas (cargas inductiva y capacitiva puras, cosφ = 0).

En el caso de la *característica de excitación*, la tensión (U) se mantiene en su valor asignado (U_N) durante todo el ensayo para lo que es necesario ajustar la intensidad de excitación (I_f) a medida que aumenta la intensidad de carga (I). Considerando, como en el caso anterior, que la máquina no está saturada, X_d es constante y la f.e.m es proporcional a la intensidad de excitación ($E_0 = K \cdot I_f$). Así, las expresiones (4.3), (4.4) y (4.5) dan lugar a:

 – La recta $I_f = \dfrac{U_N}{K} + \dfrac{X_d}{K} \cdot I$, para carga inductiva pura

 – La hipérbola $I_f^2 - \left(\dfrac{X_d}{K}\right)^2 \cdot I^2 = \left(\dfrac{U_N}{K}\right)^2$, para carga resistiva pura

 – La recta $I_f = \dfrac{U_N}{K} - \dfrac{X_d}{K} \cdot I$, para carga capacitiva pura

En la Figura 4.4.b se muestra la forma de la característica de excitación para las diferentes condiciones de carga consideradas.

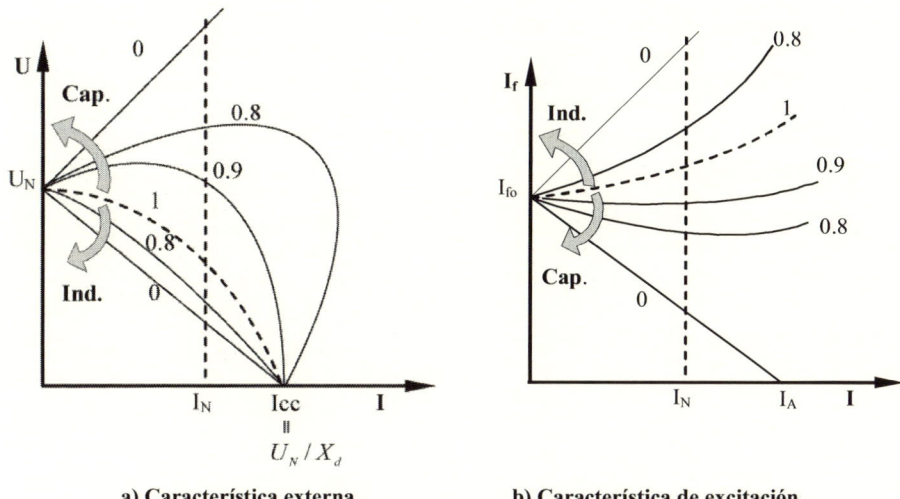

a) Característica externa   b) Característica de excitación

Figura 4.4. Curvas características de un generador síncrono

De las curvas características que muestran en la Figura 4.4 se obtienen importantes conclusiones acerca del funcionamiento de un generador síncrono alimentando una carga aislada:

– Si se mantiene la intensidad de excitación constante, la tensión en bornes del generador varía con la carga y el factor de potencia. Así, mientras que para cargas resistivas e inductivas la tensión disminuye según aumenta la intensidad de carga, para cargas capacitivas la tensión aumenta. Este efecto ya se comentó en el Capítulo 2 desde el punto de vista de los campos magnéticos (Figura 2.14): la reacción inducido es *desmagnetizante* en caso de cargas inductivas y *magnetizante* cuando la carga es capacitiva.

– Para mantener la tensión en bornes es preciso ajustar la intensidad de excitación. Este ajuste se realiza en la práctica mediante el *Regulador (Automático) de Tensión* RAT (Figura 4.2.a). Con cargas inductivas y resistivas es preciso aumentar la intensidad de excitación (generador *sobreexcitado*), para compensar el efecto desmagnetizante de la reacción de inducido. Con cargas capacitivas es necesario disminuir la intensidad de excitación (generador *subexcitado*), ya que la reacción de inducido apoya al campo de excitación al tener un efecto magnetizante.

Aunque las características de la Figura 4.4 se hayan obtenido suponiendo que el generador es de rotor liso y sin saturación, la forma general de las curvas características es similar en las máquinas de polos salientes y también cuando se dan las condiciones habituales de saturación en las máquinas síncronas. En todo caso, para estos generadores las curvas características se obtienen mediante ensayos en fábrica que se realizan sobre una máquina representativa de una serie (ensayos de tipo).

En el trazado de las curvas características se ha dado por supuesto que la velocidad de giro del generador permanece constante, incluso en caso de cargas resistivas. En este último caso, según aumenta la potencia eléctrica aumenta el par de carga que tiene que vencer la máquina motriz, por lo que la velocidad tendería a disminuir de forma natural. La misión de mantener constante la velocidad del grupo de generación, y por tanto la frecuencia en bornes del alternador, está encomendada al *Regulador (Automático) de Velocidad* RAV (Figura 4.2.a), que al detectar una pequeña variación en la velocidad del grupo con relación a la velocidad de consigna, aumenta o disminuye la admisión del fluido motor a la máquina motriz mediante los dispositivos adecuados (válvulas, distribuidor, inyector, etc).

4.2.2. Dos generadores en paralelo

Dos generadores conectados en paralelo que están alimentando un determinado consumo eléctrico (Figura 4.5) tienen una tendencia intrínseca a funcionar de forma estable, gracias a un intercambio mutuo de potencia que se denomina *potencia sincronizante*. Por simplificar el análisis, a continuación se estudia este fenómeno en el caso de que los dos generadores en paralelo sean idénticos:

$$\bar{I}_1 = \bar{I}_2 = \bar{I}/2 \qquad X_{\sigma 1} = X_{\sigma 2} \qquad \bar{E}_{R1} = \bar{E}_{R2} \tag{4.6}$$

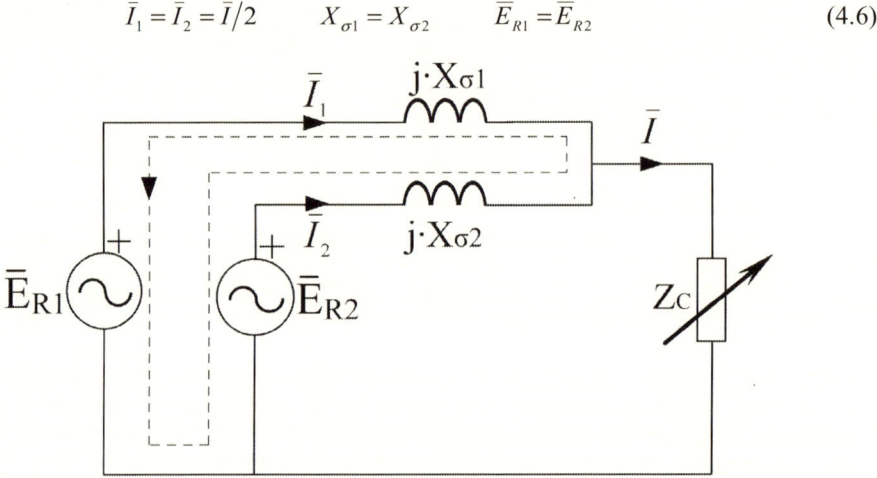

Figura 4.5. Circuito equivalente de dos generadores funcionando en paralelo.

Al aplicar la 2ª ley de Kirchhoff a la malla formada por los dos generadores se obtiene el diagrama fasorial de la Figura 4.6.a. Aplicando el principio de superposición, se va a estudiar el efecto que produce en los generadores la aparición de dos tipos de desequilibrio: el producido por diferencias en el módulo de las f.e.m.s, debidas a perturbaciones en las intensidades de excitación, y el producido por diferencias en la posición de las f.e.m.s., debidas a la aceleración de alguno de los grupos.

Si, por ejemplo, se produce un aumento en el módulo de $\bar{E}_{R1}$, al aplicar la 2ª ley de Kirchhoff aparece una f.e.m resultante $\bar{E}_S$ que da lugar a una circulación de corriente $\bar{I}_S$ entre los dos generadores, que está retrasada 90º con respecto a la f.e.m. por ser la malla un circuito inductivo puro (Figura 4.6.b). Esta intensidad supone para los generadores una carga de distinto carácter, que se superpone con la que estaban suministrando a la impedancia. Para el generador 1 la intensidad $\bar{I}_S$ supone una carga inductiva pura, cuyo carácter desmagnetizante tiende disminuir el módulo de $\bar{E}_{R1}$. En cambio para el generador 2 esta misma intensidad supone una carga capacitiva pura, cuyo carácter magnetizante tiende a aumentar el módulo de $\bar{E}_{R2}$ y, por consiguiente, ambas f.e.m.s. tienden a igualarse. En consecuencia, ante un desequilibrio en los módulos de las f.e.m.s, el sistema formado por los dos generadores evoluciona hacia un nuevo equilibrio gracias al intercambio de potencia reactiva.

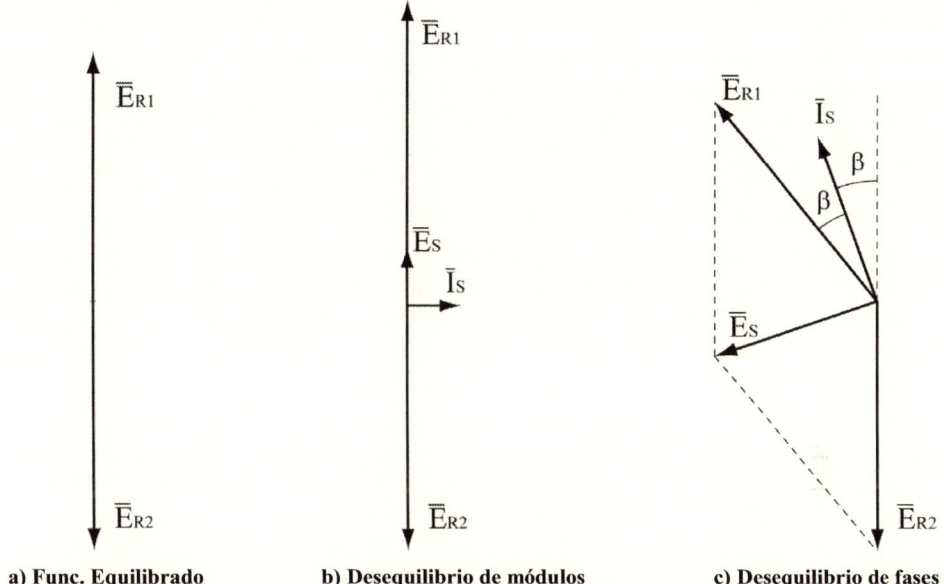

a) Func. Equilibrado   b) Desequilibrio de módulos   c) Desequilibrio de fases

Figura 4.6. Funcionamiento de dos generadores síncronos en paralelo

Si en las mismas condiciones iniciales de equilibrio se produce un aumento de velocidad en el generador 1, la f.e.m. $\overline{E}_{R1}$ se adelanta, las f.e.m.s. no se equilibran y vuelve a aparecer una f.e.m resultante $\overline{E}_S$ con la consiguiente circulación de intensidad $\overline{I}_S$ (Figura 4.6.c). En estas condiciones, el generador 1 cede una potencia activa de valor *3·E$_{R1}$·I$_S$·cosβ*, potencia que es consumida por el generador 2, *3·E$_{R2}$·I$_S$·cos(180-β)*, que pasa a funcionar como motor. Al ceder esta nueva potencia, el generador 1 tiende a frenarse y, al consumirla, el generador 2 tiende a acelerarse, por lo que los fasores de f.e.m. tienden a alinearse. En consecuencia, ante un desequilibrio en las velocidades, el sistema formado por los dos generadores evoluciona hacia un nuevo equilibrio gracias al intercambio de potencia activa.

4.3. Generador Síncrono conectado a una red de potencia infinita

4.3.1. Sincronización del generador a la red

Según se ha mostrado en apartados anteriores la máquina síncrona funcionando como generador en vacío se comporta, desde el punto de vista eléctrico, como una fuente trifásica de tensión con amplitud y frecuencia regulables. El valor eficaz de la tensión de cada fase y su frecuencia responden a las ecuaciones (4.7) y (4.8):

$$U = E_0 = 4,44 \cdot f \cdot \xi \cdot N \cdot \hat{\phi} \tag{4.7}$$

$$f = \frac{\omega}{2\pi} = \frac{p \cdot \Omega}{2\pi} = \frac{p \cdot n}{60} \tag{4.8}$$

siendo: f, frecuencia la f.e.m inducida; ξ, factor de devanado; N, número de espiras en serie por fase; $\hat{\phi}$, flujo máximo; ω, pulsación de la onda de tensión; p, número de pares de polos; Ω, velocidad en rad/s; n, velocidad en r.p.m.

También la red eléctrica es vista por el generador como una fuente trifásica de tensión, en este caso de amplitud y frecuencia constantes, cuya potencia es "infinita" comparada con la del propio generador. Por ello, para evitar la aparición de sobreintensidades peligrosas con efectos más nocivos para el propio generador que para la red es necesario que, en el momento de la conexión del generador a la red, los bornes de ambos estén al mismo potencial. Para asegurar el cumplimiento de esta condición básica es necesario que:

– La frecuencia sea la misma en el generador y en la red. En caso contrario se debe modificar el par de la máquina primaria para acelerar (o decelerar) el grupo generador hasta conseguir que las ondas de salida tengan una frecuencia igual a la de la red. Para medir simultáneamente las frecuencias del generador y de la red se utiliza un *frecuencímetro doble*.

– El módulo de las tensiones de salida del generador sea igual que el módulo de las tensiones de la red a la que se va a conectar. Para conseguirlo se debe actuar sobre la excitación del generador hasta que se igualen las lecturas de un *voltímetro doble*, que mide simultáneamente las tensiones del generador y la red.

– Las ondas de tensión de la red y el generador estén en fase. Para ello es necesario que, al cerrar el interruptor de conexión, un dispositivo denominado *sincronoscopio*, que mide el desfase entre las ondas correspondientes en el generador y la red, indique desfase cero.

Estos tres aparatos de medida, el frecuencímetro doble, el voltímetro doble y el sincronoscopio, constituyen el Equipo básico de Sincronización. Antes de proceder a la maniobra de sincronización es preciso comprobar que las secuencias de fase del generador y de la red son iguales.

Como se ha indicado más arriba, antes de que el generador se acople a la red es posible modificar tanto la tensión de salida como la frecuencia, actuando sobre la intensidad de excitación y sobre el par de la máquina primaria, respectivamente. Sin embargo después de la maniobra de sincronización (acoplamiento), el generador queda conectado a la red de potencia infinita que impone un valor constante de tensión y frecuencia en los bornes del generador. En estas condiciones, las operaciones de regulación que se realizan con el grupo no modifican ni la tensión ni la frecuencia de salida, sino la potencia reactiva y la activa en función de la demanda del operador del sistema eléctrico al que se ha conectado.

4.3.2. Generador síncrono de rotor liso. Ecuaciones

4.3.2.1. Potencia activa y par electromagnético

La potencia activa en bornes de una máquina síncrona se puede expresar con la fórmula genérica de los sistemas polifásicos:

$$P = m \cdot U \cdot I \cdot \cos\varphi \qquad (4.9)$$

siendo: m, número de fases (3 en los sistemas trifásicos); U, tensión de fase; I, intensidad de fase; φ, desfase entre tensión e intensidad.

Con objeto de poner de manifiesto la influencia de las variables de control en la potencia activa suministrada por la máquina, es conveniente deducir una expresión en la que intervengan las variables f.e.m E_0 y ángulo de carga δ, relacionadas con la intensidad de excitación y el par de la máquina motriz, respectivamente. Para ello, se hace uso del diagrama fasorial de la máquina de rotor cilíndrico (Figura 4.7) para obtener las siguientes relaciones:

$$X_d \cdot I \cdot \cos\varphi = E_0 \cdot sen\delta \qquad (4.10)$$

$$X_d \cdot I \cdot sen\varphi = E_0 \cdot \cos\delta - U \qquad (4.11)$$

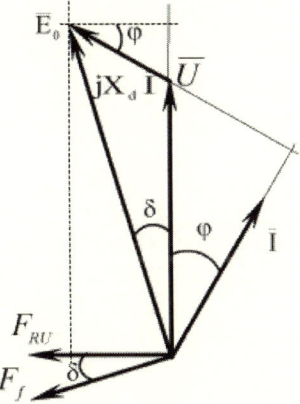

Figura 4.7. Diagrama fasorial de un generador síncrono de rotor cilíndrico

Con las ecuaciones (4.9) y (4.10) se obtiene la siguiente expresión para la potencia activa suministrada por un generador trifásico:

$$P = 3 \cdot \frac{U \cdot E_0}{X_d} \cdot sen\delta \qquad (4.12)$$

El ángulo de carga δ tiene un significado físico que va a resultar muy útil para explicar el comportamiento del generador cuando se producen cambios en el régimen de carga que hacen variar transitoriamente la velocidad del rotor. En la misma Figura 4.7 se comprueba que, siendo δ el ángulo que forman los fasores $\overline{E}_0$ y $\overline{U}$, δ es también el *ángulo físico* que forman los polos inductores $\vec{F}_f$ y una referencia $\vec{F}_{RU}$, que corresponde al campo "ideal" que generaría en el entrehierro la tensión constante $\overline{U}$ (adelantado 90º respecto a la misma). Dicho campo giraría a la velocidad de sincronismo de la máquina, n_s, al estar impuesto por la frecuencia de alimentación y el número de pares de polos de la máquina,

$$n_s = \frac{60 \cdot f}{p} \ (r.p.m)$$

Para deducir la expresión del par electromagnético se parte de la base de que el rendimiento de estas máquinas es muy elevado; en máquinas de 500 MVA se tienen rendimientos del 98,5%. En estas condiciones, la potencia mecánica P_m que recibe el alternador es prácticamente igual a la potencia eléctrica que genera en sus bornes, y por consiguiente el par M_e se puede expresar:

$$M_e = \frac{P_m}{\Omega_s} = \frac{P_e}{\Omega_s} = 3 \cdot \frac{U \cdot E_0}{\Omega_s \cdot X_d} \cdot sen\delta \qquad (4.13)$$

donde Ω_s, es la velocidad de sincronismo expresada en rad/seg.

En la Figura 4.8 se muestra la dependencia de la potencia y el par respecto del ángulo de carga para tres valores de E_0 (y por tanto de I_f) en p.u.:

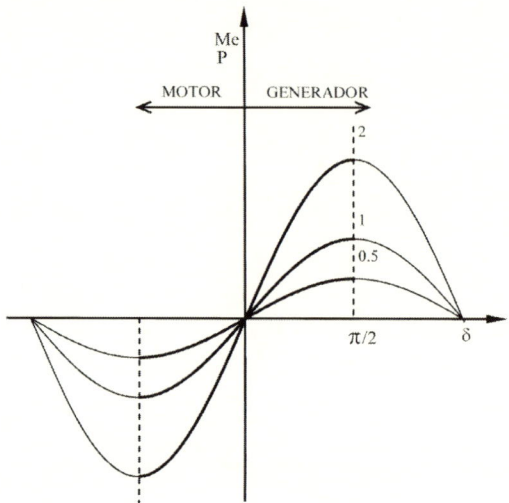

Figura 4.8. Par y potencia en una máquina síncrona de rotor cilíndrico

Algunos conceptos importantes

A continuación se van a presentar cuatro conceptos que son fundamentales para explicar el comportamiento de la máquina síncrona ante variaciones del par de carga: *límite de estabilidad estática, potencia (par) sincronizante, oscilaciones pendulares y estabilidad transitoria.*

Aunque en las explicaciones se va a considerar que la máquina síncrona funciona como generador, los razonamientos son válidos también para el funcionamiento como motor salvo los términos que designan las máquinas mecánicas (p.e. habría que sustituir turbina por máquina accionada).

Límite de estabilidad estática

En un régimen permanente dado, con el grupo generador en un punto de equilibrio, el alternador funciona con un ángulo de carga δ_1 creando un par eléctrico M_{e1} igual y de sentido contrario al par mecánico M_{m1} proporcionado por la turbina (Figura 4.9). Si se pretende aumentar la potencia eléctrica generada, es necesario incrementar la admisión del motor primario aumentar el par mecánico del mismo y como consecuencia el par eléctrico (electromagnético) del alternador. En un primer instante el par mecánico M_{m2} es mayor que el eléctrico M_{e1}, por lo que en virtud de la ecuación dinámica del sistema (4.14) aumenta la velocidad del grupo generador:

$$M_m - M_e = J \cdot \frac{d\Omega}{dt} \qquad (4.14)$$

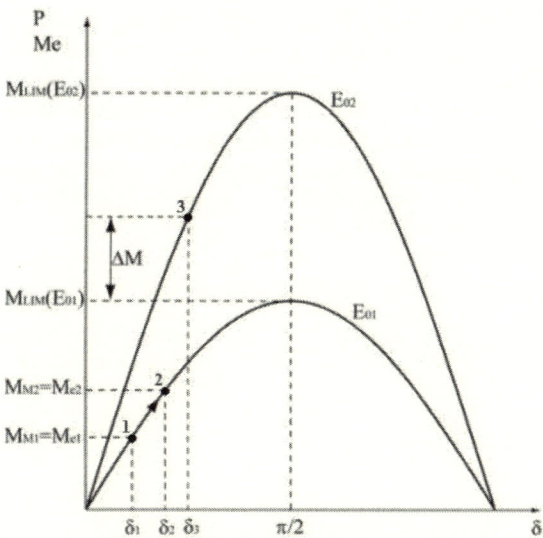

Figura 4.9. Límite de estabilidad estática

Debido a este aumento de velocidad, el rotor de la máquina se adelanta respecto a la referencia de la red, que gira a velocidad constante, por lo que aumenta el ángulo de carga y en consecuencia el par eléctrico, hasta que se alcanza un nuevo punto de equilibrio con un ángulo de carga $\delta_2 > \delta_1$. Si el aumento del par mecánico se efectúa en pequeños incrementos, se puede considerar que el ángulo de carga ha variado de forma "cuasi-estacionaria", por lo que "nunca" se ha abandonado el régimen permanente y en el punto final de equilibrio el grupo sigue girando a velocidad de sincronismo.

De esta forma, se podría seguir aumentando el par mecánico hasta que δ alcanzase el valor $\pi/2$. Si a partir de este punto se produjese un nuevo aumento del par mecánico, la máquina no podría oponer un par eléctrico mayor; más bien al contrario, éste disminuiría al aumentar el ángulo de carga. En consecuencia la máquina se aceleraría de forma incontrolada perdiendo el sincronismo. Al límite $\delta = \pi/2$, para la excitación considerada, se le denomina *límite de estabilidad estática*.

En las Figuras 4.8 y 4.9 se observa que el par máximo que el generador es capaz de oponer cuando opera en el límite de estabilidad depende de la intensidad de excitación. De hecho, si en condiciones de límite de estabilidad se incrementa el par mecánico en ΔM_m y se incrementa al mismo tiempo la intensidad de excitación ΔI_f, pasando la f.e.m E_0 del valor E_{01} a E_{02} (Figura 4.9), el valor máximo del par aumenta y se alcanza un nuevo punto de equilibrio en δ_3. De este modo los reguladores de tensión rápidos, que consiguen aumentar la excitación en un tiempo suficientemente corto, pueden evitar la pérdida de sincronismo.

Potencia (par) sincronizante

La variación del par electromagnético con el ángulo de carga según (4.13) hace que el funcionamiento de los generadores síncronos sea estable (con $\delta < \pi/2$) y que, frente a posibles perturbaciones, se mantenga en sincronismo con la red.

Por ejemplo, si el generador está funcionando en régimen permanente cediendo una potencia P_1 (Figura 4.10) y debido a una perturbación externa se produce un incremento de velocidad, el incremento que se origina en el ángulo de carga $\Delta\delta$, da lugar a un incremento de par electromagnético ΔM_e, que supone un par decelerador para el grupo (el par de la turbina permanece constante). Es decir, ante una perturbación externa que se traduce en un aumento de velocidad, el sistema responde con un par decelerador que tiende a recuperar la velocidad de sincronismo. Es fácil de comprobar que en el caso de que la perturbación externa originase una disminución de velocidad, la variación del par electromagnético proporcionaría un par acelerador que restituiría el equilibrio perdido.

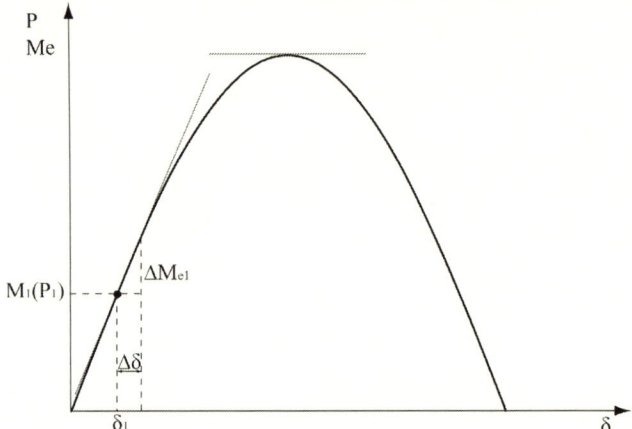

Figura 4.10. Par (potencia) sincronizante

El efecto estabilizador o "efecto sincronizante" de esta reacción, viene dado por la pendiente de la característica de par (o de potencia) en el punto de funcionamiento y se denomina *coeficiente de par (o de potencia) sincronizante*, M_S (o P_S):

$$M_S = \frac{dM_e}{d\delta} = 3 \cdot \frac{U \cdot E_0}{\Omega_s \cdot X_d} \cdot \cos\delta$$

$$P_S = \frac{dP}{d\delta} = 3 \cdot \frac{U \cdot E_0}{X_d} \cdot \cos\delta$$

(4.15)

El par (potencia) sincronizante es máximo cuando el ángulo δ vale cero, y es tanto menor cuanto mayor es la carga del generador. Cuando se alcanza el límite de estabilidad estática (punto de carga máxima para una excitación dada) el funcionamiento del generador se hace inestable ante cualquier perturbación porque el par sincronizante es nulo.

Oscilaciones pendulares

Al introducir el concepto de "límite de estabilidad estática" se ha supuesto, como es habitual, que las variaciones de carga eran lo suficientemente pequeñas como para poder considerar que no se producía ninguna variación de la velocidad del grupo. Ahora se van a considerar variaciones de carga discretas, durante las cuales la diferencia entre los pares motor y electromagnético produce necesariamente una aceleración o una deceleración del grupo generador, según se disminuya o se aumente la carga, que afecta a la velocidad y a las condiciones del punto final de equilibrio.

Para explicar este fenómeno (ver Figura 4.11) se parte de una situación en la que el generador está en equilibrio (pto. A), oponiendo al motor primario un par M_{e1} con un ángulo de carga δ_1. Si se produce un aumento en la potencia mecánica del motor primario (pto. B), en el primer momento hay un par acelerador ($\Delta M = M_{m2} - M_{e1}$), que da lugar a un aumento de la velocidad y que se va reduciendo según aumenta el ángulo de carga desde δ_1 hasta el nuevo punto de equilibrio δ_2. Sin embargo aunque al alcanzarse este punto de funcionamiento los pares se igualan ($M_{m2} = M_{e2}$), al ser la velocidad mayor que la de sincronismo el ángulo de carga sigue aumentando y aparece a partir de este punto un par decelerador ($M_{m2} - M_e(\delta)$) que tiende a frenar el grupo. Esta situación se mantiene hasta alcanzar el ángulo de carga el valor δ_3 (pto. C), en el que el grupo alcanza de nuevo la velocidad de sincronismo. Sin embargo éste no es un punto de equilibrio porque el par eléctrico (M_{e3}) es mayor que el par mecánico (M_{m2}), por lo que sigue existiendo un par decelerante que hace disminuir la velocidad del grupo y en consecuencia se reduce el ángulo de carga, reiniciándose el proceso oscilante ahora desde C hasta A:

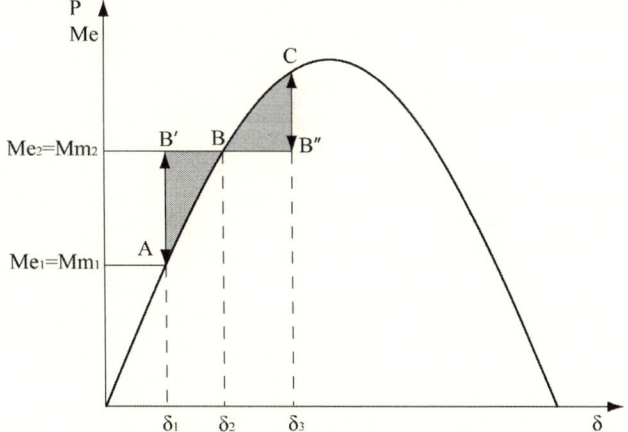

Figura 4.11. Oscilaciones pendulares

Si no hubiese pérdidas, el punto C sería tal que las áreas AB'B y BB''C tendrían el mismo valor y la oscilación entre los puntos A y C se mantendría indefinidamente. Este fenómeno, denominado "*oscilaciones pendulares*", aparece en los generadores síncronos cada vez que varía la potencia generada. Para amortiguar las oscilaciones pendulares, y dado que el par de pérdidas mecánicas es muy reducido, es necesario disipar la energía cinética de oscilación por otros medios y esa es, precisamente, la función de los *devanados amortiguadores* (*amortiguadores Leblanc*).

Estabilidad transitoria

Se define *estabilidad transitoria* como la capacidad que tiene un generador para volver a sus condiciones normales de funcionamiento después de haber sufrido una gran perturbación, como por ejemplo un cortocircuito próximo a sus bornes. Durante el régimen perturbado, en la relación entre el par y el ángulo de carga interviene la *reactancia transitoria (X'$_d$)*, que tiene un valor notablemente más pequeño que la reactancia síncrona (Generador de la CT de Meirama, $X'_d = 0,329$ - $X_d = 2,306$).

En el caso considerado de un cortocircuito cercano, la potencia eléctrica generada y el par electromagnético se anulan ($U = 0$) de forma que el par de la turbina produce una fuerte aceleración del grupo. Si las protecciones no despejan la falta a tiempo, el ángulo de carga podría haber crecido tanto que el par sincronizante, una vez despejada la misma, no sea suficiente para llevar la máquina de nuevo al sincronismo, y se tenga que proceder a la desconexión del grupo.

4.3.2.2. Potencia reactiva

La potencia reactiva en bornes de una máquina síncrona se puede expresar con la fórmula genérica de los sistemas polifásicos (trifásicos):

$$Q = m \cdot U \cdot I \cdot sen\varphi = 3 \cdot U \cdot I \cdot sen\varphi \tag{4.16}$$

Teniendo en cuenta la ecuación (4.11), la expresión anterior se puede escribir:

$$Q = 3 \cdot U \cdot I \cdot sen\varphi = 3 \cdot U \cdot \frac{E_0 \cdot \cos\delta - U}{X_d} = 3 \cdot \frac{U \cdot E_0 \cdot \cos\delta}{X_d} - 3 \cdot \frac{U^2}{X_d} \tag{4.17}$$

El primer término representa la potencia reactiva producida por la máquina, y es proporcional a la intensidad de excitación a través de la f.e.m E_0. El segundo representa la potencia reactiva consumida por la propia máquina para crear el campo magnético, que está representada por la potencia reactiva absorbida por la reactancia X_d.

Según se observa en (4.17), la máquina síncrona puede ceder (Q>0) o absorber (Q<0) potencia reactiva, según se actúe sobre la intensidad de excitación I_f (E_0). En el caso extremo de no alimentar el devanado de excitación ($I_f = 0$) la máquina necesita absorber reactiva de la red para magnetizarse, aunque en este caso se genere potencia activa (siendo eléctricamente equivalente a una reactancia pura X_d). En el caso de que la máquina genere potencia activa, si su intensidad de excitación es pequeña (subexcitación), consume potencia reactiva (pto 3 en la Figura 4.12). A medida que aumenta I_f, el consumo de reactiva disminuye hasta que se anula cuando I_f es tal que $E_0 \cdot \cos\delta = U$ (pto 2). Si se sigue aumentando I_f (sobreexcitación), la máquina es capaz de suministrar potencia reactiva a la red (pto 3).

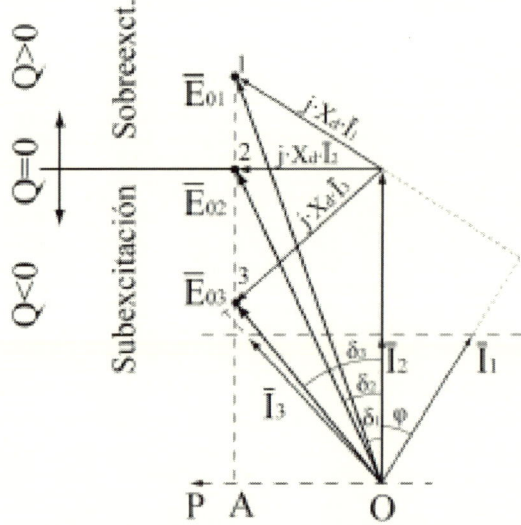

Figura 4.12. Zonas de potencia reactiva del generador síncrono

El límite entre el régimen de subexcitación y el de sobreexcitación no corresponde a una intensidad de excitación (o E_0) fija, sino que depende de la potencia activa suministrada ($K \cdot \overline{OA}$) siendo tanto mayor cuanto más grande es esta potencia activa.

4.3.2.3. Diagrama de potencias (Límites de funcionamiento)

El *diagrama de potencias* (en inglés Power Chart), también denominado *diagrama de carga*, es la representación gráfica de las potencias activa y reactiva máximas que un grupo generador puede suministrar, considerando los límites de calentamiento de los devanados de campo (I_{fmax}) e inducido (I_{imax}), el límite de estabilidad estática (ángulo de carga, δ) del generador síncrono y los límites de potencia máximo y mínimo del motor primario.

Este diagrama se utiliza en la práctica para analizar el funcionamiento de los grandes generadores, de forma que se puede despreciar la resistencia del devanado inducido; además no se consideran los efectos de la saturación por lo que se toma el valor de la reactancia síncrona no saturada.

La base de este diagrama es el conocido diagrama fasorial de la Figura 4.7, girado 90º para facilitar la representación (Figura 4.13.a). Si se toma como origen de coordenadas el afijo del fasor tensión, en el eje de ordenadas se mide la magnitud $X_d \cdot I \cdot cos\varphi$, proporcional a la potencia activa P a través de la constante $K = 3 \cdot U_N/X_d$. En el eje de abscisas se mide la magnitud $X_d \cdot I \cdot sen\varphi$, proporcional a la potencia reactiva Q a través de la misma constante de proporcionalidad K.

En este diagrama, cuyas magnitudes se suelen presentar en valores por unidad (Figura 4.13.b), se representa todo el campo de puntos de funcionamiento posibles cuando la máquina está acoplada a una red de potencia infinita. Este campo está limitado por las condiciones siguientes:

- La intensidad máxima del inducido, para no sobrepasar el calentamiento admisible en el mismo. Este valor de intensidad coincide con el asignado, $I_N = S_N/3 \cdot U_N$.

- La intensidad de excitación máxima admisible en el inductor, intensidad de excitación asignada I_{fN}, para que no se sobrepase el calentamiento de diseño en el mismo.

- El límite de estabilidad estática, teóricamente correspondiente a un ángulo de carga $\delta=\pi/2$. Dado que, según se ha visto (Figura 4.9), cualquier perturbación sobre la carga de un generador funcionando en el límite de estabilidad lo hace perder el sincronismo, es necesario prever una cierta reserva de potencia para hacer frente a esas perturbaciones, estableciendo un "*límite práctico*" menor.

Existen diferentes formas de establecer el límite práctico según los distintos fabricantes. Algunos establecen este límite tomando un ángulo de carga límite menor de 90º (por ejemplo, 75º), y un valor mínimo de la intensidad de excitación para mantener el control sobre la tensión generada (trazo vertical). En la Figura 4.13.a este límite está marcado por las siglas L.E.P.1, y es también el límite utilizado en el diagrama de cargas del grupo de una Central Térmica real (Figura 4.13.b).

Otros fabricantes establecen el límite práctico dejando para cada intensidad de excitación un margen de potencia igual al 10% de la potencia máxima correspondiente a la intensidad I_{f0}. En la misma Figura 4.13.a, con el objetivo de poder compararlo con el método anterior, este límite está denotado con L.E.P.2.

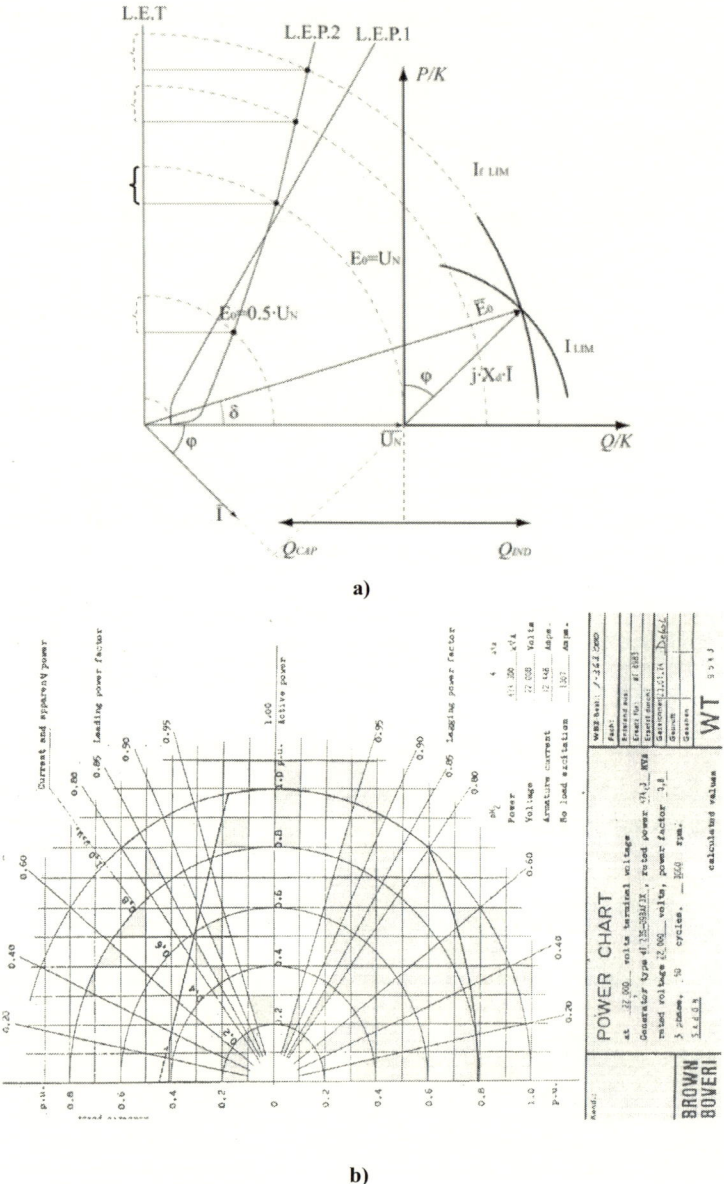

a)

b)

Figura 4.13. Diagrama de carga de un generador síncrono de rotor liso

Como ya se ha visto el generador síncrono forma parte del conjunto electromecánico denominado Grupo Generador, que comprende además la máquina motriz, que puede imponer unos condicionantes de funcionamiento adicionales a los propios del generador (Figura 4.14.):

– Normalmente la potencia mecánica de diseño de la turbina motriz coincide con la potencia asignada del generador $P = \sqrt{3} \cdot U_N \cdot I_N \cdot \cos\varphi_N$, no siendo posible, en este caso por consideraciones mecánicas, aumentar la potencia activa por encima de este valor (P$_{MÁX}$ en la Figura 4.14).

– En el caso de las centrales térmicas, existe un límite de potencia mínima denominado Mínimo Técnico de la instalación. Es el valor mínimo de potencia que debe suministrar el grupo para que no se produzcan fenómenos de fatiga de origen térmico en los equipos (P$_{MÍN}$ en la Figura 4.14).

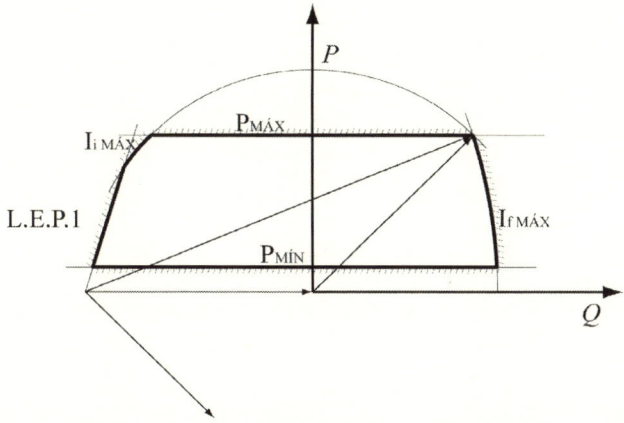

Figura 4.14. Diagrama de carga de un generador síncrono con las restricciones de potencia impuestas por la central

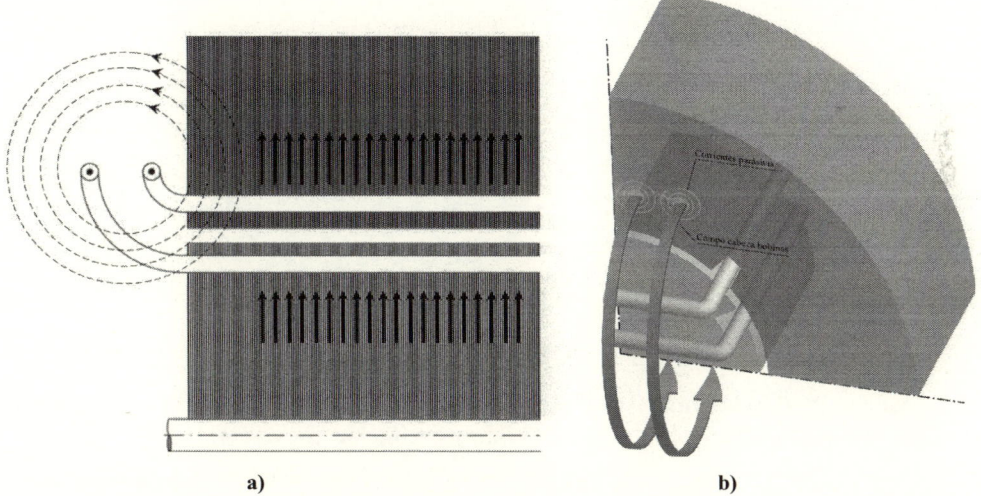

a)   b)

Figura 4.15. Corrientes parásitas creadas por el flujo de dispersión de cabeza de bobina en turboalternadores con carga capacitiva.

Existe otra limitación que se produce en las máquinas de rotor liso, turboalternadores, cuando están sometidos a cargas capacitivas. En estas condiciones el campo magnético axial, creado por las cabezas de las bobinas del estator y del rotor, penetra en dirección perpendicular al paquete magnético (Figura 4.15), dando lugar a la aparición de corrientes parásitas de elevado valor al no estar limitadas por la laminación del núcleo magnético (se recuerda las chapas se diseñan para limitar las corrientes parásitas producidas por el campo radial). En el caso de cargas inductivas, los sentidos de las corrientes del rotor y del estator, cuando la intensidad es máxima en una fase, son opuestos por lo que campo axial resultante y consecuentemente las corrientes parásitas tienen un valor pequeño.

Debido a las elevadas pérdidas por corrientes parásitas se produce un calentamiento de las partes frontales del paquete magnético estatórico, que limita el funcionamiento del alternador en estas condiciones. En la Figura 4.16.a se reproduce el diagrama de carga de los turboalternadores que se incluye en la Norma UNE 60034-3- *Reglas específicas para las máquinas síncronas de rotor cilíndrico.* En la Figura 4.16.b se presenta este mismo diagrama para el turboalternador de una Central Nuclear real.

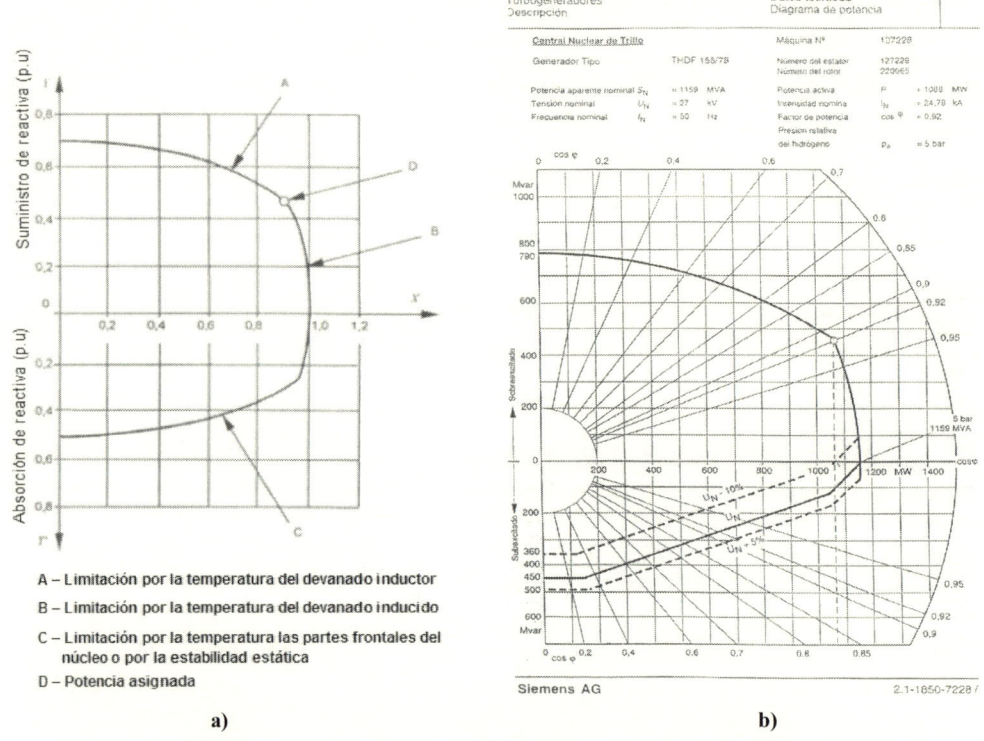

A – Limitación por la temperatura del devanado inductor
B – Limitación por la temperatura del devanado inducido
C – Limitación por la temperatura las partes frontales del núcleo o por la estabilidad estática
D – Potencia asignada

a)   b)

Figura 4.16. Diagrama de carga de un turboalternador con limitación de carga capacitiva

4.3.3. Modos de funcionamiento. Funcionamiento a potencia constante y excitación variable. Funcionamiento a potencia variable y excitación constante

Aunque, en general, en condiciones reales de funcionamiento pueden variar simultáneamente la potencia suministrada y la intensidad de excitación, resulta muy ilustrativo estudiar el comportamiento del generador cuando se varían cada una de las magnitudes por separado.

De hecho estas condiciones de funcionamiento no son tan "teóricas" como podría parecer y se dan con cierta frecuencia en los sistemas eléctricos reales. Así, los grupos de las centrales de base y las intermedias (Figura 4.17) mantienen constante la potencia generada en periodos más o menos largos. A algunos de ellos, en función de su situación en la red eléctrica, se les encomienda además la regulación de la tensión (generando o consumiendo reactiva) para lo que se debe variar la corriente de excitación.

La diferencia entre la potencia demandada y la programada en las centrales mencionadas, área punteada en la Figura 4.17, es satisfecha por otras centrales cuya potencia varía continuamente para adaptarse a la demanda "real" (centrales de regulación). Evidentemente a estas centrales, por su funcionamiento "intermitente", no se les asigna la regulación de la tensión y mantienen constante su intensidad de excitación.

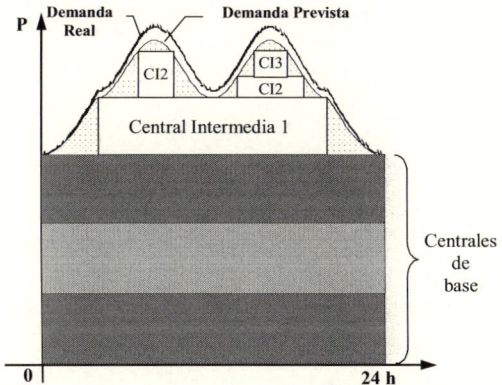

Figura 4.17. Reparto de la generación en un sistema eléctrico

Para simplificar el análisis, aunque sin perder generalidad en las conclusiones obtenidas, se considera una máquina de rotor cilíndrico, en la que se desprecia la resistencia del devanado inducido.

4.3.3.1. Funcionamiento a potencia constante y excitación variable

Si en la ecuación (4.12) se impone la condición de potencia constante (determinada por la apertura de la admisión del fluido motor de la máquina motriz), y teniendo en cuenta que la tensión también lo es por estar el generador conectado a una red de potencia infinita, se obtiene:

$$P = 3 \cdot \frac{U \cdot E_0}{X_d} \cdot sen\delta = Cte \quad \rightarrow \quad E_0 \cdot sen\delta = Cte \tag{4.18}$$

En la Figura 4.18.a, $E_0 \cdot sen\delta = \overline{AB}$ y en consecuencia:

− Los afijos de $\overline{E}_0$ para las distintas intensidades de excitación están sobre la vertical AA'.

Por otra parte, de la ecuación general de la potencia se obtiene:

$$P = 3 \cdot U \cdot I \cdot \cos\varphi = Cte \quad \rightarrow \quad I \cdot \cos\varphi = Cte \tag{4.19}$$

En la misma Figura 4.18.a, $I \cdot \cos\varphi = \overline{CD}$ y en consecuencia:

− Los afijos de $\overline{I}$ para las distintas intensidades de excitación están sobre la horizontal DD'.

Obsérvese que en la Figura 4.18.a se han representado 4 puntos de funcionamiento en los que, como consecuencia de la disminución de la intensidad de excitación, la f.e.m. se reduce con la secuencia E_{01}, E_{02}, E_{03} y E_{0L}. Dos de estos valores, E_{02} y E_{0L}, corresponden a condiciones especiales de funcionamiento.

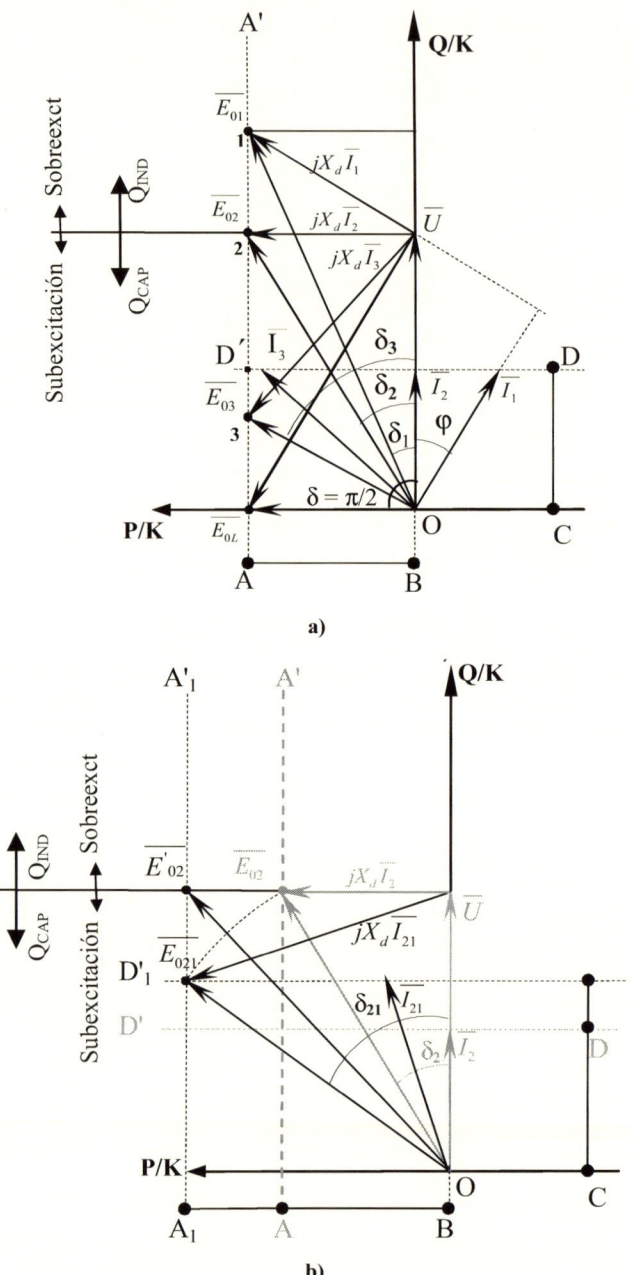

Figura 4.18. Funcionamiento a potencia constante y excitación variable.

El primero de ellos, E_{02}, corresponde a una situación en la que el generador ni cede ni absorbe potencia reactiva (φ=0, $\bar{I}_2$ en fase con $\bar{U}$). La intensidad de excitación en esta situación marca el límite entre la *sobreexcitación* del generador, $E_0 > E_{02}$, donde se cede potencia reactiva a la red ($\bar{I}$ retrasada respecto a $\bar{U}$), y la *subexcitación* del generador, $E_0 < E_{02}$, donde se consume potencia reactiva procedente de la red ($\bar{I}$ adelanta a $\bar{U}$).

El otro valor característico, E_{0L}, corresponde a la intensidad de excitación mínima de funcionamiento. En estas condiciones la máquina está funcionando en su límite de estabilidad, $\delta = \pi/2$, y cualquier perturbación, por pequeña que sea, produce la pérdida de sincronismo del generador.

Resulta evidente de la simple observación de la Figura 4.18.b, que los valores de la intensidad de excitación que llevan a la máquina a estas dos situaciones especiales, dependen de la potencia activa que esté suministrando el generador. Si la potencia activa aumentase de $K \cdot \overline{AB}$ a $K \cdot \overline{A_1 B}$, con la excitación correspondiente a E_{02} el generador estaría consumiendo reactiva (*subexcitación*), y para volver al límite (Q = 0) habría que amentar la excitación hasta que la f.e.m alcanzase el valor E'_{02}. Asimismo, con la excitación que produce E_{0L}, la máquina no podría suministrar el nuevo valor de potencia activa.

La principal conclusión que se obtiene de lo visto en este apartado es que, cuando un generador funciona con una potencia constante, la variación de la intensidad de excitación produce una variación correspondiente en la potencia reactiva que dicho generador suministra a la red.

Curvas de Mordey

Según se acaba de mostrar en la Figura 4.18.a, la intensidad de excitación del generador tiene una influencia directa en la intensidad de la corriente del inducido. La representación gráfica de esta dependencia, $I=f(I_f)$, para distintos valores de la potencia activa P, con U y f constantes al ser la red de potencia infinita, se conoce como *Curvas de Mordey* o *Curvas en V* (Figura 4.19):

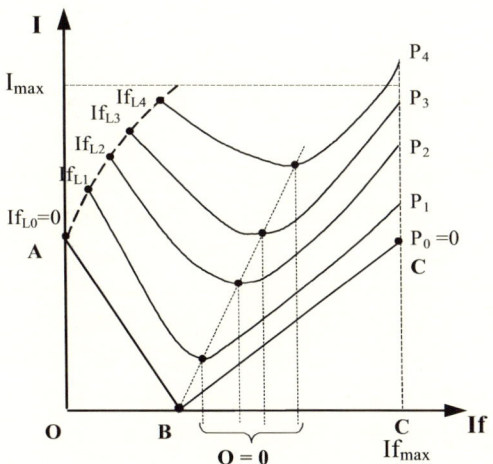

Figura 4.19. Curvas de Mordey o "en V".

Según se observa en esta figura, cuando la potencia generada es nula la curva se transforma en dos tramos de recta, $\overline{AB}$ y $\overline{BC}$, como en la característica de excitación con cargas inductiva y capacitiva puras (ver Figura 4.4.b):

4.3.3.2. Funcionamiento a excitación constante y potencia variable

Mantener la intensidad de excitación constante implica que el módulo del fasor $\overline{E}_{0i}$ permanece constante, pero su desfase δ con respecto al fasor $\overline{U}$ de referencia (ángulo de carga) aumenta según lo hace la potencia generada (Figura 4.20).

Se parte de una situación inicial en la que el motor primario arrastra al alternador aportando únicamente la potencia necesaria para vencer las pérdidas mecánicas del grupo, por lo que la potencia eléctrica generada en el alternador es nula. En estas condiciones el fasor $\overline{E}_0$ está en fase con la tensión $\overline{U}$, funcionando la máquina como *compensador* (o *condensador*) *síncrono*. En este modo de funcionamiento, la máquina cede la potencia reactiva máxima (proporcional a $\overline{O_1 A}$) para unas condiciones determinadas de excitación.

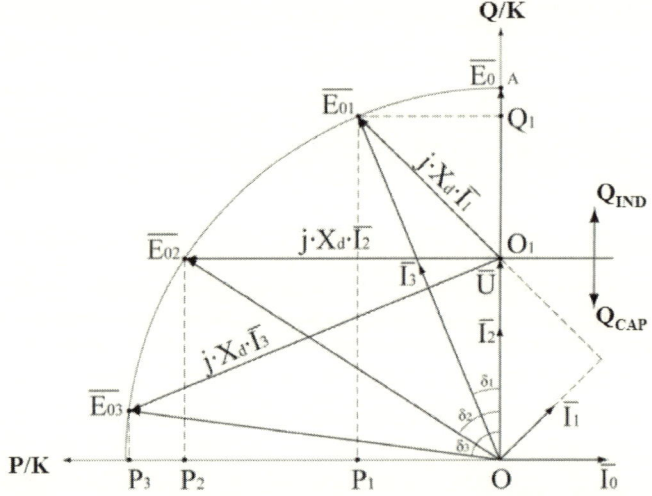

Figura 4.20. Funcionamiento a excitación constante y potencia variable.

Si se mantiene la corriente de excitación en este valor, a medida que aumenta la potencia mecánica de la turbina, aumenta la potencia activa generada, proporcional a $\overline{OP_1}$, $\overline{OP_2}$, $\overline{OP_3}$ y $\overline{OP_L}$. La máxima potencia activa se genera en este último caso, en el que el ángulo de carga δ alcanza el valor de $\pi/2$.

En cuanto a la potencia reactiva, según se puede observar en la misma figura, disminuye según va aumentando la potencia activa. Para una potencia activa proporcional a $\overline{OP_1}$, la potencia reactiva pasa a tener un valor proporcional a $\overline{O_1 Q_1}$; para el segundo valor, proporcional a $\overline{OP_2}$, se anula y a partir de aquí pasa a ser consumida por el generador. Así, la potencia reactiva consumida es máxima cuando la potencia activa generada también lo es.

La conclusión principal que se obtiene es que, a diferencia del modo de excitación variable y potencia constante, en este modo de funcionamiento la regulación de la potencia activa influye sobre la potencia reactiva generada o consumida por el alternador.

4.3.4. Generador síncrono de polos salientes. Ecuaciones

Aunque en la explicación de los modos de regulación anteriores se haya utilizado el diagrama fasorial del generador síncrono de rotor liso, las conclusiones obtenidas son también válidas, cualitativamente, para una máquina de polos salientes. Sin embargo cuando se requiere un cálculo exacto de las potencias activa y reactiva de una máquina de estas características, es necesario recurrir a las ecuaciones propias de este tipo de máquinas.

Para deducir estas ecuaciones se parte de la expresión general de la potencia compleja de los sistemas trifásicos:

$$\overline{S} = 3 \cdot \overline{U} \cdot \overline{I}^* \tag{4.20}$$

Descomponiendo la tensión y la intensidad en sus componentes según los ejes "d" y "q":

$$\overline{U} = U_d + j \cdot U_q \qquad \overline{I} = I_d + j \cdot I_q \tag{4.21}$$

La ecuación (4.20) se puede expresar:

$$\overline{S} = 3 \cdot (U_d + j \cdot U_q) \cdot (I_d - j \cdot I_q) = 3 \cdot (U_d \cdot I_d + U_q \cdot I_q) + j \cdot 3 \cdot (U_q \cdot I_d - U_d \cdot I_q) \tag{4.22}$$

A partir de esta ecuación y del diagrama fasorial de la máquina de polos salientes de la Figura 4.21 se deducirán las expresiones de las potencias activa y reactiva.

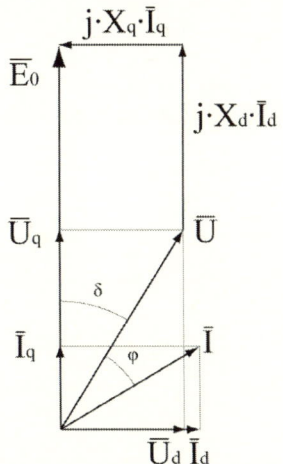

Figura 4.21. Diagrama fasorial en componentes "d – q" de una máquina de polos salientes

4.3.4.1. Potencia activa y par electromagnético

Atendiendo a su definición, la potencia activa se puede expresar como:

$$P = 3 \cdot U \cdot I \cdot \cos \varphi = \mathrm{Re}\{\overline{S}\} = 3 \cdot (U_d \cdot I_d + U_q \cdot I_q) \tag{4.23}$$

De la Figura 4.21 se deducen las siguientes relaciones geométricas:

$$U_d = U \cdot sen\delta \qquad I_d = \frac{E_0 - U \cdot \cos\delta}{X_d} \qquad U_q = U \cdot \cos\delta \qquad I_q = \frac{U \cdot sen\delta}{X_q} \qquad (4.24)$$

Sustituyendo estas relaciones en (4.23), se obtiene:

$$P = 3 \cdot \left(U \cdot sen\delta \cdot \frac{E_0 - U \cdot \cos\delta}{X_d} + U \cdot \cos\delta \cdot \frac{U \cdot sen\delta}{X_q} \right) \qquad (4.25)$$

Operando y teniendo en cuenta la expresión trigonométrica del seno del ángulo doble, resulta:

$$P = 3 \cdot \frac{E_0 \cdot U}{X_d} \cdot sen\delta + \frac{3}{2} \cdot U^2 \cdot \left(\frac{1}{X_q} - \frac{1}{X_d} \right) \cdot sen2\delta \qquad (4.26)$$

El primer término coincide con la expresión de la potencia de la máquina de rotor cilíndrico. El segundo término se debe a la diferencia entre las reluctancias del circuito magnético en las direcciones de los ejes "d" y "q".

Si se considera que las pérdidas son nulas, el par electromagnético interno coincide con el par del accionamiento mecánico, y resulta:

$$M_e = 3 \cdot \frac{E_0 \cdot U}{X_d \cdot \Omega_s} \cdot sen\delta + \frac{3 \cdot U^2}{2 \cdot \Omega_s} \cdot \left(\frac{1}{X_q} - \frac{1}{X_d} \right) \cdot sen2\delta \qquad (4.27)$$

Al segundo término de la expresión anterior se le denomina *par de reluctancia*, es independiente de la excitación (E_0) y, por tanto, podría ser producido sin la existencia de devanado de campo (excitación).

Si se representa gráficamente el par (M_e) en función del ángulo de carga (δ) para un determinado valor de la corriente de excitación, se pueden observar algunos aspectos de funcionamiento diferentes a los de la máquina de rotor cilíndrico:

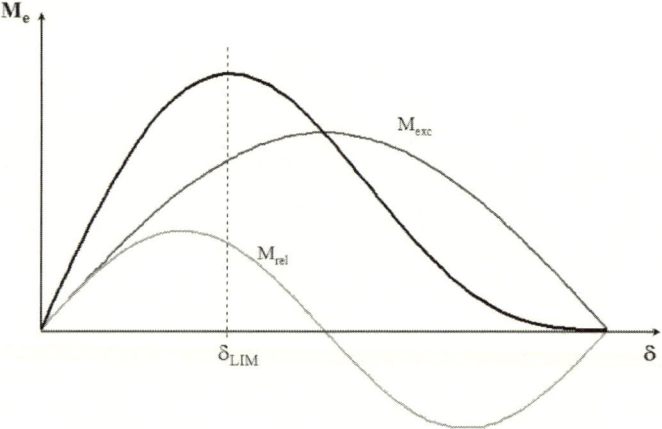

Figura 4.22. Curva de par en una máquina de polos salientes.

En primer lugar cabe destacar que el máximo del par se produce para un ángulo de carga inferior a $\pi/2$. Así pues, el *límite de estabilidad estática es más pequeño* en las máquinas de polos salientes que en las máquinas de rotor cilíndrico y su valor depende de la intensidad de excitación del generador. Dicho valor se calcula derivando la expresión del par respecto al ángulo de carga e igualando a cero dicha derivada.

A pesar de su menor límite de estabilidad, el acoplamiento de la máquina de polos salientes con la red es más rígido al tener *mayor coeficiente de par sincronizante* $\left(\dfrac{dM_e}{d\delta}\right)$, como consecuencia de la mayor pendiente de la curva de par.

4.3.4.2. Potencia reactiva

Atendiendo a su definición, la potencia reactiva se puede expresar como:

$$Q = 3 \cdot U \cdot I \cdot sen\varphi = \operatorname{Im}\{\overline{S}\} = 3 \cdot (U_q \cdot I_d - U_d \cdot I_q) \qquad (4.28)$$

Teniendo en cuenta (4.24), resulta:

$$Q = 3 \cdot U \cdot I \cdot sen\varphi = \operatorname{Im}\{\overline{S}\} = 3 \cdot \left(U \cdot \cos\delta \cdot \frac{E_0 - U \cdot \cos\delta}{X_d} - U \cdot sen\delta \cdot \frac{U \cdot sen\delta}{X_q} \right) \qquad (4.29)$$

Operando y utilizando las expresiones trigonométricas,

$$\cos^2\delta = \frac{1 + \cos 2\delta}{2} \qquad sen^2\delta = \frac{1 - \cos 2\delta}{2}$$

Se obtiene,

$$Q = 3 \cdot \frac{U \cdot E_0}{X_d} \cdot \cos\delta - \frac{3}{2} \cdot U^2 \cdot \left(\frac{1}{X_d} + \frac{1}{X_q} \right) + \frac{3}{2} \cdot U^2 \cdot \left(\frac{1}{X_q} - \frac{1}{X_d} \right) \cdot \cos 2\delta \qquad (4.30)$$

Obsérvese que los dos primeros términos coinciden con los de la máquina de rotor liso ($X_d = X_q$), siendo el tercer término debido a la diferencia de reluctancia en los dos ejes.

4.4. El Motor Síncrono.

Si estando la máquina funcionando como compensador síncrono, con la intensidad de excitación constante (pto A en las Figuras 4.20 y 4.23), se aplica al eje de la máquina un par mecánico opuesto al giro del rotor, en los instantes iniciales el rotor se frena por lo que la f.e.m E_0 se retrasa respecto a la tensión en bornes U. En el punto final de equilibrio, con un ángulo de carga δ_l', la máquina síncrona gira a velocidad de sincronismo produciendo un par opuesto al par de carga y, por tanto, del mismo sentido que la velocidad, por lo que funciona como motor.

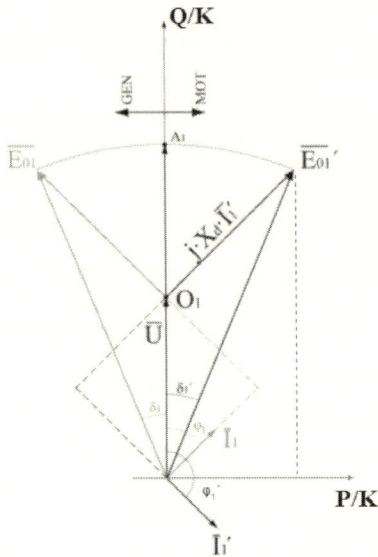

Figura 4.23. Diagrama fasorial del motor síncrono (Criterio generador)

A partir del diagrama fasorial anterior, construido con criterio generador al considerar que la corriente "sale" de la máquina ($\overline{E}_0 = j \cdot X_d \cdot \overline{I} + \overline{U}$), la potencia eléctrica cedida por la máquina vale:

$$P_1' = 3 \cdot U \cdot I_1' \cdot \cos\varphi_1' < 0 \quad ya \quad que \quad \varphi_1' > \frac{\pi}{2}$$

Este valor negativo pone de manifiesto que se trata de una potencia eléctrica absorbida, y no cedida, como corresponde al funcionamiento como motor. Esta potencia, como en el caso de funcionamiento como generador, es proporcional a la proyección del fasor de f.e.m. E'_0 sobre el eje de abscisas.

Como se puede observar, la diferencia entre los modos de funcionamiento como generador y como motor también se manifiesta en el signo del ángulo de carga δ ($\delta > 0$, en el caso del generador; $\delta < 0$, en el caso del motor). De una manera "gráfica" se puede considerar que como generador los polos del rotor, en la dirección de $\vec{F}_f$, arrastran al campo equivalente impuesto por la red (adelantado 90° respecto a $\overline{U}$), mientras que como motor es el campo de la red el que arrastra a los polos del rotor.

El diagrama fasorial de la Figura 4.23 es especialmente apropiado en el caso de que la máquina funcione como generador, al estar concebido utilizando el criterio generador. Dado que por comodidad es más interesante trabajar con potencias positivas, cuando la máquina funciona como motor se prefiere utilizar un diagrama fasorial basado en el criterio motor (Figura 4.24.a), según el cual $\overline{E}_0 = \overline{U} - j \cdot X_d \cdot \overline{I}$. Al invertirse el sentido de la referencia de corriente el fasor intensidad se invierte de sentido; así, el punto de funcionamiento como motor representado en el diagrama fasorial de la Figura 4.23 con criterio generador, pasa a representarse con criterio motor según se indica en la Figura 4.24.b:

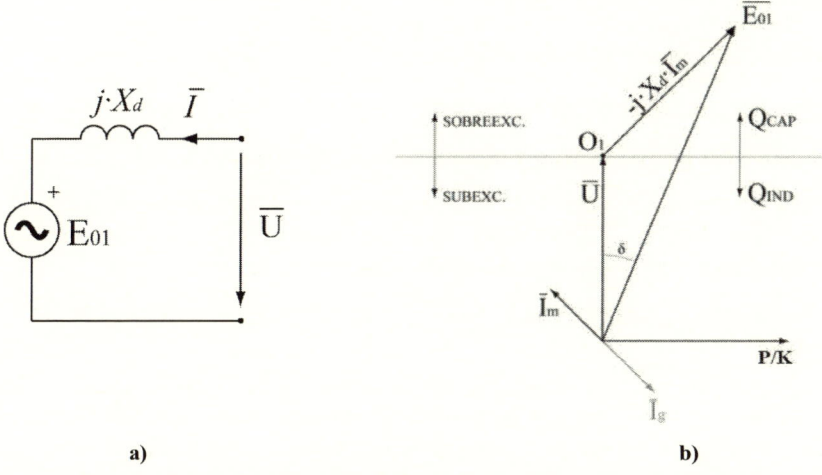

a)   b)

Figura 4.24. Circuito equivalente y diagrama fasorial del motor síncrono (Criterio motor)

Con este criterio, la máquina sobreexcitada es considerada por la red como una carga capacitiva. En el mismo punto de funcionamiento, con criterio generador la red es "vista" desde la máquina como una carga inductiva.

4.4.1. Arranque de motores síncronos

El motor síncrono presenta ventajas funcionales importantes frente a los asíncronos, como son la gran flexibilidad para el ajuste del par motor y la capacidad de suministrar potencia reactiva, con la consiguiente posibilidad de mejorar el factor de potencia de la instalación en la que esté funcionando, así como la posibilidad de realizar diseños de potencia muy elevada con esta tecnología.

Frente a estas ventajas el motor síncrono tiene un grave inconveniente, como es que su par de arranque es nulo según se ha visto en el apartado 2.5.3. En efecto, cuando se alimenta el devanado de excitación aparece una f.m.m. $\vec{F}_f$ que permanece fija con la máquina en reposo. Al circular por el devanado inducido con un sistema trifásico de corrientes, se origina una f.m.m. $\vec{F}_i$ que gira a la velocidad de sincronismo, de modo que el ángulo β que forma con $\vec{F}_f$ varía rápidamente y de forma continua entre 0 y 2π. En estas condiciones el par medio creado por el motor es nulo y no se produce el arranque:

$$M_{e\_medio} = \frac{1}{2\pi} \cdot \int_0^{2\pi} K \cdot F_f \cdot F_i \cdot sen\beta = 0 \qquad (4.31)$$

Con respecto a los aspectos referentes al par del motor síncrono presentados hasta ahora, es necesario realizar dos comentarios:

– Si la relación entre el par del motor y el momento de inercia fuese muy elevada, podría ocurrir que la aceleración del sistema electromecánico fuese tan grande que se alcanzase la velocidad de sincronismo durante el primer semiciclo, entre 0 y π, produciéndose el arranque del motor. Aunque físicamente es posible, en los accionamientos reales este hecho es muy poco probable salvo en máquinas muy pequeñas.

– Las expresiones del par electromagnético deducidas para las máquinas de rotor liso (4.13) y de polos salientes (4.27), son equivalentes a (4.31) cuando el motor gira a velocidad de sincronismo (δ = cte)

Siendo nulo el par electromagnético medio cuando el motor está en reposo, para su arranque es preciso llevarlo a la velocidad de sincronismo mediante algún procedimiento adecuado. Los métodos de arranque más utilizados están basados en:

– Alimentar al motor con una tensión de frecuencia variable, en aumento progresivo, mediante convertidores electrónicos (comercialmente denominados variadores de velocidad), desde una frecuencia próxima a 0 Hz.

– El "lanzamiento" del motor hasta la velocidad de sincronismo correspondiente a 50 Hz (o a una muy próxima a ella).

Actualmente, gracias al gran desarrollo de la electrónica de potencia se utilizan, en instalaciones nuevas y en sistemas de tracción ferroviaria, convertidores electrónicos de frecuencia variable que sirven para arrancar los motores y para variar su velocidad. Sin embargo tanto en instalaciones antiguas como en motores de potencias elevadas (varios MW) se siguen utilizando métodos basados en el "lanzamiento" del motor. Especial mención merece el arranque como motor de los generadores de las *centrales hidroeléctricas de bombeo*, equipadas con máquinas hidráulicas reversibles (turbina - bomba).

Arranque de los motores de las centrales hidroeléctricas de bombeo

En las centrales de bombeo existentes se encuentran ejemplos de todos los tipos de arranque que se pueden utilizar en los motores síncronos, según se relaciona a continuación:

– Métodos basados en el lanzamiento del grupo

Para ello se puede utilizar el propio motor síncrono, arrancándolo como asíncrono, o un motor auxiliar.

• Arranque como motor asíncrono

Se alimenta el devanado estatórico bien a tensión plena, *arranque directo*, o bien a *tensión reducida* mediante un autotransformador, un transformador con tomas o añadiendo reactancias en serie con la alimentación. En el devanado amortiguador se inducen unas intensidades que producen un par de forma similar al de una máquina asíncrona, que es capaz de arrancar el motor. Una vez alcanzado el equilibrio a una velocidad un poco inferior a la de sincronismo, se alimenta el devanado de excitación lo que produce un incremento de par que sincroniza el motor con la red.

• Arranque con máquina auxiliar

Mediante una máquina auxiliar se lleva al motor eléctrico, sin conectar a la red, a la velocidad de sincronismo. Una vez alcanzada esta velocidad se acopla el motor a la red utilizando el método descrito en el apartado 4.3.1. Como máquina auxiliar se puede utilizar la propia *turbina hidráulica*, la *excitatriz de corriente continua* funcionado como motor (en caso de que el grupo generador la tenga) o un motor auxiliar de corriente alterna, conocido como *motor "poney"*. En este último caso, para garantizar que el motor principal pueda alcanzar su velocidad de sincronismo el motor auxiliar debe de ser de menor número de polos.

– Métodos basados en la alimentación a frecuencia variable.

Es muy poco frecuente la utilización de convertidores electrónicos de frecuencia en el arranque de los grupos de bombeo, salvo en algunas instalaciones modernas de potencias no muy elevadas. En centrales de bombeo lo más habitual es que uno de los grupos funcione como fuente de alimentación de frecuencia variable, regulando la velocidad de la turbina hidráulica. De esta forma se van arrancando el resto de los grupos, uno a uno, y una vez alcanzada la velocidad de sincronismo se van acoplando con la red (Arranque back to back).

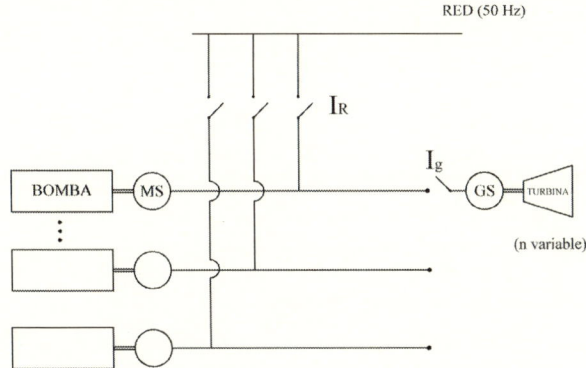

Figura 4.25. Arranque back to back de grupos de bombeo

4.4.2. Motores síncronos "especiales"

4.4.2.1. Motores síncronos de reluctancia

Según se ha mostrado en el apartado 4.3.4 (en la ecuación 4.27), el par eléctrico que se genera en la máquina síncrona de polos salientes depende tanto de la intensidad de excitación, a través de E_0, como de la diferencia de la reluctancia en los eje d y q del circuito magnético, a través de X_d y X_q. De este modo es posible que una máquina síncrona produzca un par eléctrico sin que sea necesario disponer de un devanado de campo (excitación):

$$M_e = \frac{3 \cdot U^2}{2 \cdot \Omega_s} \cdot \left(\frac{1}{X_q} - \frac{1}{X_d} \right) \cdot sen2\delta \qquad (4.32)$$

Los motores cuyo funcionamiento se basa en este principio se denominan *motores síncronos de reluctancia,* tienen un único devanado en el estator y un rotor que, bien origina un entrehierro variable (Figura 4.26.a), o bien siendo cilíndrico está realizado con chapa magnética de grano orientado para conseguir diferente reluctancia en los ejes "d" y "q" (Figura 4.26.b).

La utilización de estos motores es especialmente interesante en los accionamientos de máquina-herramientas de muy alta velocidad, como fresadoras y tornos, alimentados a frecuencias superiores a 50 Hz. En estos accionamientos, con velocidades superiores a

10000 rpm, es vital reducir las pérdidas por fricción mecánica y por ello funcionan con carcasas estancas en las que se realiza el vacío. En estas condiciones es relativamente complicado llevar alimentación eléctrica al rotor de la máquina y además, en el caso de hacerlo, sería necesario montar un complejo sistema de refrigeración para poder evacuar las pérdidas rotóricas. Por estos motivos los motores de reluctancia son muy aplicados en este tipo de accionamientos.

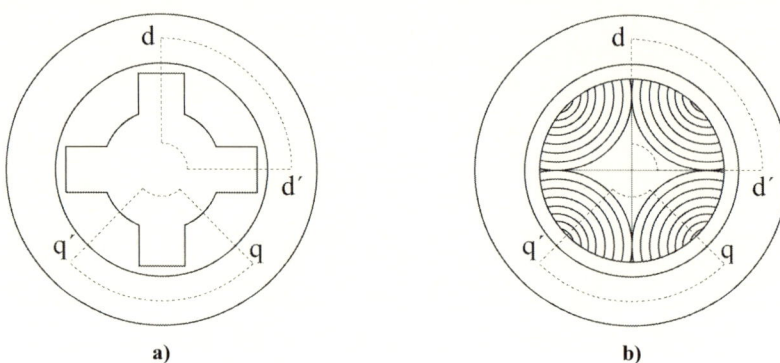

Figura 4.26. Configuración rotórica de los motores síncronos de reluctancia

4.4.2.2. *Motores síncronos de imanes permanentes*

La constitución física de estos motores es similar a la de un motor síncrono convencional salvo en los polos rotóricos, donde los devanados alimentados en corriente continua se sustituyen por imanes permanentes. De este modo, al igual que en el caso de los motores de reluctancia, se eliminan las pérdidas del circuito rotórico, con la consiguiente mejora del rendimiento y se evita la necesidad de un sistema de excitación.

Según sea la disposición de los imanes en la configuración rotórica, se tienen dos tipos de motores síncronos de imanes permanentes:

– *Motores de imanes superficiales*. Sobre una superficie cilíndrica de material ferromagnético se fijan, utilizando un potente adhesivo, imanes permanentes de espesor constante según se indica en la Figura 4.27.a. En esta configuración se utilizan imanes permanentes de alta densidad de energía y alta inducción remanente, como el SmCo (B_r= 1T) y el NeFeB (B_r =1,2T), lo que encarece el precio de la máquina.

Dado que la permeabilidad relativa μ_r de los imanes está en torno a 1,02 – 1,2, las reactancias X_d y X_q son prácticamente iguales, por lo que estos motores se pueden considerar de rotor cilíndrico y, por tanto, producen un par que responde a la expresión:

$$M_e = 3 \cdot \frac{U \cdot E_0}{\Omega_s \cdot X_d} \cdot sen\delta \tag{4.33}$$

La configuración de imanes superficiales presenta una ventaja adicional respecto a la máquinas síncronas convencionales: se pueden conseguir pasos polares muy pequeños sin aumentar el radio del rotor, por lo que se pueden construir máquinas de baja velocidad con volumen reducido.

– *Motores de imanes interiores*. En el interior de los huecos practicados en un rotor de material ferromagnético, se colocan los imanes permanentes según se indica en la Figura 4.27.b. En esta configuración se utilizan imanes permanentes de baja densidad de energía y baja inducción remanente, generalmente Ferrita (B_r = 0,4T), por lo que el precio de la máquina no resulta elevado, a pesar de que el montaje del rotor se complica con respecto a la máquina de imanes superficiales.

Dada la baja permeabilidad relativa μ_r de los imanes, en este caso las reactancias en el eje del imán (eje d) y en el eje transversal a éste (eje q) son diferentes, por lo que este motor se puede considerar de polos salientes. A diferencia de la máquina de polos salientes convencional, en este caso X_d es menor que X_q, por lo que el par producido responde a:

$$M_e = 3 \cdot \frac{E_0 \cdot U}{X_d \cdot \Omega_s} \cdot sen\delta + \frac{3 \cdot U^2}{2 \cdot \Omega_s} \cdot \left(\frac{1}{X_d} - \frac{1}{X_q} \right) \cdot sen2\delta \qquad (4.34)$$

El hecho de que los imanes estén situados en el interior del rotor, hace que éste sea muy robusto y por tanto, muy apropiado para aplicaciones de alta velocidad:

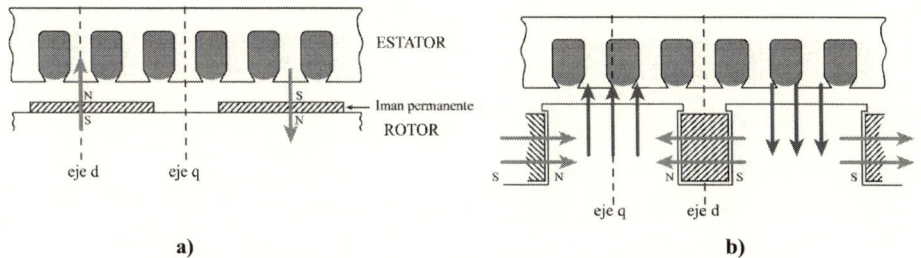

a) b)

Figura 4.27. Configuración de los motores síncronos de imanes permanente

Es necesario tener en cuenta que, además de las ventajas descritas en ambas configuraciones de motores síncronos, este tipo de máquinas presenta un inconveniente respecto de las máquinas síncronas convencionales. Mientras que en estas últimas el control de la potencia reactiva es inmediato a través de la intensidad de excitación (y por tanto sobre E_0), en las máquinas de imanes permanentes está asociado al control del par electromagnético *(a través de U y δ)* que se hace en el convertidor utilizado como fuente de alimentación, al no tener control sobre el valor de E_0.

5. FUNCIONAMIENTO DE LOS GENERADORES SÍNCRONOS EN RÉGIMEN TRANSITORIO

5.1. Introducción

El comportamiento de las máquinas síncronas cuando se producen perturbaciones grandes y bruscas en sus condiciones de funcionamiento depende de unos parámetros, parámetros transitorios, que son muy diferentes de los que se utilizan para su estudio en régimen permanente (reactancias síncronas longitudinal y transversal). Durante estos regímenes transitorios una máquina síncrona puede estar sujeta a solicitaciones térmicas y fundamentalmente mecánicas que exceden ampliamente las correspondientes a la máxima carga de régimen permanente; así, por ejemplo, en caso de un cortocircuito franco en los bornes de la máquina, la corriente en el devanado inducido puede alcanzar valores del orden de 7 a 8 veces su valor asignado, de forma que las fuerzas electrodinámicas son 49 a 64 veces superiores a las del régimen normal de funcionamiento. Estas enormes fuerzas son especialmente peligrosas en las partes de las bobinas que no están alojadas en las ranuras, es decir, en las cabezas de bobina, y condicionan el diseño constructivo de las bobinas cuyas cabezas deben estar fuertemente fijadas para que sean capaces de soportar sin ninguna deformación peligrosa esas solicitaciones mecánicas.

Las perturbaciones más frecuentes a las que están sometidos los generadores síncronos se deben a cortocircuitos en puntos de la red, más o menos alejados de sus bornes, a la conexión o desconexión brusca de grandes cargas y a las maniobras incorrectas en la sincronización de los grupos, que dan lugar a falsos acoplamientos.

Los transitorios más peligrosos son los resultantes de los cortocircuitos que se producen durante el funcionamiento en carga de la máquina. No obstante, se va realizar el estudio considerando un cortocircuito en vacío porque permite analizar con mayor claridad los fenómenos físicos involucrados en los procesos transitorios de las máquinas síncronas, siendo fácilmente extrapolables al caso de un cortocircuito en carga. Por otra parte, el cortocircuito en vacío tiene también un gran interés puesto que es uno de los métodos básicos más utilizados, de los previstos en las normas (CEI y UNE EN 60034-4), para la determinación de los parámetros transitorios mediante ensayos.

Después de un cortocircuito se pueden considerar tres períodos de tiempo sucesivos:

– *Periodo subtransitorio*, de duración muy pequeña (p.e. 20 a 60 ms), en el que se alcanza el máximo valor de la corriente de cortocircuito.

– *Periodo transitorio*, que dura de 1 a 3 s y durante el cual la corriente de cortocircuito va disminuyendo hasta alcanzar el valor correspondiente al régimen permanente.

– *Periodo permanente*, que corresponde al régimen de funcionamiento permanente en cortocircuito. En la práctica este periodo no se llega a alcanzar si se las protecciones del generador actúan correctamente durante el periodo transitorio.

5.2. Cortocircuito trifásico en vacío

En la Figura 5.1 se muestran algunas de las líneas del campo magnético en la zona de dos polos sucesivos de un generador síncrono funcionando en vacío. El flujo magnético correspondiente a las líneas de campo (B_c) que concatenan los dos devanados, inductor e inducido, es el flujo común Φ_c (por espira). Las líneas de campo (B_d) que concatenan solamente el devanado inductor constituyen el flujo de dispersión del devanado inductor Φ_d (por espira):

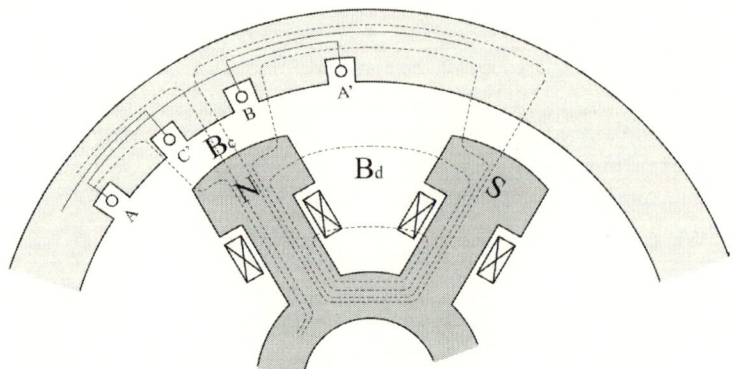

Figura 5.1. Distribución de la inducción magnética en una máquina síncrona

El valor relativo de estos flujos durante los sucesivos periodos del cortocircuito, determinará el valor de la intensidad que circula por la máquina.

5.2.1. Periodo permanente

En el estudio del cortocircuito se considera que la resistencia del devanado inducido es nula, consideración que es suficientemente realista ya que en los alternadores de un cierto tamaño la resistencia es muy pequeña con relación a la reactancia. Por consiguiente, cuando se produce el cortocircuito, la corriente que circula por el inducido es completamente inductiva y crea una f.m.m de reacción de inducido ($\vec{F}_k$) totalmente desmagnetizante. Como consecuencia de esta reacción de inducido, en el régimen permanente se reduce el flujo $\overline{\Phi}_c$ hasta un valor $\overline{\Phi}_R$, cuya variación produce una f.e.m. $\overline{E}_R$ (Figura 5.2.a), que hace circular una intensidad I_k a través de la reactancia de dispersión $X_\sigma{}^1$, de modo que:

$$I_k = \frac{E_R}{X_\sigma} \tag{5.1}$$

De acuerdo con el modelo de la máquina en régimen permanente (Figura 5.2.b), el módulo de I_k se puede expresar como:

$$I_k = \frac{E_0}{X_\sigma + X_i} = \frac{E_0}{X_d} \tag{5.2}$$

---

[1] La designación de la reactancia de dispersión que se utiliza en las normas internacionales CEI es X_l, "l" es la inicial de "dispersión" en inglés (leakage), pero en España se utiliza normalmente el subíndice "σ".

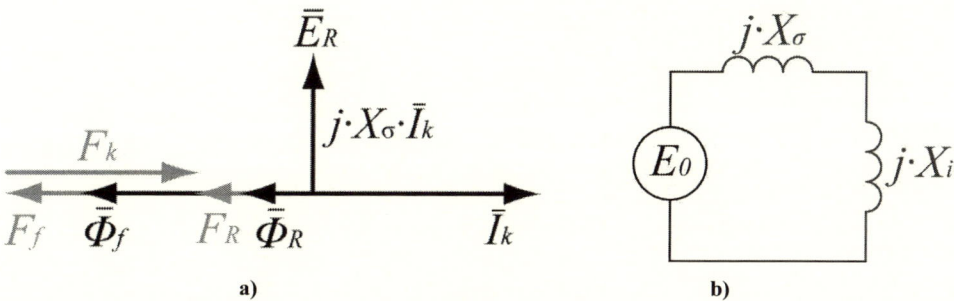

a)   b)

Figura 5.2. Diagrama fasorial y circuito equivalente de la máquina síncrona durante un cortocircuito en régimen permanente

5.2.2. Periodo transitorio

Durante este periodo la fuerza magnetomotriz en el entrehierro debe disminuir desde su valor en vacío $\vec{F}_f$ hasta su valor final $\vec{F}_R$. El paso de $\vec{F}_f$ a $\vec{F}_R$ daría lugar a una reducción enorme del flujo común $\overline{\Phi}_c$, pero al estar éste concatenado con un devanado muy inductivo (devanado inductor) se crea, en un primer instante, una f.e.m que origina la circulación de una intensidad que se cierra a través del devanado inductor (de campo). Esta intensidad crea una f.m.m. suplementaria en los polos inductores ($\Delta\vec{F}_f$) que permite mantener en el primer instante el flujo total abarcado (Figura 5.3):

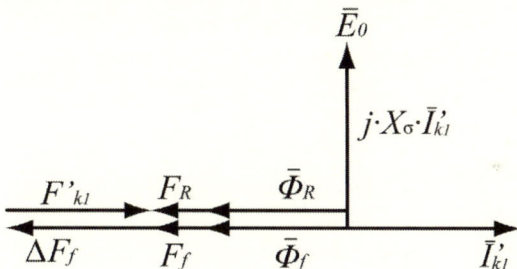

Figura 5.3. Efecto del refuerzo de la f.m.m. del devanado inductor en los primeros instantes del cortocircuito.

En estas condiciones, la intensidad de cortocircuito inicial alcanzaría un valor dado por la relación:

$$I'_{k1} = \frac{E_0}{X_\sigma} \tag{5.3}$$

Sin embargo es el flujo total en el devanado de excitación, y no el común, el que debe permanecer constante; el fuerte incremento de la fuerza magnetomotriz total en los polos inductores, hace que ahora aumente el flujo disperso $\overline{\Phi}_d$ en el devanado de excitación con respecto a las condiciones iniciales y, en consecuencia, que el flujo común $\overline{\Phi}_c$ disminuya en esa misma cantidad (Figura 5.4.a).

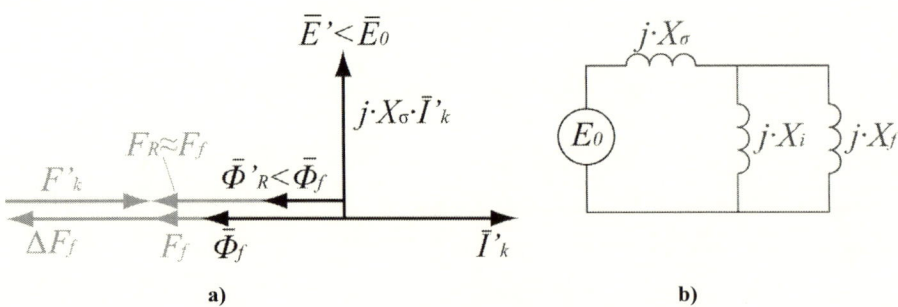

a)   b)

Figura 5.4. Diagrama fasorial y circuito equivalente del generador síncrono durante el periodo transitorio del cortocircuito.

Así, la f.e.m. realmente inducida $\overline{E}'$ es menor que $\overline{E}_0$, siendo la intensidad de cortocircuito, en el momento inicial:

$$I'_k = \frac{E'}{X_\sigma} \tag{5.4}$$

Esta intensidad $\overline{I}_k'$ se denomina *componente alterna de la intensidad transitoria de cortocircuito* y va disminuyendo con la constante de tiempo τ_d' (*constante de tiempo transitoria longitudinal en cortocircuito*).

En la práctica resulta más cómodo considerar que la f.e.m generada se mantiene en el valor E_0 e incrementar el valor de la reactancia hasta un valor X'_d, *Reactancia síncrona transitoria longitudinal*, de forma que el valor I'_k no se modifique:

$$I'_k = \frac{E'}{X_\sigma} = \frac{E_0}{X'_d} \tag{5.5}$$

En la Figura 5.4.b se muestra el circuito equivalente del generador síncrono en el momento inicial del periodo transitorio, mostrando el efecto del devanado inductor. Este circuito es utilizado frecuentemente y, de acuerdo con el mismo, el valor de la reactancia transitoria viene dado por la siguiente expresión:

$$X'_d = X_\sigma + \frac{X_i \cdot X_f}{X_i + X_f} = X_\sigma + X'_f \tag{5.6}$$

con X_f, reactancia de dispersión del devanado inductor, y X'_f, reactancia de dispersión efectiva del devanado inductor.

5.2.3. Periodo subtransitorio

Según se ha indicado en el apartado anterior, el valor del flujo común $\overline{\Phi}_c$ disminuye en los primeros momentos del cortocircuito debido al aumento del flujo de dispersión. Ahora bien en máquinas con devanado amortiguador, éste es concatenado por el flujo $\overline{\Phi}_c$ que, al variar, induce unas f.e.m.s que dan lugar a la circulación de corrientes por él, que se oponen a la disminución de $\overline{\Phi}_c$. Como consecuencia, en el primer instante del cortocircuito se genera una f.e.m. en el devanado inducido $\overline{E}''$ que es mayor que la f.e.m. $\overline{E}'$ del periodo transitorio (Figura 5.5.a).

Así, la intensidad de cortocircuito en el momento inicial vale:

$$I''_k = \frac{E''}{X_\sigma} \tag{5.7}$$

Esta intensidad $\overline{I_k}''$ se denomina *componente alterna de la intensidad subtransitoria de cortocircuito* y va disminuyendo con la constante de tiempo τ''_d (*constante de tiempo subtransitoria longitudinal en cortocircuito*).

Considerando que, como en el caso del régimen transitorio, se mantiene la f.e.m. E_0, se define la *Reactancia síncrona subtransitoria longitudinal X''_d* de forma que:

$$I''_k = \frac{E''}{X_\sigma} = \frac{E_0}{X''_d} \tag{5.8}$$

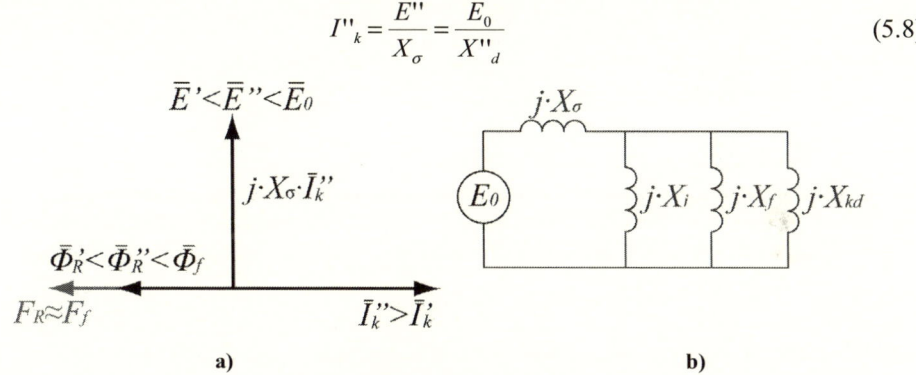

a)   b)

Figura 5.5. Diagrama fasorial y circuito equivalente del generador síncrono durante el periodo transitorio del cortocircuito.

En la Figura 5.5.b se representa el circuito equivalente en el momento inicial del periodo subtransitorio. Según este circuito, la reactancia síncrona subtransitoria longitudinal resulta:

$$X''_d = X_\sigma + X''_{kd} \quad \text{siendo } X''_{kd} = \frac{X_i \cdot X_f \cdot X_{kd}}{X_i \cdot X_f + X_i \cdot X_{kd} + X_f \cdot X_{kd}} \tag{5.9}$$

con X_{kd}, reactancia de dispersión del devanado amortiguador, y X''_{kd}, reactancia de dispersión efectiva del devanado amortiguador[2].

La corriente de cortocircuito que se ha analizado hasta ahora es una corriente alterna simétrica, resultante de la aplicación de una tensión senoidal a una reactancia cuyo valor varía a lo largo del tiempo ($X''_d \to X'_d \to X_d$). En la Figura 5.6 se muestra gráficamente la evolución de esta componente alterna también denominada *componente periódica de la intensidad del inducido* durante el cortocircuito.

Además de esta componente, durante el cortocircuito aparecen otras dos componentes en la intensidad del inducido, la *aperiódica o unidireccional* y la *de frecuencia doble*, que se van a presentar a continuación.

---

[2] Para el eje transversal q, que en régimen permanente presenta la reactancia síncrona transversal X_q, se tiene también una reactancia síncrona subtransitoria transversal X''_q por efecto del devanado amortiguador. Sin embargo no existe una reactancia síncrona transitoria transversal X'_q ya que las máquinas no tienen un devanado de campo en este eje

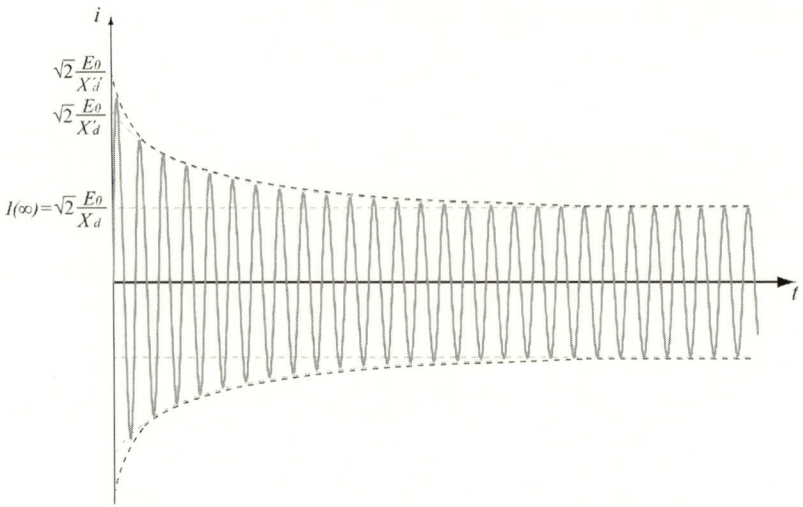

Figura 5.6. Componente periódica de la intensidad del inducido durante el cortocircuito

5.2.4. Componente aperiódica (unidireccional)

Dado que en el cortocircuito la "carga" (circuito inducido) es inductiva pura (Figura 5.5.b), si en el momento del cortocircuito la tensión (f.e.m inducida) está en su valor máximo, el valor inicial de la componente periódica de la intensidad de cortocircuito es cero y, por tanto, no se produce ninguna asimetría en la forma de onda de la intensidad (Figura 5.7.a). Por el contrario si el cortocircuito se produce con cualquier otro valor de tensión, aparece una componente unidireccional, o aperiódica, en la intensidad de cortocircuito, cuyo valor inicial es igual y de signo contrario al que le correspondería a la componente periódica de la intensidad en el instante del cortocircuito.

La situación en la que la componente aperiódica es máxima se da cuando el cortocircuito se produce en el instante en que la f.e.m. inducida pasa por cero. En este caso aparece una componente unidireccional cuyo valor coincide con el valor máximo de la componente alterna, esto es, $\sqrt{2}\cdot E_0 / X_d''$ (Figura 5.7.b)

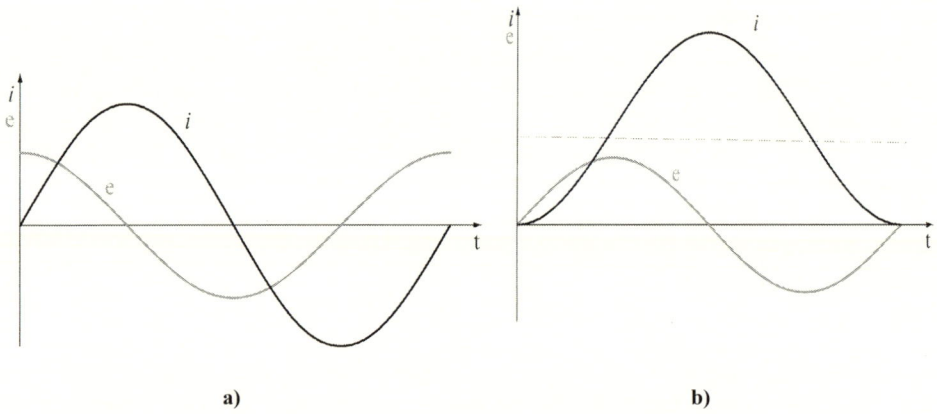

a)   b)

Figura 5.7. Forma de onda de la intensidad en los primeros instantes del cortocircuito

El circuito eléctrico real tiene una resistencia R_a (resistencia del inducido), de forma que la componente unidireccional se amortigua con una constante de tiempo τ_a, denominada *constante de tiempo del inducido en cortocircuito*.

5.2.5. Componente de frecuencia doble

En el sistema trifásico del inducido, el valor de la componente unidireccional de cada fase es diferente, ya que depende del valor instantáneo de la f.e.m. correspondiente en el instante de producirse el cortocircuito. El conjunto de los tres componentes unidireccionales crea una réplica (congelada) del campo magnético que existía a través de las bobinas del inducido en el momento de producirse el cortocircuito.

Este campo, fijo en el espacio, da origen a una f.e.m. de frecuencia 50 Hz en el devanado inductor situado en el rotor. Dado que este devanado está cerrado a través de la excitatriz se produce la circulación de una intensidad de 50 Hz durante el período transitorio, que se amortigua con la misma constante de tiempo que la componente unidireccional, esto es con la del inducido en cortocircuito τ_a (Figura 5.8 a y b):

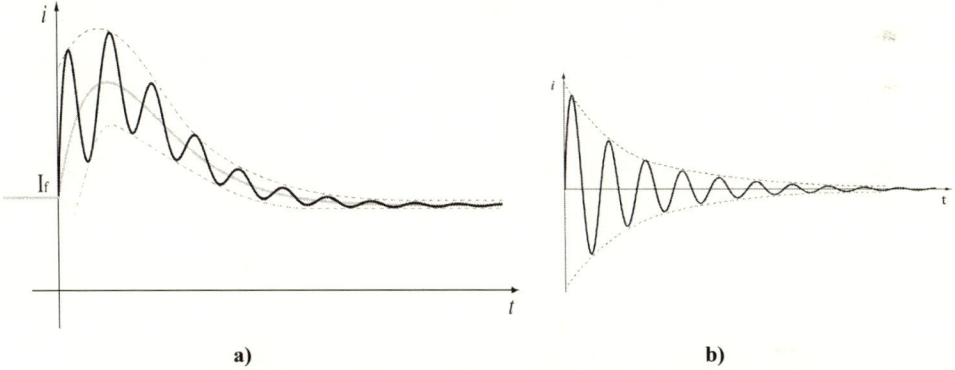

a)   b)

Figura 5.8. Intensidad total en el devanado inductor (a) y componente de 50 Hz (b)

La circulación de esta intensidad da lugar a una f.m.m. de eje fijo (eje polar) y de frecuencia 50 Hz en el inductor, que se puede descomponer (Teorema de Leblanc) en dos (de la mitad de amplitud) girando con una velocidad Ω_s en sentidos opuestos:

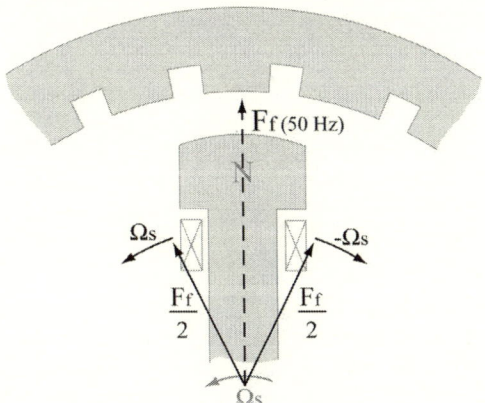

Figura 5.9. Descomposición de la f.m.m. rotórica de 50Hz según el Teorema de Leblanc

La f.m.m. que gira en sentido contrario al rotor está fija con respecto al devanado inducido y el campo magnético que crea no produce ningún efecto en este devanado. Sin embargo, el campo magnético creado por la f.m.m. que gira en el mismo sentido que el rotor, se desplaza con relación al devanado inducido con una velocidad $2 \cdot \Omega_s$ e induce en él una f.e.m. de 100 Hz, que provoca la circulación de una corriente de la misma frecuencia.

5.2.6. Expresiones de las magnitudes transitorias en el cortocircuito en vacío

La intensidad total de cortocircuito a través de una de las fases del devanado inducido, por ejemplo la U en la que la f.e.m inducida vale $e_u(t) = \sqrt{2} \cdot E \cdot \cos(\omega \cdot t + \theta_0)$, debida al conjunto de las cinco componentes que se acaban de describir, responde a la siguiente expresión analítica:

$$
\begin{aligned}
I_{ku} = E_0 \cdot \sqrt{2} \cdot & \left[\left(\frac{1}{X_d^{''}} - \frac{1}{X_d^{'}} \right) \cdot e^{-t/\tau_d^{''}} + \left(\frac{1}{X_d^{'}} - \frac{1}{X_d} \right) \cdot e^{-t/\tau_d^{'}} + \frac{1}{X_d} \right] \cdot sen(\omega \cdot t + \theta_0) - \\
& - \frac{E_0 \cdot \sqrt{2}}{2} \cdot \left(\frac{1}{X_d^{''}} + \frac{1}{X_q^{''}} \right) \cdot e^{-t/\tau_a} \cdot sen\theta_0 - \\
& - \frac{E_0 \cdot \sqrt{2}}{2} \cdot \left(\frac{1}{X_d^{''}} - \frac{1}{X_q^{''}} \right) \cdot e^{-t/\tau_a} \cdot sen(2\omega \cdot t + \theta_0)
\end{aligned}
\tag{5.10}
$$

Se puede comprobar que en el instante inicial del cortocircuito (t=0) la intensidad resulta nula, como en el instante previo. En efecto, en el instante inicial (5.10) da lugar a:

$$
\begin{aligned}
I_{ku} = E_0 \cdot \sqrt{2} \cdot & \left[\left(\frac{1}{X_d^{''}} - \frac{1}{X_d^{'}} \right) + \left(\frac{1}{X_d^{'}} - \frac{1}{X_d} \right) + \frac{1}{X_d} \right] \cdot sen\theta_0 - \\
& - \frac{E_0 \cdot \sqrt{2}}{2} \cdot \left(\frac{1}{X_d^{''}} + \frac{1}{X_q^{''}} \right) \cdot sen\theta_0 - \frac{E_0 \cdot \sqrt{2}}{2} \cdot \left(\frac{1}{X_d^{''}} - \frac{1}{X_q^{''}} \right) \cdot sen\theta_0 \quad \rightarrow \\
& \rightarrow \quad I_{ku} = 0
\end{aligned}
$$

En general las reactancias síncronas subtransitorias longitudinal y transversal $X_d^{''}$ y $X_q^{''}$ tienen valores parecidos tanto en máquinas de rotor cilíndrico como en máquinas de polos salientes. Por este motivo la componente de frecuencia doble se suele despreciar, de modo que habitualmente se considera la siguiente expresión para la intensidad de cortocircuito en bornes del inducido:

$$
\begin{aligned}
I_{ku} = E_0 \cdot \sqrt{2} \cdot & \left[\left(\frac{1}{X_d^{''}} - \frac{1}{X_d^{'}} \right) \cdot e^{-t/\tau_d^{''}} + \left(\frac{1}{X_d^{'}} - \frac{1}{X_d} \right) \cdot e^{-t/\tau_d^{'}} + \frac{1}{X_d} \right] \cdot sen(\omega \cdot t + \theta_0) - \\
& - E_0 \cdot \sqrt{2} \cdot \left(\frac{1}{X_d^{''}} \right) \cdot e^{-t/\tau_a} \cdot sen\theta_0
\end{aligned}
\tag{5.11}
$$

El caso particular representado en la Figura 5.7.a, en el que el cortocircuito se produce cuando la f.e.m. inducida tiene su valor máximo, responde en la expresión anterior a un ángulo inicial $\theta_0 = 0$. En este caso, la intensidad del inducido solo tiene componente simétrica:

$$I_{ku} = E_0 \cdot \sqrt{2} \cdot \left[\left(\frac{1}{X_d''} - \frac{1}{X_d'} \right) \cdot e^{-t/\tau_d''} + \left(\frac{1}{X_d'} - \frac{1}{X_d} \right) \cdot e^{-t/\tau_d'} + \frac{1}{X_d} \right] \cdot sen(\omega \cdot t) \qquad (5.12)$$

Esta situación se podría dar a lo sumo en una de las fases de la máquina, al estar las tensiones desfasadas 120°. Así, en al menos dos fases de la máquina la intensidad tendrá componente unidireccional y su evolución temporal será del tipo de la presentada en la Figura 5.10:

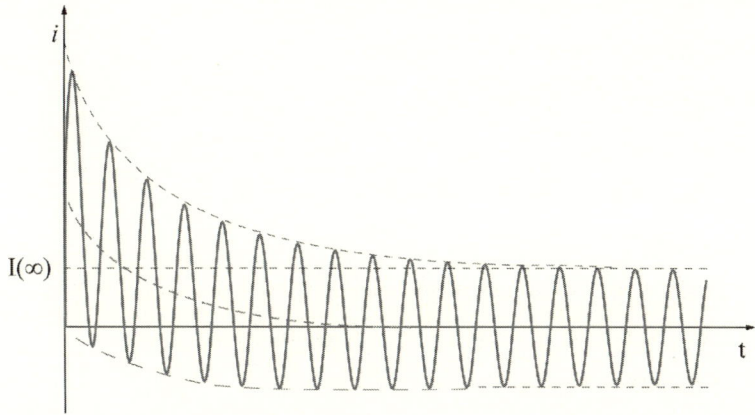

Figura 5.10. Forma de onda de la intensidad durante todas las fases del cortocircuito

Para finalizar, en la tabla 5.1 se presentan valores típicos para los diferentes parámetros permanentes y transitorios de los generadores síncronos de diseño normal:

	Máquina de polos salientes	Máquina de rotor liso
X_d (p.u)	$0,9 - 1,5$	$1,5 - 2,5$
X_q (p.u)	$0,5 - 1,1$	$= X_d$
X_d' (p.u)	$0,3 - 0,5$	$0,2 - 0,35$
X_d'' (p.u)	$0,25 - 0,35$	$0,15 - 0,25$
X_q'' (p.u)	$\approx X_d''$	$\approx X_d''$
τ_d' (s)	$1 - 2$	$1 - 1,5$
τ_d'' (s)	$0,02 - 0,05$	$0,02 - 0,05$
τ_q'' (s)	$\approx \tau_d''$	$\approx \tau_d''$
τ_a (s)	$0,1 - 0,3$	$0,1 - 0,3$

Tabla 5.1. Valores típicos de los parámetros transitorios de una máquina síncrona.

5.3. Determinación de los parámetros transitorios mediante ensayos

5.3.1. Ensayo de cortocircuito trifásico brusco

5.3.1.1. Procedimiento del ensayo

Con la máquina girando en vacío a velocidad asignada, arrastrada mediante un motor auxiliar, y generando la tensión asignada, se hace un cortocircuito trifásico en los bornes (del devanado inducido). Se realizan las siguientes medidas:

a) Inmediatamente anteriores al cortocircuito

– Tensión en bornes.

– Intensidad de excitación.

– Temperatura en el devanado de excitación.

b) Durante el ensayo

– Registro oscilográfico de la intensidad de las tres fases del devanado inducido.

– Registro oscilográfico de la intensidad de excitación (campo).

Para la correcta realización del ensayo, y la consiguiente obtención de valores fiables en los parámetros a determinar, es necesario hacer las siguientes consideraciones:

– Se deben cortocircuitar las tres fases simultáneamente. No se considera válido el ensayo si los contactos del interruptor con los que se realiza el cortocircuito, actúan con un desfase mayor de 15º eléctricos entre sí.

– Para las medidas de intensidad se deben utilizar "shunts" no inductivos. Para la medida de las componentes alternas es necesario utilizar transformadores de intensidad apropiados para medir intensidades muy elevadas, así como aparatos de medida de acuerdo con la clase de precisión de los transformadores utilizados.

5.3.1.2. Determinación de los parámetros

A partir de los registros oscilográficos obtenidos en el ensayo, y teniendo en cuenta los fenómenos electromagnéticos que se producen durante el cortocircuito, se pueden determinar las reactancias longitudinales y las constantes de tiempo correspondientes a los regímenes transitorio y subtransitorio, así como la componente aperiódica de la intensidad del inducido y la constante de tiempo del inducido en cortocircuito. Para ello es necesario, en primer lugar, obtener (separar) las componentes periódica y aperiódica de cada una de las intensidades que circulan por las tres fases del devanado inducido de la máquina.

a) Componente aperiódica

La componente aperiódica de cada una de las tres fases se obtiene como la semisuma algebraica de las ordenadas de las envolventes superior e inferior (Figura 5.10) de la intensidad de cortocircuito, representadas en papel semilogarítmico, y extrapolando al instante t = 0. Las componentes obtenidas en cada una de las tres fases, tienen la forma que se presenta en la Figura 5.11:

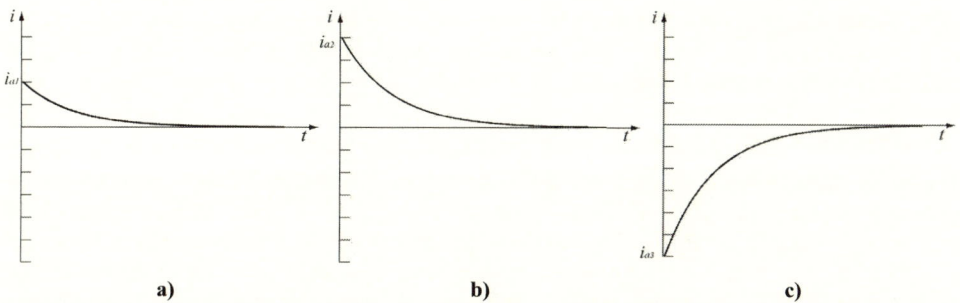

a) b) c)

Figura 5.11. Componente aperiódica de la intensidad de cortocircuito en las tres fases del generador síncrono

A partir de cualquiera de ellas se puede determinar el valor de la *constante de tiempo* τ_a, midiendo el tiempo que tarda la intensidad en alcanzar un valor igual al inicial dividido por el número *e*.

Las componentes aperiódicas de cada fase son necesariamente diferentes y su valor máximo posible se alcanza, en una fase, cuando el cortocircuito se produce en el instante en el que la f.e.m inducida en esa fase es nula (Figura 5.7.b). Para estimar este valor máximo a partir de las tres componentes aperiódicas obtenidas en un ensayo cualquiera, se recurre al método gráfico de la Figura 5.12:

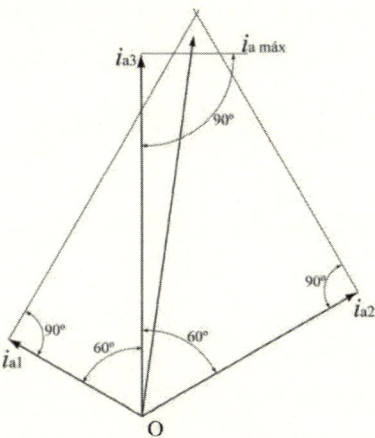

Figura 5.12. Determinación del valor máximo de la componente aperiódica de la intensidad de cortocircuito

Sobre la vertical se sitúa un vector de módulo igual a la mayor componente aperiódica de las tres fases (p.e. i_{a3}). A 60° se sitúan los vectores representativos de las componentes aperiódicas de las otras dos fases. Las perpendiculares a los tres vectores por sus afijos forman un triángulo, cuyo centro determina el valor de la mayor componente aperiódica posible.

Las normas CEI 60034-4 y UNE EN 60034-4 indican que la componente aperiódica máxima también se puede determinar con la siguiente expresión analítica (en valores p.u.):

$$i_{a\max} = \frac{2}{\sqrt{3}} \cdot \sqrt{i_{a3}^2 + i_{a2}^2 + i_{a3} \cdot i_{a2}} \qquad (5.13)$$

donde i_{a3} es el valor absoluto del valor inicial de la componente aperiódica mayor de las tres fases, e i_{a2} es el valor absoluto del valor inicial de la componente aperiódica en cualquiera de las otras dos fases.

b) Componente periódica

La componente periódica de cada una de las tres fases se obtiene como la semidiferencia algebraica de las ordenadas de las envolventes superior e inferior de la intensidad de cortocircuito. Las componentes obtenidas en cada una de las tres fases, tienen la forma ya presentada en la Figura 5.6. Dado que la componente periódica debe ser la misma en las tres fases, su valor se determina como la media de las componentes periódicas obtenidas para cada fase.

Si a la componente periódica resultante se le resta la intensidad de régimen permanente ($I(\infty)$) se obtiene la evolución de la intensidad de cortocircuito (ΔI_k) durante los periodos subtransitorio ($\Delta I_k^{"}$) y transitorio ($\Delta I_k^{'}$):

$$\Delta I_k = \Delta I_k^{"} + \Delta I_k^{'} \tag{5.14}$$

Para determinar $\Delta I_k^{"}$ y $\Delta I_k^{'}$, se representa gráficamente ΔI_k en escala semi-logarítmica, de modo que la representación obtenida, pasado el periodo inicial subtransitorio, debería ser una recta (Figura 5.13.a), aunque puede resultar en la práctica una curva (Figura 5.13.b):

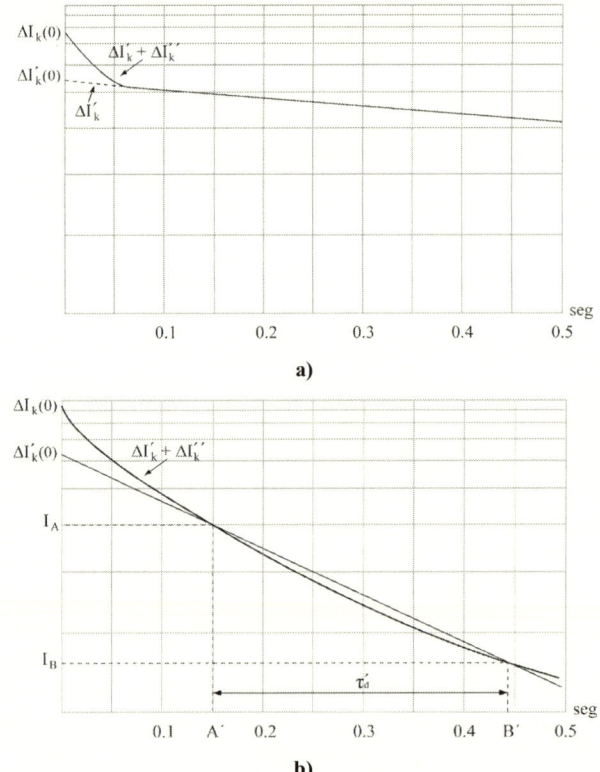

Figura 5.13. Determinación de la componente transitoria de la intensidad de cortocircuito

- Cuando la representación obtenida para t > 0,25s es una recta, que corresponde por tanto a una evolución exponencial en el tiempo de la envolvente, la extrapolación de esta recta hasta t=0 determina el valor inicial de la componente transitoria $\Delta I_k^{'}(0)$ de la intensidad de cortocircuito.

- Cuando la representación corresponde a una curva, se linealiza ésta trazando la recta que pasa por los puntos correspondientes a la intensidad I_A, en torno a 0,2s del instante inicial del cortocircuito, tiempo a partir del cual puede considerarse extinguido el periodo subtransitorio, y la intensidad I_B, cuyo valor es "*e*" veces menor que el de I_A. El valor inicial de la componente transitoria $\Delta I_k^{'}(0)$, se determina extrapolando esta recta hasta el instante inicial.

En cuanto al incremento de intensidad durante el periodo subtransitorio $\Delta I_k^{''}$, se obtiene como la diferencia entre la curva $\Delta I_k^{''} + \Delta I_k^{'}$ y la recta obtenida para el incremento de intensidad durante el régimen transitorio. Si se representa la característica resultante en escala semi-logarítmica (Figura 5.14), se determina el valor inicial de la componente subtransitoria $\Delta I_k^{''}(0)$ de la intensidad de cortocircuito.

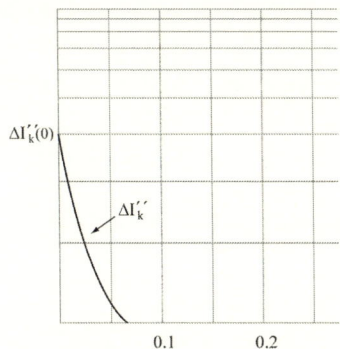

Figura 5.14. Determinación de la componente subtransitoria de la intensidad de cortocircuito

c) Determinación de los parámetros transitorios a partir de los resultados del ensayo de cortocircuito brusco en vacío.

La *constante de tiempo transitoria longitudinal en cortocircuito* $\tau_d^{'}$ es el tiempo que tarda en reducirse la componente transitoria de la intensidad del inducido a $1/e$ veces (0,368) su valor en el instante inicial del cortocircuito $\Delta I_k^{'}(0)$. Una vez obtenida la representación de la evolución (lineal) de la componente transitoria, se puede determinar $\tau_d^{'}$ tomando como tiempo de referencia uno cualquiera, que no tiene por qué coincidir con el tiempo t = 0s en que se produce el cortocircuito. Por ejemplo, en el caso de la Figura 5.13.b, el valor $\tau_d^{'}$ se calcula tomando como instante inicial t = 0,15s (tiempo de referencia) donde la intensidad tiene un valor I_A, y midiendo el tiempo trascurrido hasta que la intensidad se reduce hasta el valor I_B (I_A/e).

La *constante de tiempo subtransitoria longitudinal en cortocircuito* $\tau_d^{''}$, es el tiempo que tarda en reducirse la componente subtransitoria de la intensidad del inducido a $1/e$ veces

(0,368) su valor en el instante inicial del cortocircuito $\Delta I_k^{''}(0)$. Por ejemplo, en el caso de la Figura 5.14, su valor se obtendría midiendo directamente sobre la gráfica el tiempo que tarda la intensidad en reducirse hasta $\Delta I_k^{''}(0)/e$.

La *reactancia síncrona transitoria longitudinal* X'_d se determina dividiendo la tensión aplicada por el valor de la intensidad correspondiente al régimen transitorio en el instante inicial, según la siguiente expresión:

$$X'_d = \frac{U(0)}{\sqrt{3}} \cdot \frac{1}{\{I(\infty) + \Delta I_k^{'}(0)\}} \tag{5.15}$$

donde $U(0)$ es la tensión de línea aplicada.

La *reactancia síncrona subtransitoria longitudinal* X''_d se determina dividiendo la tensión aplicada por el valor de la intensidad correspondiente al régimen subtransitorio en el instante inicial, según la siguiente expresión:

$$X''_d = \frac{U(0)}{\sqrt{3}} \cdot \frac{1}{\{I(\infty) + \Delta I_k^{'}(0) + \Delta I_k^{''}(0)\}} \tag{5.16}$$

donde $U(0)$ es la tensión de línea aplicada.

5.3.2. Ensayo de aplicación de tensión con el rotor situado en las posiciones del eje longitudinal y transversal.

El objetivo fundamental de este ensayo es determinar la *reactancia síncrona subtransitoria transversal* X''_q que, como se muestra en (5.10), interviene en el funcionamiento de la máquina en régimen transitorio y cuyo valor no se puede obtener mediante el *ensayo de cortocircuito trifásico brusco*.

5.3.2.1. Procedimiento del ensayo

Entre dos terminales del devanado inducido se aplica una tensión monofásica de frecuencia asignada y de una amplitud que depende del valor "saturado" o "no saturado" que se desee obtener para la reactancia X''_q:

– Para obtener el valor "saturado" es necesario realizar el ensayo a tensión asignada U_N. En caso de no ser posible aplicar esta tensión, bien por limitaciones de la instalación donde se realicen los ensayos, o bien por tener la intensidad por el inducido un valor muy elevado, se hacen varios ensayos a tensiones entre 0,2 - 0,7·U_N y se extrapolan los resultados obtenidos.

– Para obtener el valor "no saturado" es necesario realizar el ensayo a una tensión tal que la intensidad por el inducido sea la asignada I_N. Si existe la posibilidad de que se sature el circuito magnético del devanado amortiguador se puede reducir la intensidad a valores inferiores a 0,7·I_N.

En cualquier caso, el devanado de excitación se pone en cortocircuito a través de un amperímetro, con el objetivo de poder determinar las dos posiciones, longitudinal y transversal, del eje polar con relación a la f.m.m creada por el inducido, mediante la medida de la intensidad que circula por dicho amperímetro durante el ensayo. Para ello se gira el rotor muy lentamente buscando las posiciones en las que la f.e.m inducida en el devanado de excitación, y por tanto la intensidad, es máxima y mínima (prácticamente nula).

La primera posición se alcanza cuando el eje fijo del campo creado por el estator coincide con el eje del devanado de excitación, o eje directo "d". A la segunda se llega en el momento en el que el eje del campo del estator se encuentra a 90º del eje del devanado de excitación, alineándose pues con el eje de cuadratura "q".

En cada una de estas dos posiciones se mide la tensión de alimentación, la intensidad por el devanado inducido y la potencia de entrada. No es necesario un aparato de gran precisión para medir la intensidad del devanado de excitación, ya que esta medida se utiliza únicamente para determinar las dos posiciones del rotor para las que se realiza el ensayo.

El tiempo en el que se aplica tensión de alimentación se debe limitar para evitar sobrecalentamientos de la máquina durante este ensayo.

5.3.2.2. Determinación de los parámetros

A partir de las medidas realizadas en la posición en la que el eje del devanado de excitación está en cuadratura con el campo estatórico, se determina X''_q utilizando las siguientes expresiones:

$$X''_q = \sqrt{Z''^2_q - R''^2_q} \qquad Z''_q = \frac{U/2}{I} \qquad R''_q = \frac{P/2}{I} \qquad (5.17)$$

En las expresiones anteriores tanto la tensión aplicada U como la potencia consumida P se dividen por dos porque el ensayo se ha realizado sobre dos fases conectadas en serie, con el devanado estatórico conectado en estrella (o la estrella equivalente en caso de estar conectado en triángulo).

Aunque no sea el objetivo fundamental del ensayo, de la misma forma se puede determinar la *reactancia síncrona subtransitoria longitudinal* X''_d, utilizando las medidas realizadas en la posición en la que el eje del devanado de excitación está alineado con el campo estatórico:

$$X''_d = \sqrt{Z''^2_d - R''^2_d} \qquad Z''_d = \frac{U/2}{I} \qquad R''_d = \frac{P/2}{I} \qquad (5.18)$$

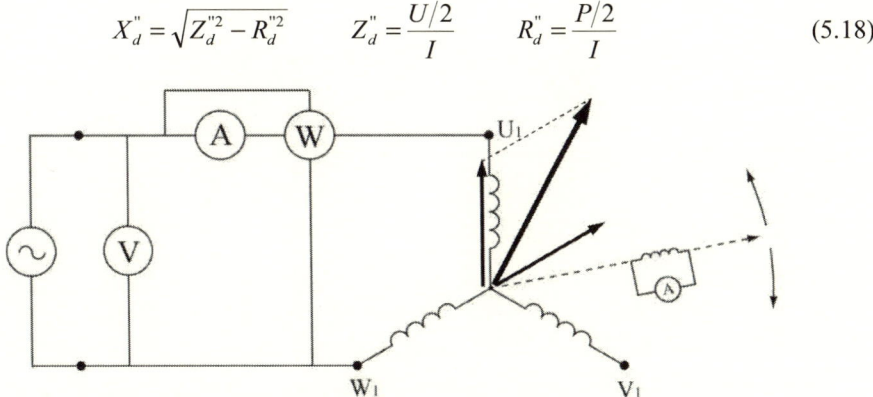

Figura 5.15. Esquema de montaje del ensayo de aplicación de tensión con el rotor situado en las posiciones del eje longitudinal y transversal

PROBLEMAS RESUELTOS DE MÁQUINAS SÍNCRONAS

PROBLEMA 1

Un alternador trifásico conectado en estrella, de rotor cilíndrico, 5 MVA, 10000V, 50Hz y 1 par de polos, tiene una resistencia de inducido de 0,06Ω y una reactancia de dispersión de 0,6Ω. La curva obtenida en el ensayo de vacío responde a la siguiente expresión:

$$E = \frac{7920 \cdot F_f}{F_f + 10500}$$, con E, valor de fase de la f.e.m, y F_f, valor de la f.m.m del inductor en A·vuelta/polo.

Cuando el alternador funciona a plena carga conectado a la red eléctrica la f.m.m de reacción de inducido tiene un valor de 14500 A·vuelta/polo.

Si el alternador funciona a plena carga con un factor de potencia 0,8 inductivo se pide:

1. Fuerza electromotriz resultante.

2. Fuerza magnetomotriz de excitación.

3. Si manteniendo fija esta fuerza magnetomotriz de excitación se desconecta la carga, ¿cuánto vale la fuerza electromotriz?

4. ¿Qué ocurriría si el factor de potencia es 0,8 capacitivo?

Solución:

1. U = 10000/$\sqrt{3}$ =5773,5 V; I_N = 288,67 A; E_R = 5892,7 /1,25° V ($E_{R(Línea)}$ = 10206,4V)

2. F_i está en fase con la intensidad: 14500 /-36,87° A·vuelta/polo
El módulo de F_R se relaciona con el valor eficaz de E_R a través de la curva del ensayo de vacío (curva de magnetización). F_R adelanta 90° al fasor E_R:
F_R = 30519,5 /91,25° A·vuelta/polo
$F_f = F_R - F_i$ = 41085,9 /107,37° A·vuelta/polo. Obsérvese que F_i está retrasada un ángulo de 144,24° (>90°) respecto a F_f como corresponde al carácter desmagnetizante de la carga inductiva.

3. Si se desconecta la carga la tensión de salida coincide con la f.e.m. Entrando en la característica de vacío con F_f = 41085,9 A·vuelta/polo, se obtiene U = E_0 = 6307,9 V.
Obsérvese que $U_{Línea}$ = 10925,65 V (> 10000 V) como corresponde al estado de sobreexcitación del generador síncrono.

4. Siguiendo un razonamiento similar se obtiene: E_R = 5685,4 /1,5° V;
F_i = 14500 /36,87° A·vuelta/polo; F_R = 26714,7 /91,5° A·vuelta/polo;
F_f = 21805,3 /124,34° A·vuelta/polo. F_i está ahora retrasada un ángulo de 87,47° (<90°) respecto a F_f como corresponde al carácter magnetizante de la carga capacitiva.
Al perder la carga U = E_0 = 5345,8 V. Ahora $U_{Línea}$ = 9259,2 V (< 10000 V) como corresponde al estado de subexcitación del generador síncrono.

PROBLEMA 2

El generador de una central térmica tiene las siguientes características asignadas: $S_N =$ 474,3 MVA; $\cos\varphi_N = 0,8$ (inductivo); $U_N = 22$ kV; Conexión Y; $n_N = 3000$ rpm; $f_N = 50$ Hz.

La excitatriz de corriente continua tiene las siguientes características asignadas: $P_N = 1800$ kW; $U_N = 420$ V.

Se conocen también la característica de saturación en vacío, la de cortocircuito y la característica reactiva pura. Se pide:

1. Determinar la validez de las reactancias síncronas saturadas para el cálculo de la intensidad de excitación (considerar para este apartado $X_\sigma = 0,1 \cdot X_d$).

2. Determinar la intensidad de excitación asignada utilizando los métodos de Potier y ASA.

Solución:

1. *Reactancia no saturada*: para $I_{fg} = 1,2$ kA $\Rightarrow$ U = 22 kV (recta del entrehierro) e I=5,5kA (característica de cortocircuito) $\Rightarrow X_d = (22000/\sqrt{3})/5500 = 2,309\ \Omega$

En condiciones asignadas: $I_N = 12447$A y $\varphi_N = -36,87° \Rightarrow \overline{E}_0 = 37754,3\underline{/37,52°}$ V

$E_{0L} = 62701$ V (fuera de la escala de las gráficas) $\Rightarrow I_f \uparrow\uparrow$ (método no válido para calcular I_f).

Reactancia saturada: para $I_{f0} = 1,28$ kA $\Rightarrow$ U = 22 kV (característica de vacío) e I=5,8kA (característica de cortocircuito) $\Rightarrow X_{ds} = (22000/\sqrt{3})/5800 = 2,190\ \Omega$

En condiciones asignadas: $I_N = 12447$A y $\varphi_N = -36,87° \Rightarrow \overline{E}_0 = 36329,9\underline{/36,89°}$ V

$E_{0L} = 62925,3$ V (fuera de la escala de las gráficas) $\Rightarrow I_f \uparrow\uparrow$ (método no válido para calcular I_f).

Reactancia saturada (calculo con un factor de saturación): $X_\sigma = 0,1 \cdot X_d = 0,231\ \Omega$; $K_s = I_{f0}/I_{fg} = 1,28/1,2 = 1,067$; $X_{ds} = 0,231 + (2,309 - 0,231)/1,067 = 2,179\ \Omega$

En condiciones asignadas: $I_N = 12447$A y $\varphi_N = -36,87° \Rightarrow \overline{E}_0 = 36200\underline{/36,82°}$ V

$E_{0L} = 62701$ V (fuera de la escala de las gráficas) $\Rightarrow I_f \uparrow\uparrow$ (método no válido para calcular I_f).

2. *Método de Potier*. Del triángulo de Potier $\Rightarrow I_{fa} = 2,36$ kA; $X_p \cdot I_N = 7600$ (Línea).
$X_p = (7600/\sqrt{3})/12447 = 0,352\ \Omega$; $\overline{E}_R = 22000/\sqrt{3} + j \cdot 0,352 \cdot 12448\underline{/-36,87°} \Rightarrow$
$\Rightarrow \overline{E}_R = 15776,37\underline{/12,88°}$ V ; $E_{RL} = 27239$ V $\Rightarrow I_{fR} = 2,08$ kA (en la característica de vacío)
$\overline{I}_{fN} = \overline{I}_{fR} - \overline{I}_{fa} = 2,08\ \underline{/12,88° +90°} + 2,36\ \underline{/-36,87°} = 4,14\ \underline{/124,33°}$ kA

Método de la ASA. $I_{fg} = 1,2$ kA (caract. entrehierro); $I_{fk} = 2,76$ kA (caract. cortocircuito). Con E_R (E_p) del método de Potier (27239 V) $\Rightarrow \Delta I_f = 2,08 - 1,5 = 0,58$ kA.
$\overline{I}_{fN} = \overline{I}_{fg} + \overline{I}_{fk} + \overline{\Delta I}_f = 1,2\underline{/0°} + 2,76\ \underline{/90°- 36,87°} + \overline{\Delta I}_f = 3,61\ \underline{/37,71°} + 0,58\ \underline{/37,71°} \Rightarrow$
$\Rightarrow \overline{I}_{fN} = 4,19\ \underline{/37,71°}$ kA

Las corrientes calculadas por ambos métodos son del mismo orden que la corriente nominal de la excitación: $I_N = P_N/U_N = 1800/420 = \textbf{4,29}$ kA.

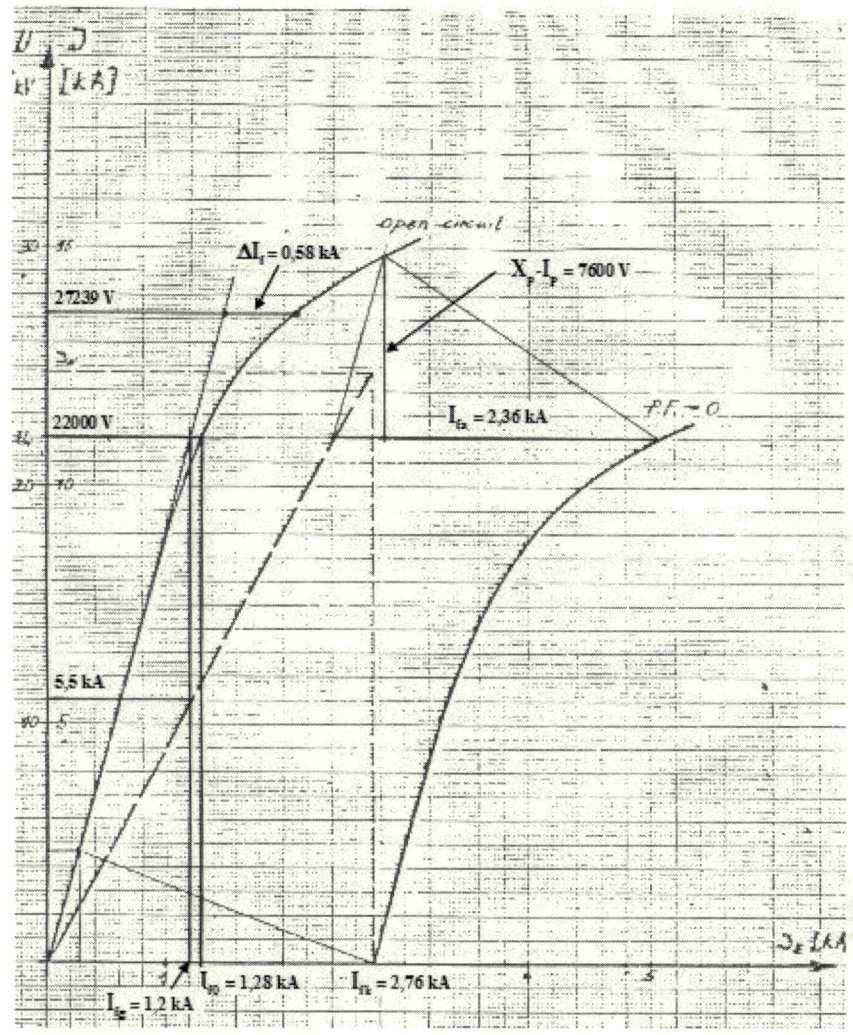

PROBLEMA 3

El alternador de una central térmica que suministra toda la energía eléctrica de una isla, tiene las siguientes características asignadas de funcionamiento:

S_N = 20 MVA, n = 1500 rpm, f_N = 50 Hz;

U_N = 12 kV (conexión estrella), $\cos\varphi_N$ = 0,8 (ind);

X_s (X_d) = 2 Ω, R_i = 0,02 Ω.

Se pide:

1. Calcular el punto de funcionamiento en condiciones asignadas dado por f.e.m. de vacío, ángulo de carga, intensidad por el inducido, potencia activa y potencia reactiva. Calcular la regulación del alternador.

2. Manteniendo la potencia activa en su valor asignado, calcular la máxima potencia reactiva que se puede generar, si se permite una caída de tensión máxima del 10 % en bornes respecto a la tensión asignada. Calcular el nuevo punto de funcionamiento.

3. Si estando el alternador en condiciones asignadas se le exige un aumento de potencia del 10% manteniendo la reactiva constante, calcular el nuevo punto de funcionamiento (se supone que no actúa el regulador de tensión)

NOTAS: Los devanados están sobredimensionados para permitir sobrecargas propias de un sistema con un único generador. El regulador de tensión tiene una repuesta lineal respecto a la intensidad de inducido. El regulador de velocidad tiene una respuesta lineal respecto a la potencia activa de modo que, ante una desconexión brusca del generador en condiciones de carga asignada, la velocidad aumenta un 15%.

Solución:

1. P_N = 16 MW; φ_N = - 36,87°; Q_N = 12 MVAr; I_N = 962,25 A; $\overline{E}_{01}$ = 8241,2 /10,68° V. ΔU = 18,95%

2. P_2 = P_N = 16 MW; U_{2L} = 0,9·U_{1L} =10800 V; como P = cte se suponen n y f ctes.
Ante una variación de intensidad, con la consiguiente variación de tensión en bornes, el regulador de tensión actúa sobre la excitación para tratar de mantener la tensión constante. Los reguladores reales "tardan" en actuar de modo que permiten una caida de tensión. A la respuesta del regulador se le denomina "estatismo" y es independiente del carácter de la carga que esté suministrando el alternador.
El estatismo del regulador está definido por los puntos (8241,2·$\sqrt{3}$ V, 0 A) y (12000 V, 962,25 A) al ser de respuesta lineal. De esta forma a la tensión U_{2L} = 10800 V le corresponderá una intensidad I_2 = 1470 A. En estas nuevas condiciones de carga:
S_2 = 27,5 MVA; Q_2 = 22,36 MVAr; φ_2 = - 54,42°; $\overline{E}_{02}$ = 8806,6 /11,04° V.
Se comprueba que para mantener la caída de tensión en bornes lineal, ante una carga muy inductiva el regulador de tensión ha actuado sobreexcitando la máquina E_{02} > E_{01}

3. P_3 = 1,1·16 = 17,6 MW. Ante una variación de la potencia activa, con la consiguiente variación de velocidad del grupo, el regulador de velocidad actúa sobre el par del motor primario para tratar de mantener la frecuencia constante. A la respuesta n= f(P) del regulador se le denomina "estatismo".

Teniendo en cuenta que la velocidad del grupo ante una pérdida de carga es $1{,}15 \cdot 1500 = 1725$ rpm, el estatismo del regulador estará definido por los puntos (1725 rpm, 0MW) y (1500 rpm, 16 MW) al ser de respuesta lineal. De esta forma para $P_3 = 17{,}6$ MW el regulador impone una velocidad $n_3 = 1477{,}5$ rpm, por lo que la nueva frecuencia de generación es $f_3 = 49{,}25$ Hz y en consecuencia $X_s = 1{,}97$ Ω.

Al no actuar el reg. de tensión $I_f =$ cte y por tanto $E_0 = K \cdot n$. En estas condiciones $E_{03} = 8158{,}8$ V.

Si se desprecia R_i se pueden utilizar las ecuaciones $P = f(U, \delta)$ y $Q = f(U, \delta)$, de donde se obtiene $U_3 = 6846{,}7$ V y $\delta_3 = 11{,}94°$.

Finalmente se calcula $I_3 = 1037{,}1$ A.

PROBLEMA 4

El grupo electrógeno de un hospital monta un generador síncrono de las siguientes características:

2250 kVA, 3 fases, 50 Hz, 1500 r.p.m;

400/230 V, cosφ=0,8;

U_{exc}=23 V, I_{exc}=6 A;

Reactancia síncrona longitudinal = 0,03 Ω, Reactancia síncrona transversal: X_q=0,7·X_d

1. Calcular la corriente asignada del generador conectado en estrella y el número de polos del mismo.

2. Calcular la corriente de excitación necesaria para que el grupo alimente a un consumo de 1500 kVA con f.d.p= 0,85 ind. manteniendo la tensión asignada (400V, 50Hz).

3. ¿Cómo habría que regular el grupo para conseguir que se restablezca la tensión y la frecuencia en bornes del generador después de producirse una desconexión brusca de la carga que tenía conectada (disparo)?

Solución.

1. $S_N = \sqrt{3} \cdot U_N \cdot I_N \Rightarrow I_N = \dfrac{S_N}{\sqrt{3} \cdot U_N} = \dfrac{2250 \cdot 10^3}{\sqrt{3} \cdot 400} = 3247,6$ A

$n_s = \dfrac{60 \cdot f}{p} \Rightarrow p = \dfrac{60 \cdot 50}{1500} = 2$

2. $S = 1500 \cdot 10^3 = \sqrt{3} \cdot 400 \cdot I \Rightarrow I = 2165,1$ A; $\cos \varphi = 0,85$ (inductivo) $\Rightarrow \varphi = -31,79°$

Para calcular I_{exc} se calcula E_0 y se suponen proporcionales:

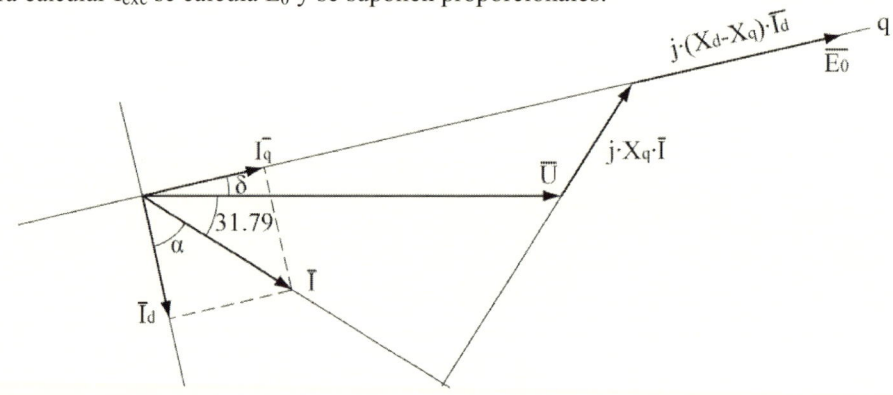

$\overline{U} + j \cdot X_q \cdot \overline{I} = \dfrac{400}{\sqrt{3}} \llcorner 0° + j \cdot 0,021 \cdot 2165,1 \llcorner -31,79° = 257,8 \llcorner 8,62°$

$\alpha = 90 - 31,79 - 8,62 = 49,59°$

$I_d = I \cdot \cos \alpha = 2165,1 \cdot \cos 49,59 = 1403,5$ A

$\overline{I}_d = 1403,5 \llcorner -(31,79+49,59) = 1403,5 \llcorner -81,38$ A

$\overline{E}_0 = 257.8 \llcorner 8.62° +j\cdot(0,03-0,021)\cdot 1403,5\llcorner -81,38° = 270,43\llcorner 8,62°$ V

En condiciones asignadas: $\cos\varphi_N = 0,8 \Rightarrow \varphi_N = 36,87°$

$$\overline{U} + j\cdot X_q \cdot \overline{I} = \frac{400}{\sqrt{3}} \llcorner 0° + j\cdot 0,021\cdot 3247,6 \llcorner -36,87° = 277,3 \llcorner 11,35°$$

$\alpha = 90 - 36,87 - 11,35 = 41,78°$

$I_d = I\cdot\cos\alpha = 3247,6\cdot\cos 41,78 = 2421,76$ A

$\overline{E}_0 = 277,3 \llcorner 11,35° + j\cdot(0,03-0,021)\cdot 2421,76\llcorner -78,65 = 299,1\llcorner 11,34°$ V

$$I_{exc} = I_{excN}\cdot\frac{E_0}{E_{0N}} = 6\cdot\frac{270,43}{299,1} = 5,42 \text{ A} \Rightarrow I_{exc} = 5,42 \text{ A}$$

3. Ante una pérdida de carga el generador tiende a acelerarse:

$M_c = 0 \Rightarrow M_m - M_c > 0 \Rightarrow \dfrac{d\Omega}{dt} > 0 \Rightarrow$ Hay que actuar sobre el regulador de velocidad de la

turbina, que reduce elpar motor.

Por otra parte dado que el generador estaba sobreexcitado antes del disparo (suministraba potencia con carácter inductivo), cuando se produce éste aumenta la tensión en bornes $\Rightarrow$ Hay que disminuir I_{exc} para que $E_0 = U_N$

PROBLEMA 5

Un alternador síncrono de rotor liso con reactancia síncrona 4 Ω/fase, está conectado a una red trifásica de 12 kV y 50 Hz y potencia infinita. Su potencia asignada es 10 MVA, con un factor de potencia asignado de 0.85 inductivo. Considerando el modelo de máquina no saturada, se pide:

1. Determinar el punto de funcionamiento en condiciones asignadas, dado por la potencia activa (P), la potencia reactiva (Q), el factor de potencia (cos φ), la fuerza electromotriz (Eo) y ángulo de carga (δ).

2. Si por necesidades de la red se aumenta la potencia reactiva en un 20 % de forma permanente, calcular el punto de funcionamiento (P, Q, cos φ, Eo, δ) en que el generador aporta la máxima potencia activa posible. ¿Sobre que reguladores se debe actuar?. ¿En qué proporción varían las pérdidas del bobinado de excitación?.

3. Si se pudiese sustituir el generador anterior por uno de imanes permanentes equivalente (generador de imanes superficiales, con el mismo valor de reactancia síncrona X_s), estando funcionando en las condiciones del apartado 1 calcular el punto de funcionamiento (P, Q, cos φ, Eo, δ) de máxima potencia activa, ante un aumento del 20% de la potencia reactiva. ¿Cómo varían las pérdidas en el inducido de la máquina?

NOTAS: No se permiten sobrecargas en el devanado inducido, pero sí en el devanado de excitación. Se supone que la máquina no está saturada.

Solución:

1. $P_N = S_N \cdot \cos\varphi_N = 10 \cdot 0{,}85 = 8{,}5$ MW;

$Q_N = \sqrt{S_N{}^2 - P_N{}^2} = \sqrt{10^2 - 8{,}5^2} = 5{,}27$ MVAr

$S_N = \sqrt{3} \cdot U_N \cdot I_N \Rightarrow I_N = 10 \cdot 10^6 / \sqrt{3} \cdot 12 \cdot 10^3 = 481{,}12$ A; $\qquad \cos\varphi = 0{,}85 \Rightarrow \varphi_N = 31{,}79°$

$\overline{E}_{0N} = \overline{U}_N + j \cdot X_S \cdot \overline{I}_N = 12000 / \sqrt{3} \underline{|0°} + j \cdot 4 \cdot 481{,}12 \underline{|-31.79°} = 8108{,}74 \underline{|11{.}64°}$ V

2. $Q_2 = 1{,}2 \cdot Q_N = 6{,}32$ MVAr; $\qquad I_2 = I_{MAX} = I_N = 481{,}12$ A
(no se permiten sobrecargas en el devanado inducido);

I = cte $\Rightarrow$ S = cte, por lo que si $\uparrow Q$ necesariamente $\downarrow P$; $\quad P_2 = \sqrt{10^2 - 6{,}32^2} = 7{,}75$ MW;

$\cos\varphi_2 = P_2 / S_2 = 7{,}75 / 10 = 0{,}775 \Rightarrow \varphi_2 = 39{,}21$ ($\uparrow$ desde 31,79);

$\overline{E}_{02} = 12000 / \sqrt{3} \underline{|0°} + j \cdot 4 \cdot 481{,}2 \underline{|-39{,}21°}$ V $\Rightarrow \quad \overline{E}_{02} = 8280{,}17 \underline{|10{,}37°}$ V;

Para disminuir la potencia activa es necesario actuar sobre el regulador de la turbina, disminuyendo el caudal del fluido motor. Para aumentar la potencia reactiva es necesario aumentar la intensidad de excitación I_f (según se observa $E_{02} > E_N$);
Las pérdidas en el devanado de excitación son proporcionales a $I_f{}^2$; como la máquina no está saturada $E_0 = k \cdot I_f$, luego las *pérdidas* = k'·$E_0{}^2$:

$$\frac{P\acute{e}rdidas_2}{P\acute{e}rdidas_N} = \frac{k' \cdot E_{02}{}^2}{k' \cdot E_{0N}{}^2} = \frac{8280{,}17^2}{8108{,}74^2} = 1{,}042 \Rightarrow \text{Aumentan en un 4,2\%}$$

3. $Q_3 = 1{,}2 \cdot Q_N = 6{,}32$ MVAr; Al no poder regular la excitación $E_{03} = E_{0N} =$ Cte, por lo que atendiento al diagrama de límites de funcionamiento $I_3 < I_N$ (necesariamente);

Conocidas Q_3 y E_{03}, en la expresión de la potencia reactiva de las máquinas de rotor cilíndrico (generador de imanes superficiales):

$$6,32 \cdot 10^6 = 3 \cdot \frac{8108,74 \cdot 12000/\sqrt{3}}{4} \cdot \cos\delta - 3 \cdot \frac{\left(12000/\sqrt{3}\right)^2}{4} \Rightarrow \cos\delta = 1,004$$

Se observa que la solución para el ángulo de carga no es real, por lo que el punto de funcionamiento no es posible. El generador no es capaz de hacer frente a un incremento del 20% en la potencia reactiva.

La situación en la que la reactiva aportada es máxima, se produce con la máquina funcionando como compensador síncrono (P_3=0):

$P_3 = 0$ MW, $\delta_3 = 0°$, $\cos\varphi_3 = 0$, $E_{03} = E_{0N} = 8108,74$ V,

$I_3 = \left(E_{03} - U\right)/X_S = \left(8108,74 - 12000/\sqrt{3}\right)/4 = 295,13$ A,

$Q_3 = \sqrt{3} \cdot 12000 \cdot 295,13 = 6134161,86$ VAr (6,13 MVAr)

Evidentemente, las pérdidas en el inducido son proporcionales a I_i^2:

$$\frac{Pérdidas_3}{Pérdidas_N} = \frac{k \cdot I_3^{\,2}}{k \cdot I_N^{\,2}} = \frac{295,13^2}{481,12^2} = 0,376 \quad \text{(pérdidas 37,6\% menores)}$$

PROBLEMA 6

El turboalternador síncrono de una central térmica, conectado a una red de potencia infinita de 15kV y 50Hz, tiene como características asignadas S_N=350MVA, U_N = 15 kV, $\cos\varphi_N$ = 0,8 ind y las características de vacío y cortocircuito de la figura. Se pide:

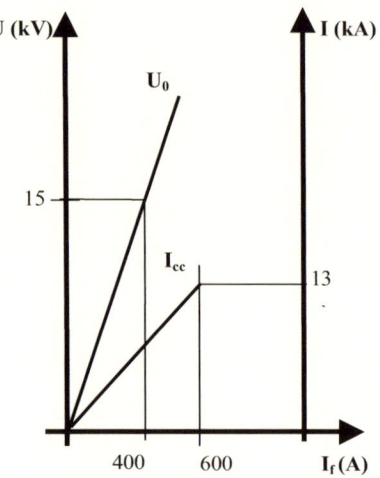

1. Calcular el punto de funcionamiento en condiciones asignadas, dado por potencia activa, potencia reactiva, intensidad de inducido, fuerza electromotriz de vacío y ángulo de carga.

2. a) ¿Qué potencia activa máxima puede generar el alternador? ¿Qué valor tiene la potencia reactiva en estas condiciones? ¿Cómo hay que regular el sistema para pasar a este punto de funcionamiento?. Dibujar el punto de funcionamiento sobre un diagrama fasorial. b) ¿Qué potencia reactiva máxima puede generar el alternador? ¿Qué valor tiene la potencia activa en estas condiciones? ¿Cómo hay que regular el sistema para pasar a este punto de funcionamiento?. Dibujar el punto de funcionamiento sobre un diagrama fasorial.

3. a) Con el generador en condiciones asignadas (P_N, Q_N), calcular la máxima pérdida de excitación permitida (en %), sin que el generador disminuya P_N. b) Con el generador en condiciones de $P_N/2$ y Q_N, calcular la máxima pérdida de excitación permitida (en %), sin que el generador disminuya $P_N/2$.

Solución:

1. Con las características de vacío y cortocircuito se obtiene la reactancia síncrona longitudinal X_d (= X_s). Por ejemplo, para I_f = 400A $\Rightarrow$ $U = 15000/\sqrt{3}$ V e $I_i = 13000 \cdot 400/600 = 8666,67$ A $\Rightarrow$ $X_d = U/I_i = 1\,\Omega$; $P_N = S_N \cdot \cos\varphi_N = 350 \cdot 0,8 = 280$ MW; $\cos\varphi_N = 0,8 \Rightarrow sen\varphi_N = 0,6$; $Q_N = S_N \cdot sen\varphi_N = 350 \cdot 0,6 = 210$ MVAr; $I_N = S_N/\sqrt{3} \cdot U_N = 350 \cdot 10^6/\sqrt{3} \cdot 15 \cdot 10^3 = 13471,51$ A $\overline{E}_{0N} = 15000/\sqrt{3} \angle 0° + j \cdot 1 \cdot 13471,51 \angle -36,87° = 19911,85 \angle 32,77°$ V

2. En ausencia de ninguna información adicional, hay que suponer que no se admite ningún tipo de sobrecarga en el generador.
a) Para aumentar P por encima de P_N hay que mantener la intensidad en el devanado inducido ($S = S_N$ = Cte), para lo que habrá que aumentar la admisión de caudal en la turbina y disminuir la intensidad I_f.
De este modo $P_{2a} = P_{MAX} = S_N$ =350 MW; Q_{2a} = 0 MVAr
b) Para aumentar Q por encima de Q_N hay que disminuir la admisión de caudal en la turbina, manteniendo la intensidad I_f. En estas condiciones la intensidad por el inducido I_i disminuirá.
$E_{02b} = E_{0N}$ = 19911,85 V; $I_{2b} = (E_{02b} - U_N)/X_d = 19911,85 - 15000/\sqrt{3} = 11251,6$ A

$$Q_{2b} = \sqrt{3} \cdot U \cdot I_{2b} = \sqrt{3} \cdot 15 \cdot 10^3 \cdot 11251,6 \cdot 10^{-6} = 292,32 \text{ MVAr}; \qquad P_{2b} = 0 \text{ MW}$$

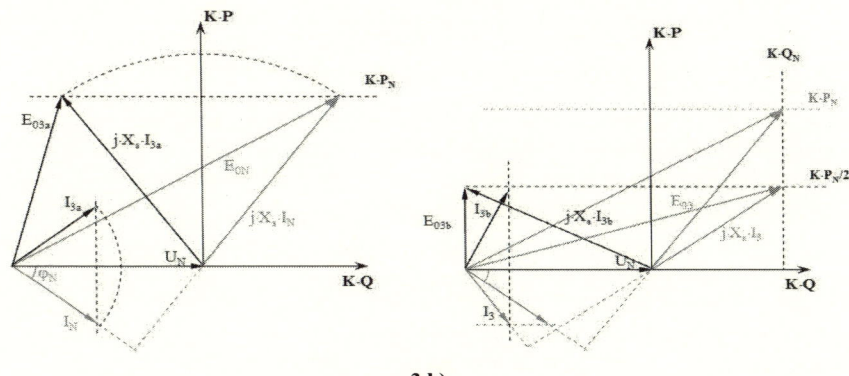

2.a)   2.b)

3. Es necesario "vigilar" la int. del inducido y el límite de estabilidad

a) Se podrá perder excitación hasta que la intensidad de inducido coincida con la asignada pero con carácter capacitivo, siempre que no se alcance el límite de estabilidad. En este caso: $I = I_N = 13471,51$ A y $\cos\varphi = 0,8$ (cap) $\Rightarrow E_{03a} = 15000/\sqrt{3} \angle 0° + j \cdot 1 \cdot 1347151 \angle 36,87°$

$E_{03a} = 1079265 \angle 86,93°$ V   como $\delta = 86,93° < 90°$ el punto func. posible.

Máquina no saturada $\rightarrow E_0 = K \cdot I_f$, luego la pérdida de excitación se puede expresar:
$$\Delta I_f (\%) = 100 \cdot (E_{03} - E_{0N})/E_{0N} = 100 \cdot (10792,65 - 19911,85)/19911,85 = -45.8\%$$

b) En este caso se va alcanza antes el límite de estabilidad que el máximo de la intensidad de inducido. La condición previa $P_3 = P_N/2 = 140$ MW, $Q_3 = Q_N = 210$ MVAr implican que $S_3 = 252,39$ MVA y, por tanto,

$$I_3 = 252,39 \cdot 10^6 / \sqrt{3} \cdot U_N = 9714,44 \text{ A} \quad y \quad \varphi_3 = a\tan(210/140) = 56,31°;$$

$$\overline{E}_{0N} = 1758893 \angle 17,84° \text{ V}$$

$E_{03b} = E_{0LIM} = E_{03} \cdot sen\delta_3 = 5388,6$ V;   Se comprueba que el valor de la intensidad por el inducido no supera el asignado,

$$I_{03b} = (\overline{E}_{03b} - \overline{U})/j \cdot X_d = \frac{5388,6 \angle 90° - 15000/\sqrt{3}}{j \cdot 1} = 10199,85 \angle 58,11° \text{ A}$$

$$\Delta I_f (\%) = 100 \cdot (E_{03} - E_{0N})/E_{0N} = 100 \cdot (5388,6 - 17588,93)/17588,93 = -69,4\%$$

3.a)   3.b)

PROBLEMA 7

Un alternador síncrono de rotor liso con conexión estrella, tiene las siguientes características: potencia asignada, 25 MW; factor de potencia unidad (asignado); tensión de alimentación (línea), 12 kV y 50 Hz; reactancia síncrona, 5 Ω/fase.

Considerando el modelo de máquina no saturada en el que no se admiten sobrecargas:

1. Si en un determinado momento el generador está introduciendo en la red una potencia de 8 MW con factor de potencia inductivo, consumiendo una corriente de 450 A, determinar el punto de funcionamiento dado por la potencia activa (P), la potencia reactiva (Q), la fuerza electromotriz (Eo) y ángulo de carga (δ).

2. Llevando la máquina hasta condiciones límite de funcionamiento, ¿puede hacer frente el generador a un incremento gradual de potencia de 15 MW? ¿Con qué factor de potencia?. Indicar gráficamente el punto de funcionamiento.

3. ¿Podría hacer frente al mismo incremento si éste se produjese bruscamente? Justificar numéricamente la respuesta.

Solución:

1. $P_1 = 25MW$;

$\cos\varphi_1 = P_1 / \sqrt{3} \cdot U_{1L} \cdot I_1 = 8 \cdot 10^6 / \left(\sqrt{3} \cdot 12 \cdot 10^3 \cdot 450 \right) = 0,855 \Rightarrow \varphi_1 = 31,20°$

$Q_1 = \sqrt{3} \cdot U_{1L} \cdot I_1 \cdot sen\varphi_1 = \sqrt{3} \cdot 12 \cdot 10^3 \cdot 450 \cdot sen(31,20) = 4845616,6 \, VAr = 4,85 \, MVAr$

$\overline{E}_{01} = \overline{U} + j \cdot X_S \cdot \overline{I}_1 = 12 \cdot 10^3 / \sqrt{3} \angle 0° + j \cdot 5 \cdot 450 \angle -31,20° = 8319,4 \angle 13,37°$

2. En el punto final de funcionamiento <u>no se pueden sobrepasar los límites de funcionamiento</u> establecidos por las características asignadas del generador. Calculemos esos límites:

$I_{MAX} = I_N = P_N / \sqrt{3} \cdot U \cdot \cos\varphi_N = 25 \cdot 10^6 / (\sqrt{3} \cdot 12 \cdot 10^3 \cdot 1) = 1202,8 \, A$

$\overline{E}_{0N} = 12 \cdot 10^3 / \sqrt{3} \angle 0° + j \cdot 5 \cdot 1202,8 \angle 0° = 9147,3 \angle 40,96° \Rightarrow E_{0MAX}(I_{f\,MAX}) = 9174,3 \, V$

En ausencia de información adicional, el otro límite que hay que tener en cuenta es el límites de estabilidad teórico $\delta_{MAX} = 90°$.

En el punto final de funcionamiento $P_2 = 8 + 15 = 23$ MW, dando la máxima reactiva posible.

a) Suponiendo que está funcionando a I_{MAX}.

$\cos\varphi_{2a} = 23 \cdot 10^6 / \left(\sqrt{3} \cdot 12 \cdot 10^3 \cdot 1202,8 \right) = 0,92 \Rightarrow \varphi_{2a} = 23,07°$

$\overline{E}_{02a} = 12 \cdot 10^3 / \sqrt{3} \angle 0° + j \cdot 5 \cdot 1202,8 \angle -23,07° = 10808,4 \angle 30,8° \, V$

Como $E_{02a} > E_{0N} \Rightarrow I_f > I_{fMÁX} \Rightarrow$ El punto de funcionamiento <u>no es válido</u>.

b) Suponiendo que está funcionando a I_{fMAX}.

$E_{02b} = E_{0MÁX} = 9174,3V$

$P = \dfrac{3 \cdot U_F \cdot E_0}{X_S} \cdot sen\delta \Rightarrow 23 \cdot 10^6 = \dfrac{3 \cdot 12 \cdot 10^3 / \sqrt{3} \cdot 9174,3}{5} \cdot sen\delta \Rightarrow \delta = 37,09°$

$\overline{I}_{2b} = \left(\overline{E}_0 - \overline{U} \right) / j \cdot X_S = \left(12 \cdot 10^3 / \sqrt{3} \angle 0° - 9174,3 \angle 37,09° \right) / j \cdot 5 = 1109,3 \angle -4,03° \, A$

Como $I_{2b} < I_{MAX} \Rightarrow$ El punto de funcionamiento <u>es válido</u>

El generador estará aportando a la red una potencia reactiva dada por:

$$Q_{2b} = \sqrt{3} \cdot 12 \cdot 10^3 \cdot 1109,3 \cdot sen(4,03) = 1620373,5 \ VAr = 1,62 \ MVAr$$

3. Si el incremento es muy brusco puede ocurrir que el fenómeno de las oscilaciones pendulares saque a la máquina de sincronismo (se sobrepase el límite de estabilidad):

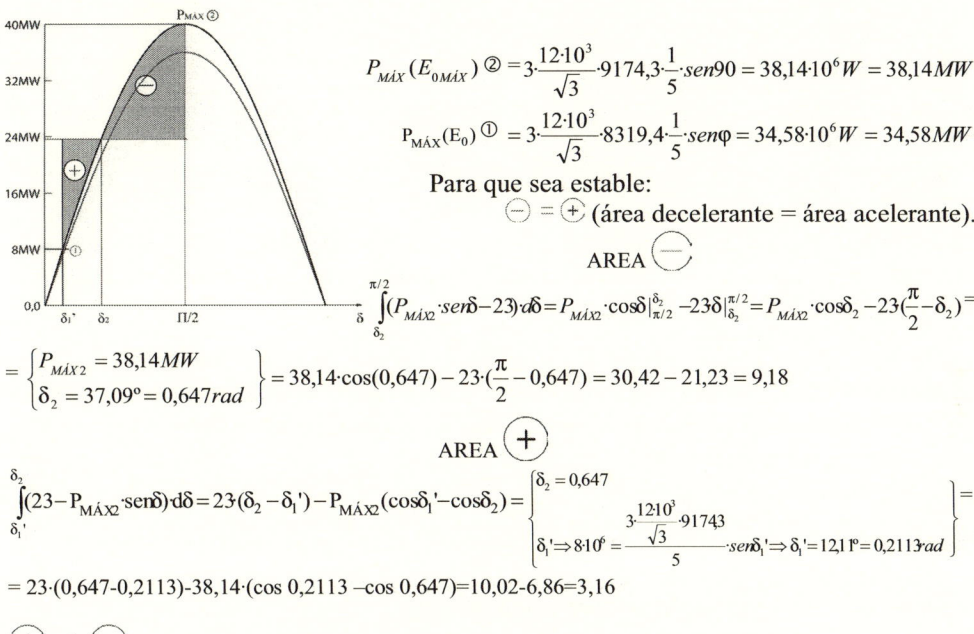

$$P_{MÁX}(E_{0MÁX}) \ ② = 3 \cdot \frac{12 \cdot 10^3}{\sqrt{3}} \cdot 9174,3 \cdot \frac{1}{5} \cdot sen90 = 38,14 \cdot 10^6 W = 38,14 MW$$

$$P_{MÁX}(E_0) \ ① = 3 \cdot \frac{12 \cdot 10^3}{\sqrt{3}} \cdot 8319,4 \cdot \frac{1}{5} \cdot sen\varphi = 34,58 \cdot 10^6 W = 34,58 MW$$

Para que sea estable:

$\ominus = \oplus$ (área decelerante = área acelerante).

AREA $\ominus$

$$\int_{\delta_2}^{\pi/2}(P_{MÁX2} \cdot sen\delta - 23) d\delta = P_{MÁX2} \cdot cos\delta|_{\pi/2}^{\delta_2} - 23\delta|_{\delta_2}^{\pi/2} = P_{MÁX2} \cdot cos\delta_2 - 23(\frac{\pi}{2} - \delta_2) =$$

$$= \left\{ \begin{array}{l} P_{MÁX2} = 38,14 MW \\ \delta_2 = 37,09° = 0,647 rad \end{array} \right\} = 38,14 \cdot cos(0,647) - 23 \cdot (\frac{\pi}{2} - 0,647) = 30,42 - 21,23 = 9,18$$

AREA $\oplus$

$$\int_{\delta_1'}^{\delta_2}(23 - P_{MÁX2} \cdot sen\delta) d\delta = 23 \cdot (\delta_2 - \delta_1') - P_{MÁX2}(cos\delta_1' - cos\delta_2) = \left\{ \begin{array}{l} \delta_2 = 0,647 \\ \\ \delta_1' \Rightarrow 8 \cdot 10^6 = \frac{3 \cdot \frac{12 \cdot 10^3}{\sqrt{3}} \cdot 9174 \cdot 3}{5} \cdot sen\delta_1' \Rightarrow \delta_1' = 12,1 1° = 0,2113 rad \end{array} \right\} =$$

$$= 23 \cdot (0,647 - 0,2113) - 38,14 \cdot (cos \ 0,2113 - cos \ 0,647) = 10,02 - 6,86 = 3,16$$

$\oplus < \ominus \Rightarrow$ Estable $\Rightarrow$ Se llega al mismo punto de funcionamiento.

PROBLEMA 8

El alternador síncrono de una central de ciclo combinado conectada a la red eléctrica tiene las siguientes características asignadas:

P_N = 79,253MW, $\cos\varphi_N$=0,8 (inductivo), U_N = 11500V, n_N = 1500 rpm

Está conectado en estrella y su reactancia síncrona no saturada (por fase) tiene un valor de 2,24 p.u.

De las envolventes de las formas de onda de la tensión e intensidad registradas en el ensayo de pequeño de deslizamiento se conoce que U_{MIN} = 0,95·U_{MAX} y I_{MIN} = 0,95·I_{MAX}. Si se considera el modelo de máquina no saturada y no se permiten sobrecargas en los devanados, se pide:

1. Determinar el punto de funcionamiento en condiciones asignadas, dado por la potencia activa (P), la potencia reactiva (Q), el factor de potencia (cos φ), la fuerza electromotriz (E_0) y ángulo de carga (δ).

2. ¿Puede funcionar la máquina dando la potencia nominal pero con un factor de potencia 0,8 capacitivo?

3. ¿Cuál el factor de potencia capacitivo mínimo que puede tener la máquina operando en condiciones de potencia nominal?

Solución:

1. X_d (Ω) = X_d (p.u.)·Z_{base} =2,24·1,335 = 2,99 Ω; X_q = U_{MIN}/I_{MAX} = 1,99 Ω;
P_N = 79,253 MW; φ_N = - 36,87°; Q_N = 59,44 MVAr; I_N = 4973,56 A;
Del diagrama fasorial de la máquina de polos salientes:
$\overline{U} + jX_q \cdot \overline{I} = \overline{E}_0 - j(X_d - X_q)\cdot \overline{I}_d$ = 14862,65 $\underline{/32,19°}$; δ_N=32,19°
I_d = 4645,08 A; φ_d = -57,81°; I_q = 1777,5 A;
$\overline{E}_{0N}$ = 14862,65 $\underline{/32,19°}$ + j·(2,99-1,99)· 4645,08 $\underline{/-57,81°}$ = 19507,73 $\underline{/32,19°}$ V;

2. Repitiendo los cálculos para φ = 36,87° y la misma intensidad I = I_N = 4973,56 A se obtiene: $\overline{U} + jX_q \cdot \overline{I}$ = 7948,87 $\underline{/84,94°}$; I_d = 3700,14 A; φ_d = -5,06°; I_q = 3323,44 A;

$\overline{E}_0$ = 11649,01 $\underline{/84,94°}$ V. Como I = I_N y E_0 < E_{0N} no se sobrecargan ni el inducido ni el inductor, respectivamente, por lo que el punto de funcionamiento podría ser factible. Para terminarlo confirmar es necesario comprobar que el ángulo de carga sea menor que el límite de estabilidad en estas condiciones de excitación. Derivando la expresión del par e igualando a cero se obtiene que el límite de estabilidad viene dado por δ_{LIM}=75,49°. Como δ = 84,94° > δ_{LIM}, el punto de funcionamiento no es posible.

3. En estas condiciones la máquina estará en un punto de funcionamiento correspondiente al límite de estabilidad. Como δ_{LIM} = f(E_0) (a través de una expresión complicada de despejar) y P = f(δ, E_0) es necesario recurrir a un proceso iterativo para obtener la solución: δ_{LIM} = 75,298°; E_0 = 11452,68 V
P = P_N = 79,253 MW ;Q = -45,66 MW; $\cos\varphi$ = 0,866 (capacitivo).

PROBLEMA 9

Se dispone de un motor síncrono para instalar en un accionamiento de extracción de escombros mediante cinta transportadora. Los datos que se conocen del motor son los siguientes:

25 kW   400 V   50 Hz

p=4 I_N = 45 A   η=0,9

También se dispone de la curva característica de saturación en vacío y del resultado del ensayo en cortocircuito de la máquina ensayada como generador a su velocidad asignada.

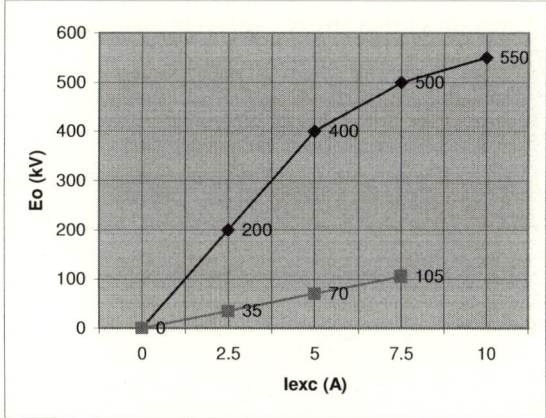

Se pide:

1. Determinar si el motor es adecuado para trabajar dando un par de 250 Nm a su velocidad asignada.

2. ¿Qué corriente deberá circular por el devanado inductor para que el motor trabaje en el punto anterior y con factor de potencia uno?

3. ¿Cuál es la máxima potencia reactiva que podrá ceder este motor trabajando en este accionamiento (M=250 Nm a su velocidad asignada)? ¿Qué corriente será necesaria en circuito de campo para este punto de funcionamiento?

Solución:

1. Hay que comparar este par de carga con el par asignado. P_N = 25 kW; Ω_N = 78,54s^{-1} $M_N = P_N / \Omega_N$ = 318,3 Nm. Como $M_N > M_c$ el motor es adecuado.

2. A falta de otra información considero la máquina de rotor liso (aunque es sabido que por encima de p =2 las máquinas son de polos salientes).
De las características de vacío y cortocircuito, X_d = 3,3Ω.
$P_m = M \cdot \Omega_N$ = 250·78,54 = 19635 W; $P_1 = P_m / \eta$ = 21816,67 W; $\cos\varphi_1$ = 1; I_1 = 31,49 A.
Calculo I_f a partir de E_0 por lo que supongo que la máquina no está saturada.
$\overline{E}_0$ = 400/$\sqrt{3}$ - j·3,3 · 31,49 $\underline{/0^o}$ = 253,24 $\underline{/-24,2^o}$ V; E_{0L} = 438,63 V $\Rightarrow I_f$ = 5,96A (en la característica de vacío)

3. No se deben superar las intensidades asignadas I_N e I_{fN} (E_{0N}).
I_N = 45 A; S_N = 31176,92 VA; P_N = 27777,8 W; φ_N = 27°; $\overline{E}_{0N}$ = 326,38 $\underline{/-23,92^o}$ V
Haciendo el diagrama fasorial se puede observar que por debajo de P_N es más restrictivo el límite de intensidad de excitación.
P_1 = 21816,67 W; E_0 = 326,38 V; δ = 18,56°; Q_1 = 16473,4 VAr;
E_{0L} = 565,31 V $\Rightarrow I_f$ = 10,8A (en la característica de vacío)

PROBLEMA 10. Régimenes transitorios

Sobre un generador de rotor liso de 474,3 MVA, 22 kV, conexión estrella y 3000 r.p.m., funcionando en vacío a tensión asignada, se ha realizado un ensayo de cortocircuito trifásico brusco.

Teniendo en cuenta los registros obtenidos de la intensidad en dos fases del estator, se pide:

1. Calcular los parámetros que determinan el funcionamiento del generador durante los periodos transitorio y subtransitorio.

2. ¿Para qué valor de intensidad se tendrán que diseñar los devanados estatóricos en función de las solicitaciones mecánicas a las que pueden verse sometidos?

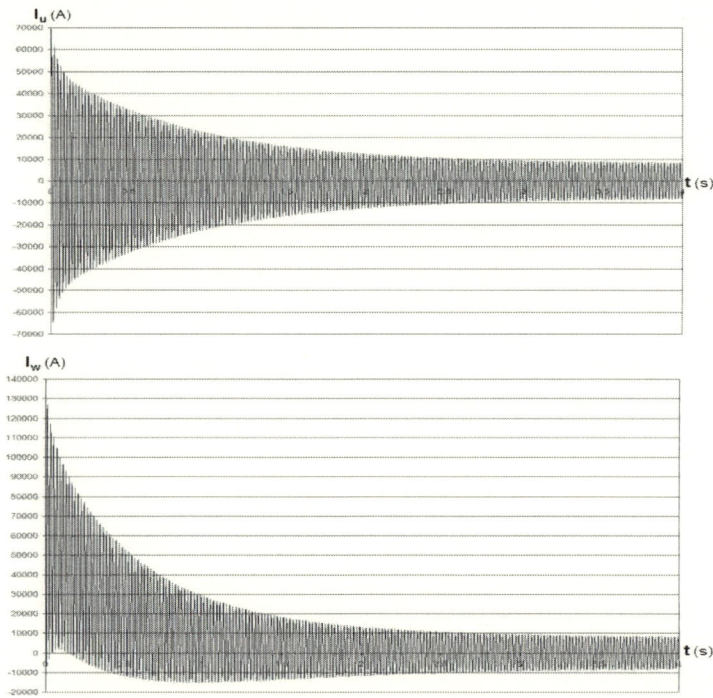

Solución:

1. Por la forma de las curvas se puede afirmar que el cortocircuito se ha producido en el instante en que la tensión de la fase U era máxima, por lo que únicamente existe componente periódica. Por ello se puede utilizar el registro de la fase U para calcular las reactancias directamente. Si se amplía la curva y se trazan las envolventes:

Los valores iniciales de las envolventes determinan, $\hat{I}_k^{''}(0) = 71851,6$ A; $\hat{I}_k^{'}(0) = 51320$A;

$\hat{I}_k(0) = 7706,1$ A

A partir de estos valores se calculan las reactancias:

$$X_d^{''} = \frac{\sqrt{2} \cdot U_N / \sqrt{3}}{\hat{I}_k^{''}(0)} = 0,25\Omega; \quad X_d^{'} = \frac{\sqrt{2} \cdot U_N / \sqrt{3}}{\hat{I}_k^{'}(0)} = 0,35\Omega; \quad X_d = \frac{\sqrt{2} \cdot U_N / \sqrt{3}}{\hat{I}_k(0)} = 2,33\Omega$$

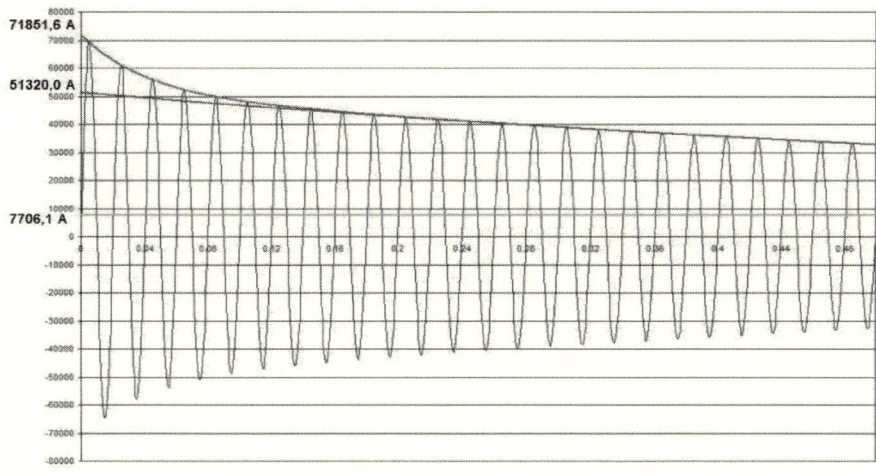

Mediante un tratamiento adecuado de la gráfica anterior, desglosando los incrementos de intensidades en cada régimen (subtransitorio, transitorio y permanente), se calculan las constantes de tiempo:

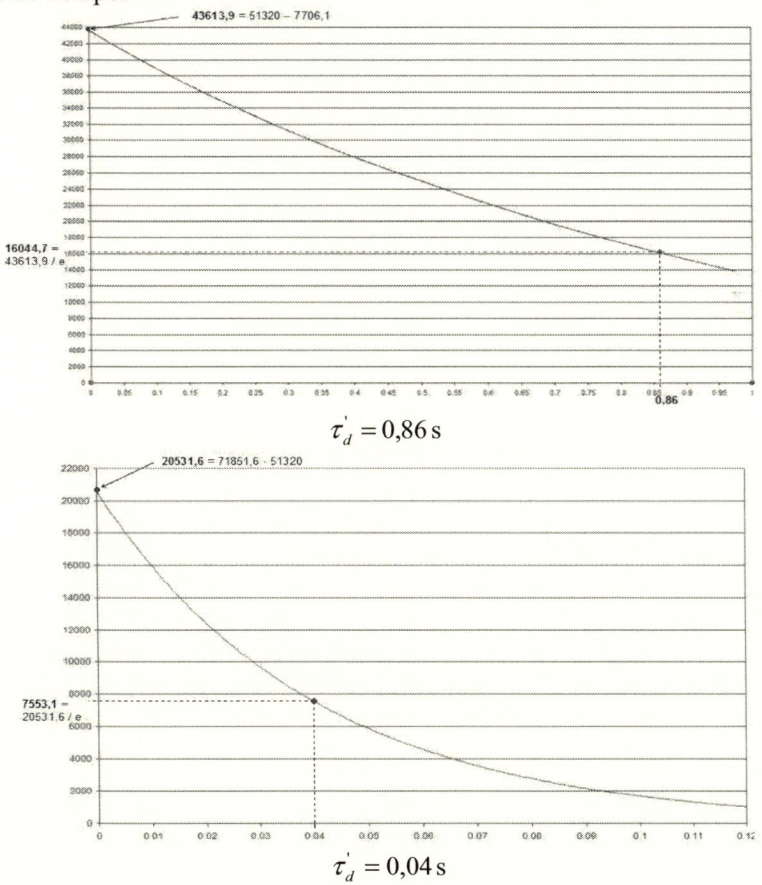

$$\tau_d' = 0,86 \text{ s}$$

$$\tau_d' = 0,04 \text{ s}$$

Para calcular τ_a se utiliza la componente aperiódica que se obtiene a partir de la semisuma de las envolventes de la corriente del inducido para la fase W:

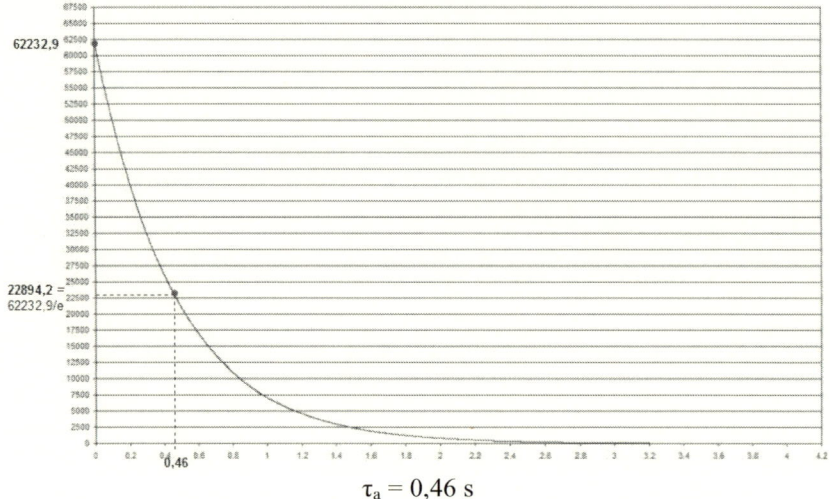

$$\tau_a = 0,46 \text{ s}$$

2. Los devanados tendrán que estar diseñados para la corriente máxima previsible, que no se ha alcanzado en este cortocircuito en ningún devanado porque la componente unidireccional no es máxima. Lo será si el cortocircuito se produce cuando la tensión es cero en una fase (en la ecuación de la intensidad $\theta_0 = -\pi/2$):

$$I_k = E_0 \cdot \sqrt{2} \cdot \left[\left(\frac{1}{X_d''} - \frac{1}{X_d'} \right) \cdot e^{-t/\tau_d''} + \left(\frac{1}{X_d'} - \frac{1}{X_d} \right) \cdot e^{-t/\tau_d'} + \frac{1}{X_d} \right] \cdot sen(\omega \cdot t + \theta_0) -$$

$$- \frac{E_0 \cdot \sqrt{2}}{2} \cdot \left(\frac{1}{X_d''} + \frac{1}{X_q''} \right) \cdot e^{-t/\tau_a} \cdot sen\theta_0 -$$

$$- \frac{E_0 \cdot \sqrt{2}}{2} \cdot \left(\frac{1}{X_d''} - \frac{1}{X_q''} \right) \cdot e^{-t/\tau_a} \cdot sen(2\omega \cdot t + \theta_0)$$

Dado que no hay componente de frecuencia doble necesariamente se cumple $X_d'' = X_q''$.

Con los valores que se han obtenido en el apartado 1:

$I_k = 17962,9 \cdot (1,143 \cdot e^{-25 \cdot t} + 2,428 \cdot e^{-1,16 \cdot t} + 0,429) \cdot sen(100 \cdot \pi \cdot t + \theta_0) - 17962,9 \cdot 4 \cdot e^{-2,17 \cdot t} \cdot sen(\theta_0)$

La intensidad máxima corresponde al valor del primer pico ($t \cong 0,01$s):

I_k ($\theta_0 = -\pi/2$, t = 0,01s) = -137116,2 A (pico) = I_{MAX}

Como $I_N = \sqrt{2} \cdot 474,3 \cdot 10^6 / \sqrt{3} \cdot 22 \cdot 10^3 = 17604,1$ A $\Rightarrow I_{MAX} = 7,8 \cdot I_N$

PARTE II.
MÁQUINAS DE CORRIENTE CONTINUA

1. INTRODUCCIÓN. DESCRIPCIÓN DE LA MÁQUINA DE CORRIENTE CONTINUA. ASPECTOS CONSTRUCTIVOS.

1.1. Introducción.

Las máquinas de corriente continua fueron las primeras máquinas rotativas que se inventaron (antes que las de alterna) y desde la primera "máquina de Faraday" en 1831, esta máquina sufrió una evolución durante aproximadamente 40 años hasta que se convirtió en el prototipo de máquina industrial que hoy en día conocemos (Siemens, 1873)[1].

Este tipo de máquina hoy en día se utiliza menos que antes debido, principalmente, a que las máquinas de corriente alterna son más baratas y más robustas que las de continua, y a que el desarrollo de los convertidores electrónicos que alimentan a las de alterna permiten obtener prestaciones iguales que con las de continua. No obstante, existen todavía hoy muchos campos de aplicación para este tipo de máquinas en los que, o no han sido totalmente sustituidas por las de alterna, o las nuevas tecnologías de generación de energía eléctrica en corriente continua las hacen especialmente adecuadas.

Cabe citar como una de las principales aplicaciones de los **motores** de corriente continua los accionamientos de velocidad variable, donde la regulación de este tipo de motor se lleva a cabo de una forma sencilla y muy precisa. Es el caso de los grandes trenes de laminación de la industria papelera que necesitan una regulación (de velocidad) muy fina, así como los de tracción eléctrica (trenes, metro, y algunos autobuses y vehículos eléctricos), aunque en estos casos, como ya se ha mencionado, la tendencia actual es ir sustituyendo el motor de continua por un motor de alterna (más barato y robusto) alimentado mediante convertidores electrónicos, cuya robustez y sofisticado control permiten conseguir iguales prestaciones. En la Figura 1.1 se muestran varios motores de tracción ferroviaria.

Figura 1.1 (cortesía de Westinghouse)

---

[1] La máquina de Gramme es de 1871 y existe una patente inglesa que data de 1870.

También hay que citar como gran campo de aplicación de los motores de corriente continua los sistemas autónomos que funcionan con corriente continua como los que incluyen fuentes de generación distribuida como la pila de combustible o las células solares fotovoltaicas, donde estos motores aprovechan directamente la energía tal y como se produce, evitando así la instalación de otros convertidores de alterna. Finalmente, hay que citar un par de ejemplos muy extendidos como son el motor de arranque de los coches, que se alimenta en continua directamente de la batería y se utiliza para arrancar al motor principal (de combustión en su mayoría, todavía), y los múltiples electrodomésticos que invaden nuestros hogares y que en muchos casos montan un pequeño motor de continua, aunque se alimente con alterna (batidora, maquinilla de afeitar, secador, etc).

Como **generador**, hay que decir que actualmente la utilización de estas máquinas es muy restringida, ya que la mayor parte de las veces, cuando se necesita una fuente de corriente continua se obtiene rectificando la alterna de la red. No obstante, aún hay algunos campos donde se utilizan los generadores de continua como por ejemplo en los trenes que no circulan por vías electrificadas, a los que se añade un "coche extra" en la locomotora que suele incorporar un motor diesel que mueve a un generador de continua, que es quien finalmente proporciona la alimentación de los motores de tracción. Otro caso donde aún quedan generadores de continua en funcionamiento es en muchas centrales de producción de energía eléctrica, donde estas generatrices o dinamos suministran la alimentación en continua del devanado de campo de los grandes alternadores. Aunque hoy en día, la mayoría de los grupos nuevos que se instalan incorporan un convertidor electrónico rectificador que sustituye al generador de continua. En la Figura 1.2 se presenta un generador de corriente continua.

Figura 1.2 (cortesía de Westinghouse)

1.2 Descripción de la máquina de corriente continua. Aspectos constructivos

Como todas las máquinas eléctricas rotativas, la máquina de corriente continua consta de una parte giratoria (rotor) que gira, separada por una zona de aire (entrehierro), en el interior de una parte estacionaria (estator) que suele estar fijada al suelo a través de una bancada. La energía fluye entre el estator y el rotor en forma de campo electromagnético adoptando un sentido de circulación estator-rotor cuando la máquina funciona como motor y al revés (rotor-estator) cuando la máquina funciona como generador. Esto es, cuando la máquina funciona como **generador** recibe energía mecánica por el rotor a través de la turbina o motor que tenga acoplado al eje del mismo para pasarla al estator donde a su vez se convierte en energía eléctrica que entrega a las cargas que se conecten a la salida de la máquina. Si la máquina trabaja como **motor** recibe energía eléctrica por el estator para pasarla al rotor donde se entrega al accionamiento movido por el motor en forma de energía mecánica. La energía intercambiada entre estator y rotor se puede cuantificar como el producto del par electromagnético existente entre ambos componentes fijo y móvil de la máquina por la velocidad de giro de la misma. La misión del campo electromagnético que establecen los devanados situados en el estator y en el rotor es la de actuar como un "acoplamiento mecánico" entre ambas partes.

En la Figura 1.3 se presenta un esquema de la máquina de corriente continua donde pueden apreciarse sus distintos componentes.

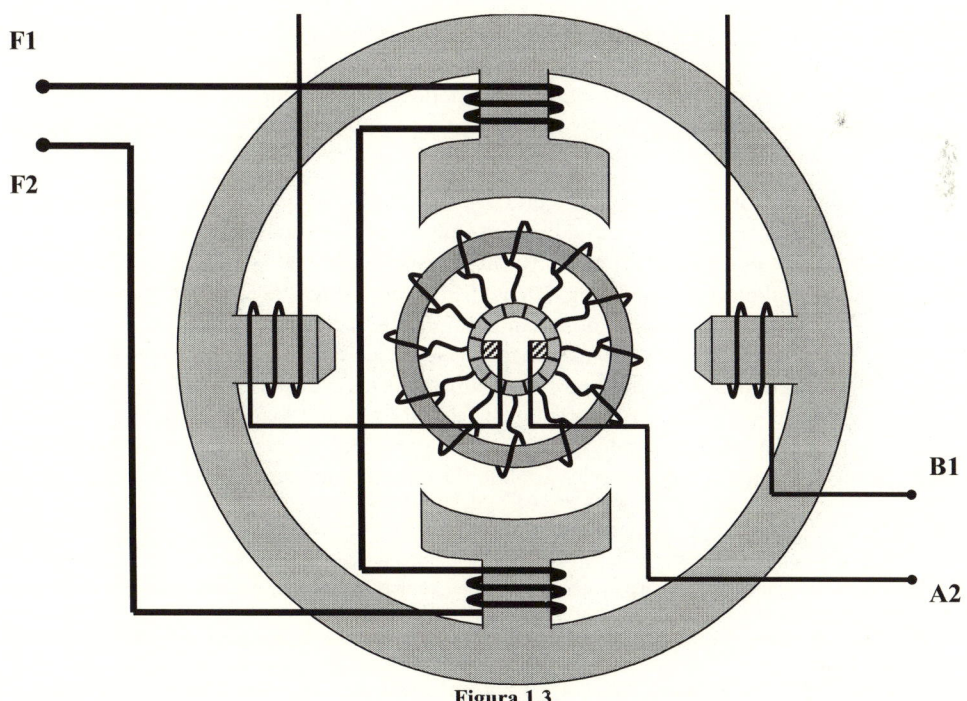

Figura 1.3

En el **estator** se encuentra el **devanado de excitación o de campo**[2] arrollado sobre los **polos principales**. Este devanado es de poca potencia y su misión es crear el campo principal con el que funcionará la máquina (circuito de magnetización). También en el estator se encuentran los **polos auxiliares**, situados en un plano a $90°$ [elect.] del de los polos principales y sobre los que se arrolla el **devanado de conmutación** que se conecta en serie con el circuito eléctrico rotórico (inducido) y por el que circula, por tanto, la misma corriente que por el inducido. La misión de los polos auxiliares y su circuito de conmutación se verá más adelante (Capítulo 6) así que tan solo mencionaremos en este punto que sirven para mejorar el funcionamiento de la máquina.

Las expansiones polares de los polos principales tienen por objeto disminuir, para un flujo "ϕ" dado, el valor de la inducción "B" en el entrehierro, ya que es en el entrehierro donde se absorbe fundamentalmente la Fmm de excitación. Al aumentar las expansiones polares la sección del polo en el entrehierro, el valor de B en el entrehierro es menor que en el cuerpo polar, y por tanto se reducen los amperios-vuelta necesarios en las bobinas polares.

$$N \cdot I_f \approx H \cdot \delta = \frac{B}{\mu_0} \cdot \delta \qquad (1.1)$$

Las expansiones polares suelen cubrir entre un 60 y un 65% del paso polar (si cubrieran más habría un elevado flujo de dispersión entre dos polos contiguos N-S) y se construyen de forma que el entrehierro no es constante en todo el arco polar, porque, aunque si lo es en la parte central, aumenta ligeramente hacia los extremos (cuernos polares). La razón de este ligero aumento del entrehierro en los extremos bajo los polos es reducir las pérdidas por corrientes parásitas en los conductores del inducido. Se trata de disminuir la brusquedad con la que un conductor del rotor pasa de la zona neutra magnética a estar bajo la influencia del polo, sometida a un campo elevado. Cuanto más suave es esta transición, menores resultan las pérdidas en los conductores por corrientes parásitas inducidas (Foucault).

Dado que el circuito inductor se alimenta en corriente continua, en el circuito magnético del estator se crea un campo magnético de valor constante en régimen permanente por lo que en él no se producirán apenas pérdidas en el hierro (histéresis y corrientes parásitas o de Foucault). Suele construirse apilando chapas magnéticas ($\geq$ 1 mm) cuyo espesor es superior al de cualquier circuito magnético que funcione con campo alterno. Este núcleo estatórico podría construirse con material magnético macizo pero se tendría una respuesta dinámica lenta cuando se tratara de modificar el flujo en la máquina (por las elevadas corrientes inducidas en un núcleo de gran espesor). En cuanto a la construcción en chapa magnética de los polos, hay que añadir a la razón anteriormente expuesta el hecho de que la parte más próxima al entrehierro está sometida a un campo variable de alta frecuencia debido al efecto de las

---

[2] En el Vocabulario Electrotécnico Internacional VEI-Parte 411- Máquinas Rotativas, se incluyen dos términos:

      Devanado de excitación. Devanado que produce un campo magnético, que está fijo con relación al devanado.

      Devanado de campo. Devanado de excitación que contribuye a la creación del campo magnético principal de la máquina.

Sin embargo, en los libros de Máquinas Eléctricas y en el lenguaje técnico, se suelen considerar como términos equivalentes y también equivalentes al término "devanado inductor" que no se incluye en el VEI.

ranuras del rotor. Esto es, la zona polar próxima al entrehierro está sometida a una variación del campo magnético de frecuencia elevada (frecuencia de ranura) y las pérdidas por corrientes parásitas que esto produce se reducen considerablemente mediante la construcción del circuito magnético con chapas.

Finalmente, en el estator se encuentra la **carcasa**, que envuelve a toda la máquina, y que es donde se fijan las chapas del circuito magnético estatórico (culata) y otras partes como las patas de sujeción, la caja de bornes (para la conexión eléctrica al exterior), etc.[3]

En el **rotor** se encuentra el **devanado inducido** que es el circuito eléctrico de potencia de esta máquina y por el que circulará también una corriente continua. A este tipo de devanado se dedicará el capítulo 3, donde se presentarán los principales tipos constructivos existentes. Por sencillez, en la Figura 1.3 se ha representado un devanado en anillo, cuando lo más normal en estas máquinas es el devanado en tambor.

Este circuito eléctrico inducido va alojado en ranuras practicadas en las chapas que constituyen el circuito magnético rotórico. Este circuito magnético rotórico sí está sometido a un campo magnético alterno por lo que se construirá de forma parecida al de las máquinas rotativas de alterna (chapas de 0,35 o 0,5mm de espesor aisladas eléctricamente entre sí), con objeto de reducir al máximo las pérdidas en el hierro.

Pero la parte más característica del rotor y de toda la máquina de corriente continua es sin duda el **colector** que aparenta ser un cilindro de color de cobre situado en un extremo del eje del rotor y gira solidario al mismo. El colector está compuesto de **delgas** que son piezas de cobre (de ahí el color del colector)[4] entre las que se intercalan piezas de material aislante, normalmente micanita (plaquitas de mica blanca aglomeradas con resina), que impiden el contacto eléctrico entre las delgas. El circuito del inducido, a diferencia del de las máquinas de alterna, no tiene principio ni final y está constituido por un único devanado que cierra sobre si mismo, con la particularidad de que cada bobina o sección inducida del mismo está en contacto eléctrico con una delga del colector (mediante soldadura T.I.G (tungsten inert gas) con Tungsteno como material de aporte en un medio de Argón). Por tanto, el colector tiene tantas delgas como bobinas el inducido, y la manera de acceder eléctricamente a este circuito rotórico (giratorio) es a través de unas **escobillas** fijas que apoyan sobre el colector.

En la Figura 1.4 puede verse el detalle del colector. Obsérvese cómo de la caja de bornes de la máquina los terminales correspondientes al devanado inducido, denominados B1 y B2, van directamente a las escobillas (estáticas) donde se produce el contacto con el colector (giratorio) a través de las delgas que en ese momento estén situadas bajo las escobillas. Las escobillas están construidas con un material conductor eléctrico muy blando dado que en su funcionamiento normal están en constante rozamiento con las delgas del colector, por lo que su mantenimiento (control del desgaste) será bastante frecuente.

Normalmente se emplean escobillas metalografíticas, cuyo ajuste de presión contra el colector debe ser el idóneo para que se produzca un buen contacto eléctrico sin demasiado desgaste por rozamiento. Este mantenimiento frecuente, junto al mayor coste de la máquina (principalmente por el colector) son las razones por las que, como ya se ha apuntado, estas

---

[3] Algunas veces la carcasa realiza las dos funciones, sirviendo también como culata.
[4] Para evitar el recocido del cobre a las temperaturas de funcionamiento del colector, se utiliza cobre con adición de plata que aumenta notablemente la temperatura de recristalización.

máquinas están siendo sustituidas en muchas aplicaciones industriales por máquinas de corriente alterna, que resultan más baratas en su construcción y mantenimiento.

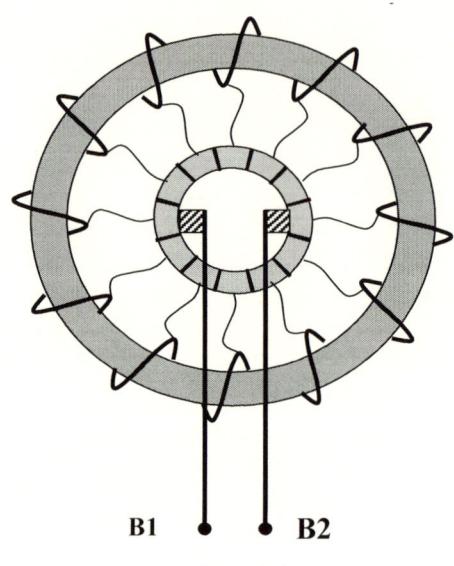

Figura 1.4

1.3. Funcionamiento del colector

Se va a considerar, para mayor sencillez, una sola espira instalada en el rotor de forma que sus dos extremos (principio y final) están en contacto con un colector de sólo dos delgas, tal y como se presenta en la Figura 1.5.

Como ya hemos indicado las dos delgas de este sencillo colector están aisladas entre sí mediante dos piezas de aislante, y el plano de escobillas fijas se sitúa en la zona que se muestra en la figura. Si se considera que la espira gira arrastrada por un motor externo en sentido antihorario y que está inmersa en un campo magnético continuo creado por el devanado inductor, se va a inducir en cada uno de sus dos lados activos una fuerza electromotriz según la ley de Faraday, cuya polaridad aparece reflejada en la figura.

$$e = \int(\vec{v}x\vec{B})\cdot d\vec{l} = v\cdot B\cdot l \tag{1.2}$$

ya que B, l y v son perpendiculares entre sí; (v es la velocidad del conductor respecto al campo B y l es la longitud del conductor)

Si se analiza el valor y la polaridad de las fuerzas electromotrices inducidas en cada lado activo de la espira en distintos instantes de tiempo tal y como se presenta en la Figura 1.6, se obtienen las siguientes curvas que representan la evolución en el tiempo de la fuerza

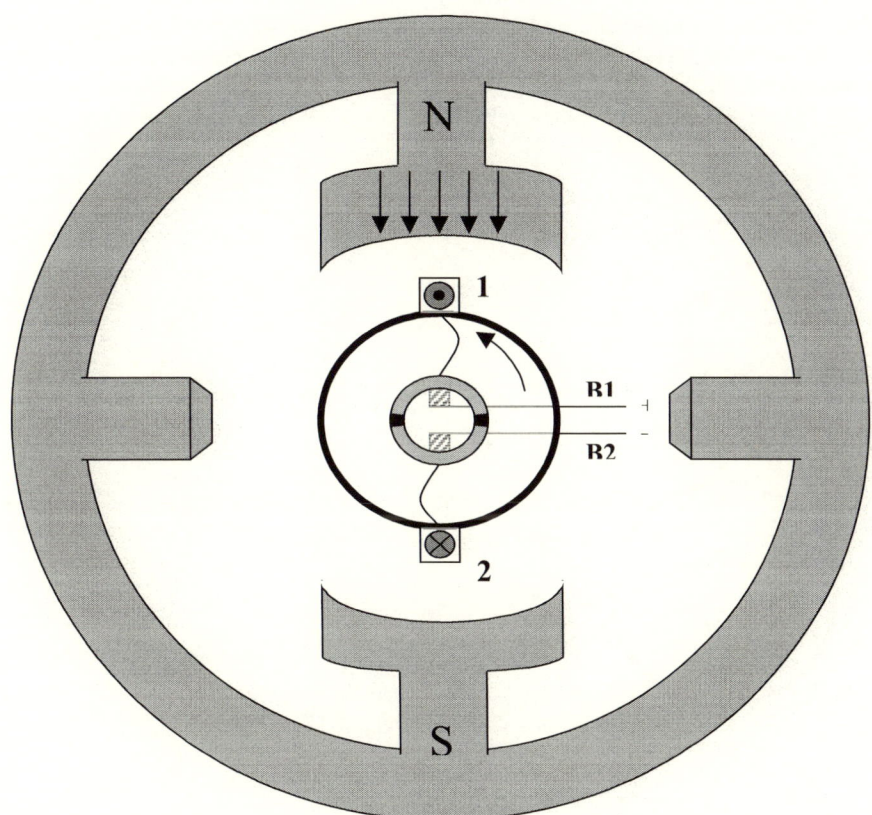

Figura 1.5

electromotriz existente entre los extremos 1 y 2 de la espira (curva A de la Figura 1.7) y la existente entre los extremos B1 y B2 en contacto con las dos escobillas fijas (curva B de la Figura 1.7).

Mientras el lado activo de la espira denominado "1" se mueve por la mitad superior (polo norte) en él se induce una f.e.m saliente del papel y en todo este tramo transmite su polaridad (pongamos positiva) al terminal B1 conectado a la escobilla superior. Lo mismo sucede con el lado "2" que transmite su polaridad negativa al terminal B2 conectado en todo este tramo a la escobilla inferior. En el momento en que los lados activos de esta espira atraviesan la que denominaremos "línea neutra" magnética (plano horizontal) no se induce en ellos ninguna f.e.m ya que se encuentran en una zona de campo magnético nulo. Es en este momento, en que no hay tensión entre los lados "1" y "2", cuando éstos son cortocircuitados a través de las escobillas que ponen en contacto eléctrico las dos delgas. El tiempo durante el cual las dos delgas están conectadas a través de las escobillas se denomina tiempo de **conmutación** y los fenómenos que ocurren durante ese tiempo se engloban en el término de conmutación, dado que en él se invierte la polaridad de la tensión y la corriente (cuando la haya) que soporta una bobina del inducido. El fenómeno de la conmutación, que se tratará en el capítulo 6, es muy importante en las máquinas de corriente continua porque establecerá si la máquina trabaja en buenas condiciones o no.

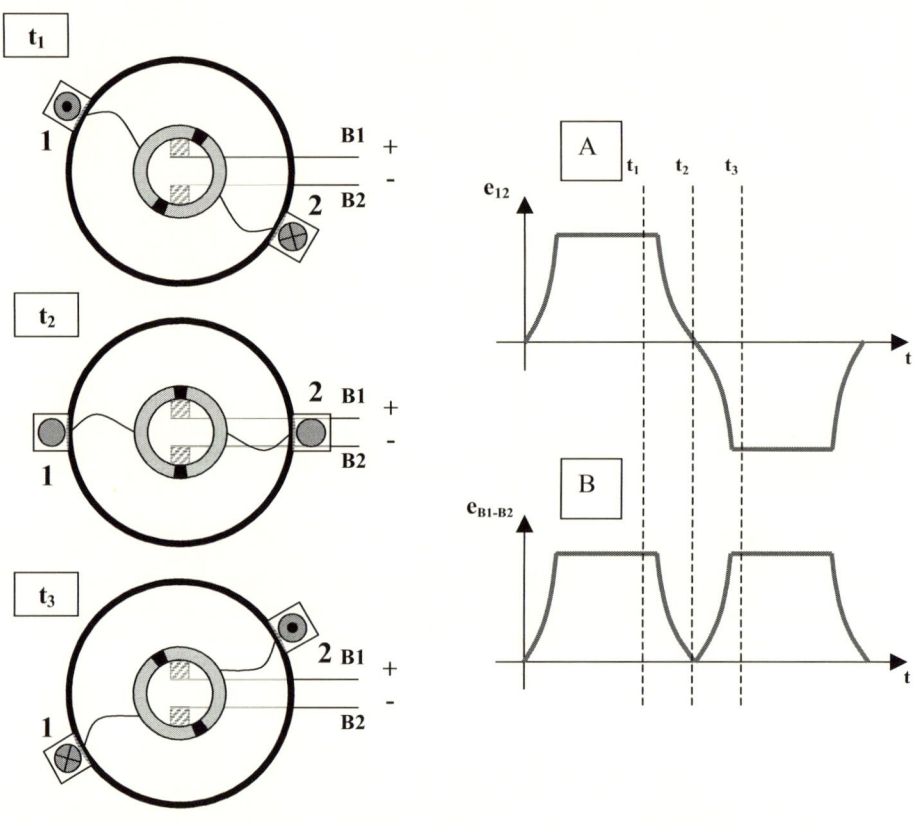

Figura 1.6   Figura 1.7

Finalmente, cuando el lado activo "1" pasa a circular por la mitad inferior del rotor, se invierte la polaridad de la f.e.m que se induce en él puesto que se ha invertido el sentido del campo magnético en el que se mueve, pero como también la delga a la que transmite su polaridad negativa ahora está en contacto con la escobilla inferior, el resultado es que se mantiene la polaridad de la tensión existente entre los extremos B1 y B2 conectados respectivamente a las escobillas superior e inferior.

Con este ejemplo puede observarse la función que desempeña el colector que no es otra que la rectificación a continua de la fuerza electromotriz alterna que se induce en una espira que gira en el seno de un campo magnético constante. El colector es, por tanto, un **rectificador**

mecánico que proporciona una tensión continua entre los terminales conectados a las escobillas que será tanto más pura cuanto mayor sea su número de delgas y, consecuentemente, el número de bobinas uniformemente repartidas en el entrehierro que componen el inducido. En la Figura 1.8 se presenta la forma de la tensión inducida en un generador de continua con varias delgas en el colector.

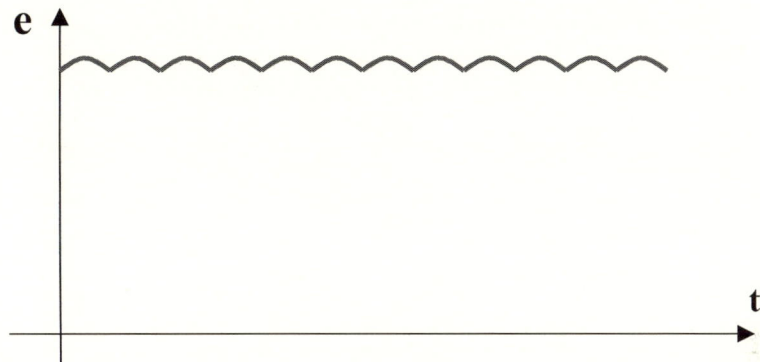

Figura 1.8

En la Figura 1.9 se presenta el aspecto que tiene el rotor de una máquina de corriente continua donde el colector destaca como la parte más característica de estas máquinas.

Figura 1.9 (Westinghouse)

En la Figura 1.10 se muestra el detalle constructivo de la forma de las delgas del colector y su sujeción al rotor. La parte plana de las delgas, paralela al eje, es donde apoyan las escobillas (fijas) y la parte perpendicular al eje es donde se realizan las conexiones con las bobinas del rotor, mediante soldadura TIG.

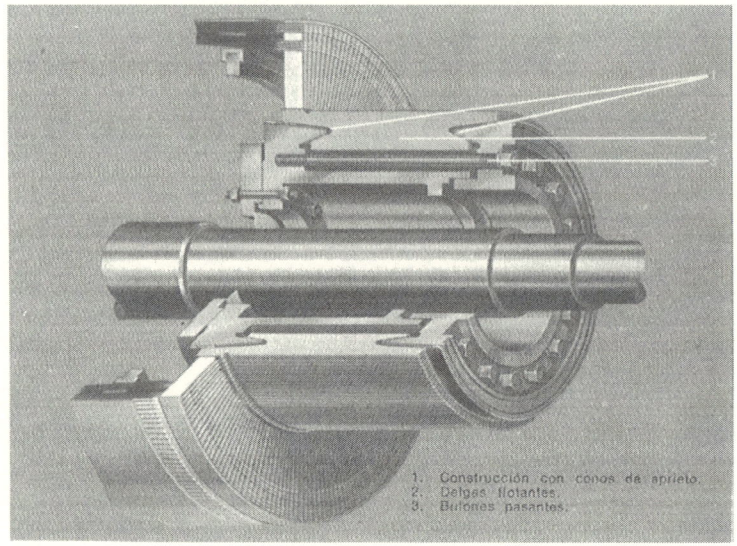

1. Construcción con conos de aprieto.
2. Delgas flotantes.
3. Bulones pasantes.

Figura 1.10 (Westinghouse)

En la Figura 1.11 se muestra el detalle de una delga con sus distintas partes.

A. Soldaduras TIG
B. Devanado
. C. Conexión equipotencial
D. Fresado

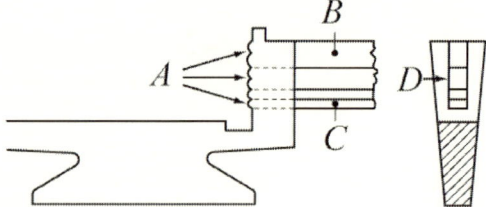

Figura 1.11

2.

PRINCIPIO DE FUNCIONAMIENTO COMO GENERADOR Y COMO MOTOR

En este apartado se trata la conversión electromecánica que tiene lugar en la máquina de corriente continua en sus dos sentidos, esto es, la conversión de energía mecánica a eléctrica (generador) y la conversión de energía eléctrica en mecánica (motor).

2.1. Funcionamiento como generador

Si se considera una máquina de corriente continua de un par de polos (p=1) y con inducido en anillo como la que se presenta en la Figura 2.1:

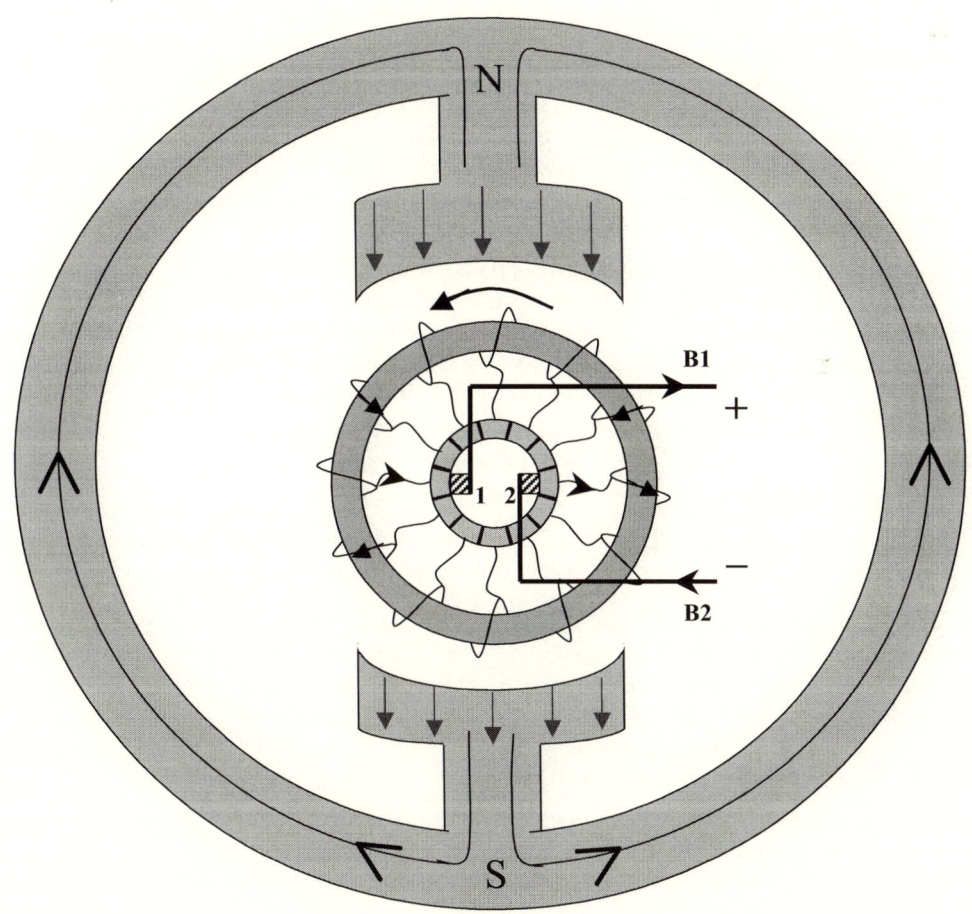

Figura 2.1

La excitación del inductor crea un campo magnético constante con dirección Norte-Sur y el rotor gira en sentido antihorario arrastrado por una turbina o un motor externo acoplado al eje de la máquina. Se tendrán los procesos físicos que se consideran a continuación.

Los tramos de conductor que constituyen los lados activos de las bobinas del inducido se encuentran en movimiento en el seno de un campo magnético luego en ellos se inducirá una fuerza electromotriz según la expresión de Faraday ($E = v \cdot B \cdot l$). La polaridad de estas f.e.ms será saliente del papel en los conductores situados bajo la acción de un polo norte (N) y entrante al papel bajo la acción de un polo sur (S).

Los conductores que se encuentran momentáneamente situados en el plano horizontal que divide al rotor en dos partes iguales (superior e inferior) no experimentan ninguna f.e.m inducida ya que no están inmersos en ningún campo magnético en esta zona (línea neutra magnética). Tampoco son activos los conductores de retorno de este devanado, situados en el interior del anillo que constituye el circuito magnético rotórico, puesto que no están inmersos en ningún campo magnético.

Si se observa, por ejemplo, la rama superior del inducido, puede comprobarse que las f.e.m.s inducidas en cada bobina se suman puesto que las delgas en contacto con estas bobinas no tocan a las escobillas y por tanto se tienen varias bobinas conectadas en serie y aisladas del resto. Lo mismo ocurre en la rama inferior del inducido donde en los lados activos (sólo los del entrehierro) se induce una f.e.m. entrante al papel que se suma entre las distintas bobinas que constituyen esta rama. Tanto si se mira a la rama superior como a la inferior se observa que se establece una diferencia de potencial eléctrico entre los bornes B1 y B2 en contacto respectivamente con las escobillas "1" y "2" de manera que la tensión de B1(+) es superior a la de B2 (-).

En resumen, poniendo conductores eléctricos (lados activos del inducido) en movimiento en el seno de un campo magnético (creado por el inductor) se ha construido una fuente de tensión continua entre los bornes B1 y B2. Lógicamente, esta tensión será tanto mayor cuanto mayor sea la velocidad de los conductores del rotor con respecto al campo magnético (velocidad de giro del rotor) y cuanto mayor sea el valor del campo magnético.

Pero una fuente de tensión en vacío (sin corriente) no genera energía eléctrica. Al conectar una carga eléctrica entre los bornes del inducido del generador se establece una corriente eléctrica y se entrega potencia a la carga ($P = U \cdot I$).

En el esquema que aparece en la Figura 2.2 se presenta el sentido de la corriente que se establece en la carga conectada en bornes del generador (entra por el (+) y sale por el (-)).

Siguiendo el sentido de circulación de esta corriente, ahora por la máquina, se observa que entra en el inducido a través de la escobilla "2" y se divide entre las dos ramas superior e inferior para volver a juntarse de nuevo en la escobilla "1" por donde sale del inducido hasta el borne denominado B1 (+). Este devanado inducido presenta, por tanto, dos ramas en paralelo, o lo que es más común, se dice que tiene un par de ramas en paralelo (a=1) y por cada una circula la mitad de la corriente del inducido ($I_i/2$).

Ahora sí se ha visto cómo la máquina de continua funciona como generador eléctrico puesto que entrega una potencia eléctrica por el inducido (tensión y corriente), pero, ¿de dónde obtiene la máquina esta energía? La energía la obtiene en forma de energía mecánica de rotación de la turbina que impone el movimiento del rotor y esta potencia es el producto de la velocidad de giro multiplicada por el par. Luego el par que desarrolla la turbina que mueve al

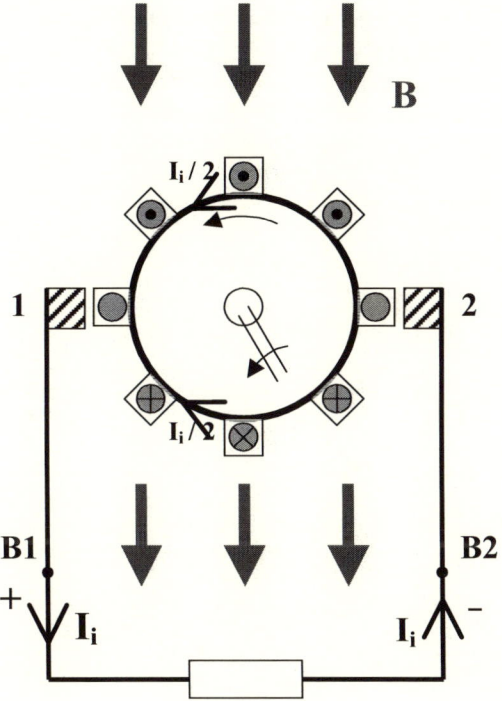

Figura 2.2

rotor del generador de continua debe encontrar un par antagonista en el generador para que el conjunto gire a velocidad constante en régimen permanente. Para estudiar la creación del par en la máquina de continua debemos analizar el otro gran proceso físico que tiene lugar en la máquina trabajando como generador. Se trata de que los conductores del inducido en carga conducen una corriente eléctrica circulando por ellos ($I_i/2$) mientras a su vez están inmersos en un campo magnético externo (B, producido por el inductor), con lo que en ellos se va a producir una fuerza resultado de la interacción magnética existente entre el campo magnético externo y el que crean las propias corrientes del inducido. Este principio físico está recogido en la expresión de Laplace

$$\vec{F} = \int d\vec{f} = \int s \cdot (\vec{\sigma}x\vec{B})d\vec{l} = i \cdot B \cdot l \,, \tag{2.1}$$

($\overline{\sigma}$, $\overline{B}$ y $\overline{dl}$ son perpendiculares entre sí)

donde s es la sección, σ la densidad de corriente e i es la intensidad que circula por el conductor, B es el campo externo en el que está inmerso el conductor y l es la longitud del conductor. Esta fuerza que se establece en cada conductor es tangencial al rotor y, si se suma a la que se produce en todos los conductores del inducido (rama superior e inferior) proporciona un par neto, en este caso en sentido horario, contrario al ejercido por la turbina que arrastra al rotor.

$$M = \sum F_i \cdot R \ , \tag{2.2}$$

donde R es el radio del rotor.

2.2. Funcionamiento como motor

Considerando una máquina de corriente continua en reposo, con un par de polos (p=1) y con inducido en anillo como la que se presenta en la Figura 2.3, en la que la excitación del inductor crea un campo magnético constante con dirección Norte-Sur y en cuyos bornes de inducido se aplica una tensión continua (U), se tendrán los siguientes procesos físicos a considerar:

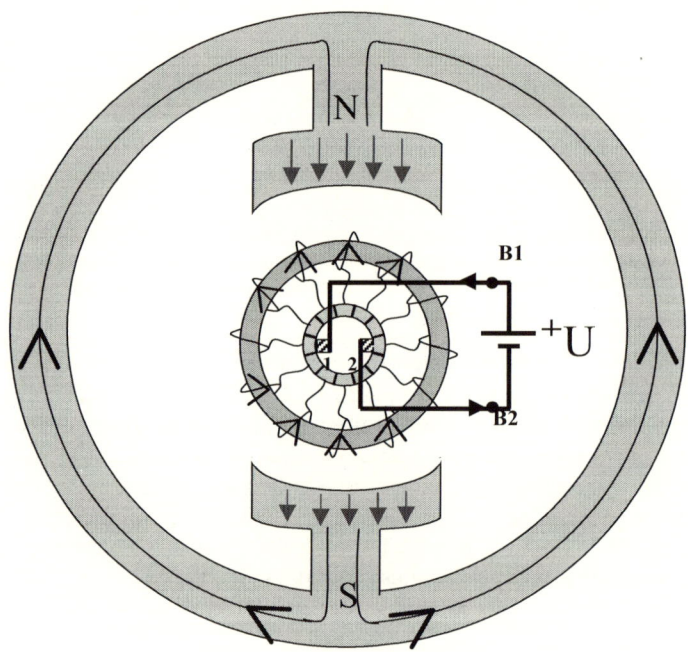

Figura 2.3

La tensión de alimentación del inducido con la polaridad (+) en B1, hace que se establezca una corriente entrando por B1 y saliendo por B2. Esta corriente I_i que entra en el inducido por la escobilla "1" se divide en dos corrientes iguales de valor $I_i/2$ que circulan por las ramas superior e inferior del inducido hasta que de nuevo se juntan en la escobilla "2" para salir por B2.

En el esquema que aparece en la Figura 2.4 se presenta el sentido de la corriente que se establece en el motor (entra por B1 (+) y sale por B2 (-)).

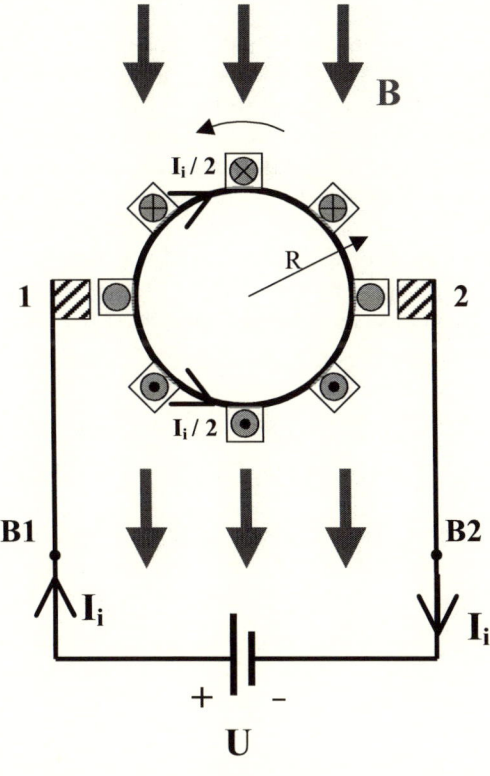

Figura 2.4

Por tanto al alimentar este motor se hace circular una corriente continua ($I_i/2$) por los conductores del inducido que a su vez están inmersos en el campo magnético creado por el inductor, por lo que en ellos se establece una fuerza (2.1) cuya resultante sumada en todos los conductores se traduce en la aparición de un par neto en sentido antihorario (2.2). Si este par electromagnético es superior al par resistente al que se enfrenta el motor, se producirá una aceleración que terminará con la máquina girando a velocidad constante cuando se igualen el par motor y el par resistente según la ecuación dinámica del conjunto rodante:

$$M - M_{res} = J \cdot \frac{d\omega}{dt} \quad ^1 \tag{2.3}$$

Hasta aquí se ha analizado la conversión de la potencia eléctrica que entra en el motor por el inducido (P=U·I) en la potencia mecánica que desarrolla en el eje (P=M·ω). El último fenómeno que queda por analizar para completar el estudio básico del funcionamiento de la máquina de continua como motor es que cuando el rotor ya está girando (y no antes) se tienen conductores eléctricos en movimiento inmersos en un campo magnético, esto es, los lados activos del inducido se mueven en el seno del campo inductor, por lo que en ellos se induce una fuerza electromotriz según Faraday (1.2). El resultado es que la corriente que entra en el inducido debida a su alimentación con una tensión U, ahora se ve modificada cuando el rotor empieza a girar, ya que aparece en bornes del inducido una fuerza electromotriz E (también llamada contraelectromotriz) y por tanto el valor de esta corriente de inducido será el que resulte de la diferencia de potencial (U-E) aplicada a ese circuito. De aquí se deduce que aunque se alimente el inducido de un motor de continua con tensión constante desde parado, no será constante la corriente que consume a medida que va acelerando ya que con la variación de la velocidad se irá modificando la fuerza electromotriz que en él se induce. El valor máximo de la corriente consumida se alcanza en los primeros instantes del arranque (E=0), por lo que normalmente deberá recurrirse a algún método para limitar este pico de corriente. En el Capítulo 9 se analizarán en detalle los distintos procedimientos existentes que se emplean para arrancar los motores de corriente continua.

---

[1] En el Capítulo 4 se presenta esta expresión más completa incluyendo el par resistente correspondiente a las pérdidas mecánicas y en el hierro.

3. TIPOS DE DEVANADOS DEL INDUCIDO DE UNA MÁQUINA DE CORRIENTE CONTINUA

El devanado en anillo que se ha presentado en los apartados anteriores fue el que se utilizó en la primera máquina eléctrica industrial (Gramme 1871). Pocos años después fue sustituido por el **devanado en tambor** [1], en donde el lado de vuelta de cada bobina se realiza por otra ranura del entrehierro del rotor constituyendo, por tanto, otro lado activo de la bobina. En la Figura 3.1 se presenta un devanado en anillo y otro en tambor. En este último se ha resaltado una porción del devanado con el fin de facilitar su seguimiento.

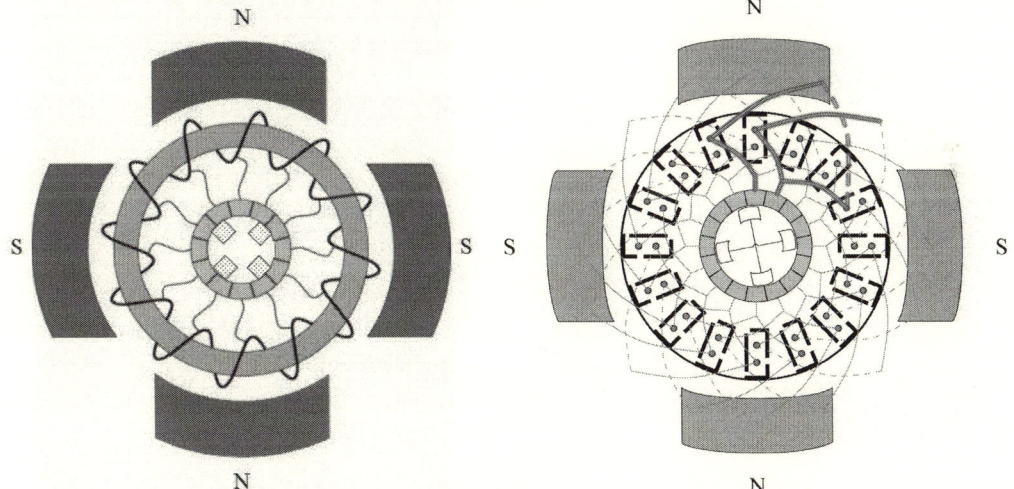

Figura 3.1

En el devanado en anillo el lado de vuelta de cada bobina no es activo, es decir, en él no se induce f.e.m ya que no le atraviesa ningún campo magnético (el núcleo rotórico en estas máquinas está conformado por chapas con forma de anillo que constituyen un "cilindro hueco") aunque en ellos sí se producen pérdidas por efecto Joule. En el devanado en tambor tanto el lado de ida como el de vuelta de cada bobina son los dos activos, aunque hay aún partes de conductor no activas que constituyen las cabezas de bobina.

Constructivamente, la ejecución del devanado en anillo es difícil y debe realizarse manualmente ya que los conductores interiores deben ser introducidos y fijados en la superficie interior del cilindro. En el caso de los devanados en tambor, las bobinas se preparan mecánicamente en moldes adecuados y pueden ser colocados en las ranuras sin necesidad de una manipulación posterior (ver Figura 3.2).

En los esquemas de la Figura 3.1 pueden observarse estas diferencias entre ambos obteniéndose el resultado de que es mucho más ventajoso el devanado en tambor.

---

[1] El devanado en tambor fue desarrollado en el año 1873 en la empresa Siemens, por el ingeniero Friedrich von Hefner-Alteneck, modificando el inducido en doble T patentado por Verner Siemens en el año 1855.

Obsérvese que en las máquinas con devanado en tambor la línea de escobillas está situada en el "eje d" (directo), esto es, alineada con los polos principales, mientras que en las máquinas con devanado en anillo están en el "eje q" (en cuadratura con el "d"). Eléctricamente, ambas máquinas funcionan igual, ya que, como se ha comentado, las escobillas siempre cortocircuitan bobinas cuya f.e.m. es nula en ese instante.

En la Figura 3.2 se presenta una bobina de inducido constituida por varias espiras en pleno proceso de aislamiento (encintado). Sus extremos irán soldados a dos delgas del colector. Obsérvese la diferencia entre las partes rectas de la bobina o lados activos, que irán dentro de las ranuras, y las partes "curvas" o cabezas de bobina.

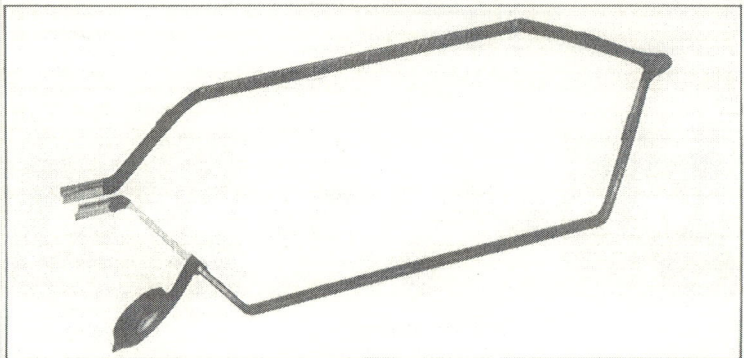

Figura 3.2

Otra característica muy frecuente en los devanados de las máquinas de corriente continua es que suelen ser de **doble capa**. Con objeto de que no haya demasiadas ranuras en la periferia del rotor (entrehierro) y de que por tanto resulten dientes demasiado finos y débiles mecánicamente (no soportarían los esfuerzos centrífugos de las bobinas metidas en las ranuras adyacentes cuando la máquina esta girando), suele recurrirse a rellenar cada ranura con dos lados activos de diferentes bobinas. Así, se suele disponer el lado de ida de una bobina, por ejemplo, en la capa exterior y el lado de vuelta de otra bobina en la capa inferior tal y como se presenta en la Figura 3.3

En general los devanados de las máquinas de corriente continua suelen ser de tambor y de doble capa.

La distancia entre el lado de ida y el de vuelta de la misma bobina se denomina **paso de bobina (y_1)** o paso posterior y suele expresarse en número de lados de bobina. El paso de bobina suele ser próximo al **paso polar de la máquina (τ)** para que de esta forma, tanto el lado de ida como el lado de vuelta estén sometidos a un valor de campo magnético parecido (uno bajo un polo Norte y otro bajo un polo Sur) y sean lo más equilibradas posibles las fuerzas electromotrices que en ellos se inducen, ya que éstas se sumarán para establecer la tensión de bobina (igual a la tensión entre delgas).

Dentro de los devanados en tambor existen dos tipos principalmente, los devanados imbricados y los ondulados (ver Figura 3.3).

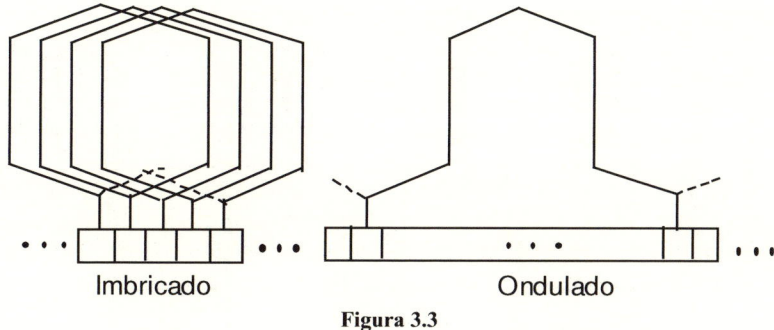

Imbricado   Ondulado

Figura 3.3

3.1. Devanados imbricados

En este tipo de devanado después de disponer el lado de ida y de vuelta de una bobina se "retrocede" para volver a colocar el lado de ida de la siguiente bobina y así sucesivamente se procede hasta disponer el devanado completo ocupando todas las ranuras. En los esquemas de la Figura 3.4 se presenta un mismo devanado imbricado en su representación circular (3.4 a) y rectangular (3.4 b). En la primera se ha resaltado una porción del devanado (dos bobinas) con el fin de facilitar el seguimiento de su disposición en las ranuras de la máquina.

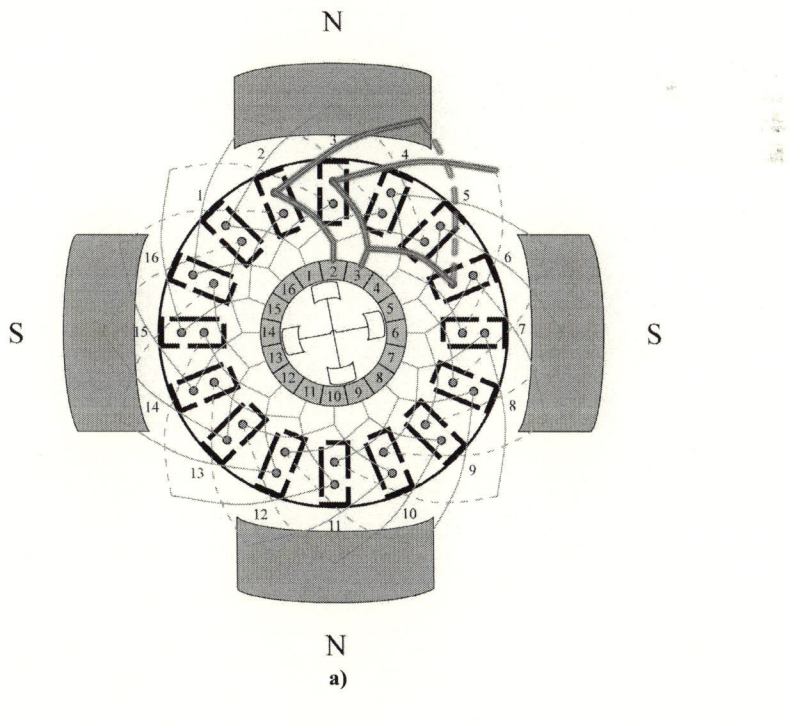

a)

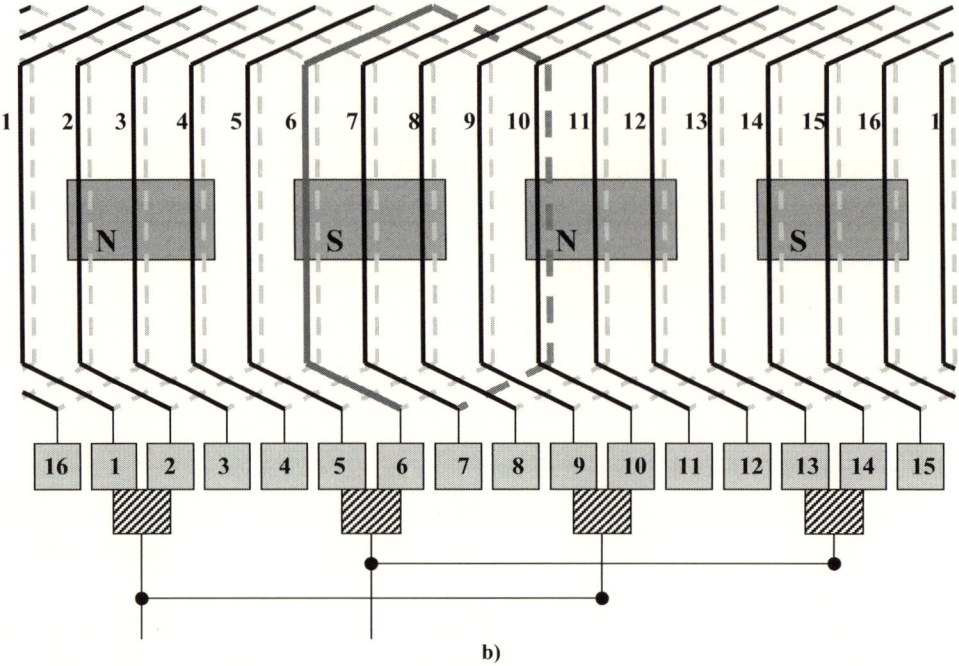

b)

Figura 3.4

El lado 1 de la primera bobina está en la capa superior de la ranura 1 y el lado 2 (de vuelta) está en la capa inferior de la ranura 5. La distancia de 1 a 5' medida en lados de bobina es el **paso de bobina** de este devanado. También es frecuente representar un devanado a través de su **tabla de conexión**, en la que se anotan por parejas las ranuras que ocupa cada bobina, especificando con una " prima ' " la ranura en la que una bobina ocupa su capa más profunda. Para representar el devanado de la Figura 3.4 se utilizaría la siguiente Tabla 3.1:

1-5'	9-13'
2-6'	10-14'
3-7'	11-15'
4-8'	12-16'
5-9'	13-1'
6-10'	14-2'
7-11'	15-3'
8-12'	16-4'

Tabla 3.1

A la distancia (en lados de bobina) que hay entre el lado de vuelta de una bobina y el lado de ida de la bobina siguiente se le denomina **paso de conexión (y_2)** o paso anterior. A la distancia que hay entre el lado de ida de dos bobinas contiguas se le denomina **paso de devanado (y)** y coincide con la suma de los pasos de bobina y de conexión ($y = y_1+y_2$). En el devanado de la Figura 3.4 , se tiene: $y_1=4$, $y_2=-3$ e $y=1$.

Si se considera cada paso como un número natural, en un devanado imbricado siempre se cumple $y=y_1-y_2$ (en el devanado anterior se tendría: $y_1=4$, $y_2=3$ e $y=1$)

Obsérvese cómo cada bobina o elemento de devanado comienza en una delga y termina en otra.

Si se denomina "N" al número total de conductores activos, se tendrán N/2 espiras en el devanado.

Si se denomina "N_b" al número de espiras por bobina, se tendrá un número de bobinas "B" en el devanado igual a: $B=N/(2 \cdot N_b)$.

Se denomina "sección inducida" o "bobina elemental" a la porción de devanado cuyos dos extremos van conectados a dos delgas distintas (contiguas).

En un devanado de doble capa se tendrá un número de ranuras "K" que coincidirá con el número de bobinas (K=B), si en cada ranura hay 1 solo lado de ida y 1 solo lado de vuelta (u=1 , siendo "u" el número de lados de bobina por capa). Si hay u>1 (normalmente "u" estará entre 2 y 5), entonces la relación entre el número de ranuras "K" y el número de bobinas "B" será : K=B/u . En la Figura 3.5 se presenta un esquema de un devanado con u=1 y otro con u=3.

Figura 3.5

También existe la definición del paso de ranura "y_r" que es el cociente entre el paso de bobina "y_1" y el número de lados de bobina por capa "u" : $y_r = y_1/u$. Cuando "y_r" es un número entero se dice que el devanado no es escalonado y cuando "y_r" resulta un número fraccionario se dice que el devanado es **escalonado**. En este último caso, si por ejemplo se tiene un devanado con 2 lados de bobina por capa (u=2), los dos lados de ida de una bobina irían por la misma ranura pero no así los dos lados de vuelta que irían por ranuras contiguas (ver Figura 3.6).

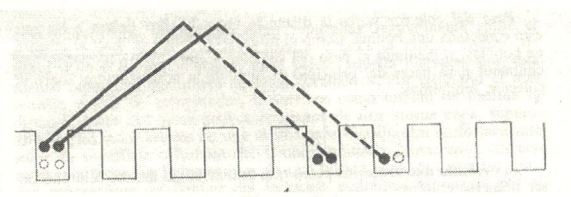

Figura 3.6

Normalmente, como ya se ha indicado, el paso de bobina "y_1" suele ser igual o parecido al paso polar "τ" (distancia entre dos polos magnéticos contiguos y de distinto signo). Dado que el paso polar expresado en bobinas "B" es $\tau=B/(2p)$, normalmente se tendrá que $y_1\approx B/(2p)$, pero en función de cómo sea exactamente el paso de bobina con respecto al paso polar se tendrán distintos tipos de devanado:

– Si $y_1=\tau$, se tiene un devanado de paso diametral.

– Si $y_1<\tau$, se tiene un devanado de paso acortado.

– Si $y_1>\tau$, se tiene un devanado de paso alargado.

En la Figura 3.7 se presenta un devanado denominado **imbricado simple**, donde y=1 y coincide el número de pares de ramas en paralelo con el número de pares de polos (a=p).

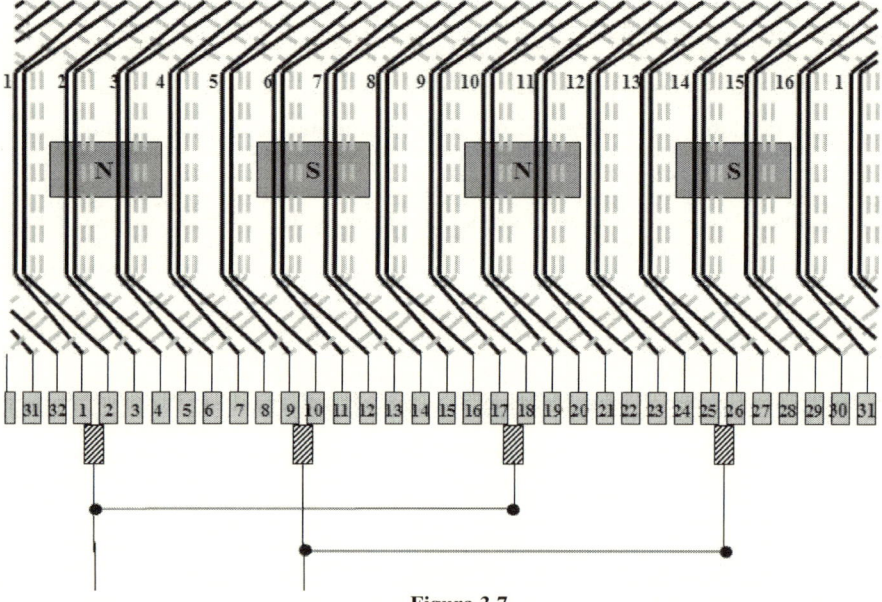

Figura 3.7

Puede comprobarse que en este devanado se tienen las siguientes características:

– Número de bobinas: B=32.

– Número de lados por capa: u=2.

– Número de polos 2p=4.

– Paso polar : $\tau=B/(2p)$ = 8 bobinas.

– Paso de bobina: y_1= 7 bobinas (paso acortado ($y_1<\tau$)).

– Número de ranuras: K= B/u = 16.

– Paso de ranura: $y_r = y_1/u$ = 3,5 escalonado.

Obsérvese cómo hay tantas delgas como nº de bobinas (B), luego la escobilla abarca una delga (mismo paso).

A parte de los devanados imbricados simples existen los devanados denominados **imbricados múltiples**, donde el paso de devanado es mayor de 1 (y>1) (normalmente y=±2) y se pueden dar dos posibilidades, que haya lo que se denomina "**simple cierre**" que se da cuando el número de bobinas B es impar y supone que se den varias vueltas al ir colocando todas las bobinas hasta cerrar el devanado (unir el principio de la primera bobina con el final de la última), o que haya "**múltiples cierres**", lo que ocurre cuando B es par, y en cuyo caso se tendrán varios circuitos iguales en paralelo. En el caso de que haya múltiples cierres se tendrá un número de ramas en paralelo igual al producto del número de polos por el paso de devanado (2a = 2p·y), y en estos devanados las escobillas apoyarán simultáneamente en más de 1 delga del colector produciéndose lo que se denomina una conmutación múltiple (normalmente abarcan tantas delgas como pares de ramas hay en paralelo). En el devanado que se presenta en la Figura 3.8, se pueden comprobar todos estos comentarios realizados sobre un devanado imbricado múltiple.

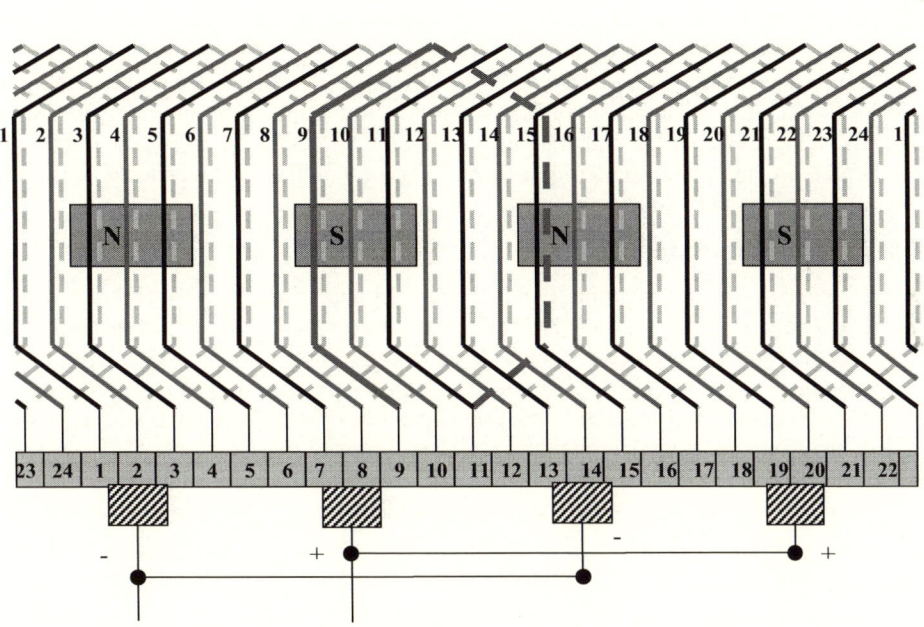

Figura 3.8

Puede comprobarse que en este devanado de doble capa se tienen las siguientes características:

– Número de bobinas: B=24.

– Número de lados por capa: u=1.

- Número de pares de polos p=2.

- Paso polar :τ=B/(2p) = 6 bobinas.

- Paso de bobina: y_1= 6 bobinas (paso diametral (y_1=τ)).

- Paso de conexión: y_2= 4.

- Paso de devanado: y=y_1-y_2=6-4=2. (imbricado doble)

- Número de ranuras: K= B/u = 24.

- Paso de ranura: y_r = y_1/u = 6

- Número de pares de ramas en paralelo: a = p·y = 4.

Se trata de un devanado imbricado doble con doble cierre, esto es, tiene dos circuitos iguales en paralelo. Cada escobilla abarca dos delgas, es decir, en su funcionamiento normal tocará simultáneamente a 3 delgas contiguas del colector. Si se sigue el camino que realiza la corriente que se inyecta por ejemplo por la primera escobilla de la izquierda con polaridad (-) se observa que existen 4 caminos posibles, 2 que progresan hacia la derecha del devanado, para salir por la escobilla (+) situada a su derecha y otros 2 que progresan hacia la izquierda para salir, en este caso, por la escobilla (+) que esta a su izquierda. Como por esta primera escobilla con polaridad (-) situada a la izquierda del esquema de la Figura 3.8 sólo circula la mitad de la corriente del inducido (la otra mitad se inyecta por la otra escobilla con igual polaridad (-)), y dado que esta corriente se ha visto que se divide por 4 circuitos iguales, en total se tiene 8 circuitos en paralelo (a=4) por los que circula una corriente de valor I_i/8, que será la intensidad que circula por cada conductor del inducido (a excepción de las bobinas que están momentáneamente en cortocircuito a través de las escobillas cuya corriente se estudiará en el Capítulo 6 que trata sobre la conmutación).

3.2. Devanados ondulados

El devanado inducido de una máquina de corriente continua se dice que es ondulado cuando después de disponer el lado de ida y de vuelta de una bobina se sigue "avanzando", para colocar el lado de ida de la siguiente bobina de forma que se va disponiendo el devanado sin retroceder nunca, es decir, siempre hacia adelante, con lo que queda de forma ondulada. En un devanado ondulado se cumple, por tanto, que el paso de devanado es igual a la suma de los pasos de bobina y de conexión (considerando ambos positivos) (y = y_1+y_2). Este tipo de devanados ondulados no se puede poner en máquinas de menos de 4 polos (2p>2). En el esquema de la Figura 3.9 se presenta un devanado ondulado en su representación rectangular.

El devanado de la Figura 3.9 es lo que se denomina un **devanado serie simple**, porque todas las bobinas van conectadas en serie y hay un único cierre (simple). En estos devanados se cumple la siguiente relación: (y = (B±1)/p), donde se pone un (+) si el devanado es "**cruzado**" o se pone un (-) si el devanado es "**no cruzado**".

Dado que el paso de devanado debe ser un número entero, si hay 4 polos o un múltiplo de 4, en estos devanados el número de bobinas, y por tanto de delgas en el colector, será impar.

Otra característica de estos devanados es que sólo tienen 2 circuitos en paralelo (2a=2). En el devanado de la Figura 3.9 puede comprobarse que hay un único camino para la corriente por cada escobilla (el resto son caminos que transcurren por bobinas en cortocircuito a través de las escobillas).

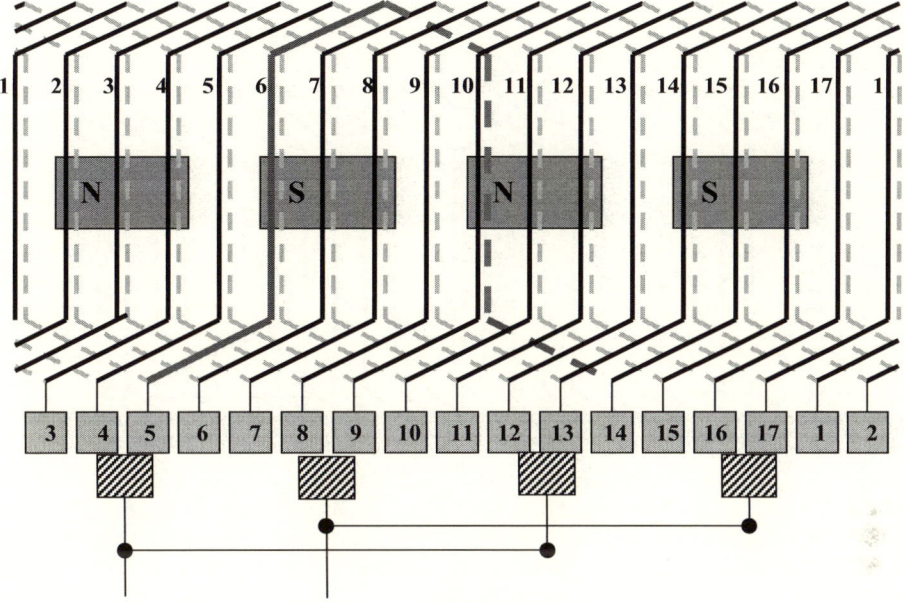

Figura 3.9

Por lo demás, el devanado de la Figura 3.9 tiene las siguientes características:

– Número de bobinas: B=17.

– Número de lados por capa: u=1.

– Número de pares de polos p=2.

– Paso polar :τ=B/(2p) = 4,25 bobinas.

– Paso de bobina: y_1= 4 bobinas (paso acortado ($y_1<\tau$)).

– Paso de conexión: y_2= 5.

– Paso de devanado: $y=y_1+y_2$=4+5= 9 (ondulado).

– Número de ranuras: K= B/u = 17.

– Paso de ranura: $y_r = y_1/u = $ 4

– Número de pares de ramas en paralelo: a =1 (ondulado serie simple).

Además del devanado serie simple existen los **devanados serie-paralelo** o devanados ondulados múltiples, que tienen más de dos ramas en paralelo, y en los que se cumple la siguiente relación: (y = (B±a)/p). Al igual que los imbricados múltiples, pueden ser "simplemente cerrados" o tener "cierres múltiples". Es simplemente cerrado si todas las bobinas del devanado quedan conectas en serie formando un circuito cerrado único (se da cuando el paso de devanado "y" y el número de bobinas "B" son primos entre sí) y es de cierres múltiples cuando quedan varios circuitos cerrados independientes en paralelo.

En la Figura 3.10 se presenta un devanado serie-paralelo doblemente cerrado.

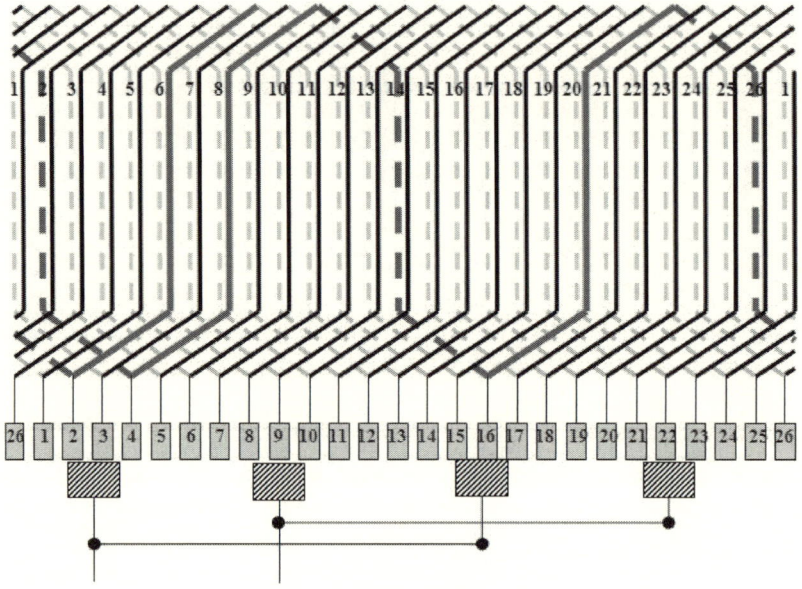

Figura 3.10

Se trata de un devanado con las siguientes características:

- Número de bobinas: B=26.

- Número de lados por capa: u=1.

- Número de pares de polos p=2.

- Paso polar :τ=B/(2p) = 6,5 bobinas.

- Paso de bobina: y_1= 6 bobinas (paso acortado ($y_1 < \tau$)).

- Paso de conexión: y_2= 6.

- Paso de devanado: y=y_1+y_2=6+6= 12. (ondulado)

- Número de ranuras: K= B/u = 26.

- Paso de ranura: y_r = y_1/u = 6

- Número de pares de ramas en paralelo: a =2 (ondulado serie-paralelo).

Obsérvese cómo al haber varios circuitos en paralelo las escobillas abarcan más de una delga del colector (2 delgas, conmutación múltiple).

Conexiones equipotenciales. Para el correcto funcionamiento de la máquina se necesita que las fuerzas electromotrices inducidas en las bobinas del inducido sean equilibradas, pues sino, al haber varios circuitos en paralelo, se producirían corrientes de circulación interna, que, a parte de aumentar las pérdidas, contribuirán al desigual reparto de la corriente entre escobillas de igual polaridad. Efectos como irregularidades constructivas (diferencias de entrehierro bajo los polos, excentricidad del tambor del inducido o asimetría en la disposición de las escobillas sobre el colector) o derivadas del desgaste de los cojinetes de apoyo del eje, etc, pueden provocar un flujo desigual bajo unos polos y otros que se traduciría en un desequilibrio entre las fuerzas electromotrices inducidas en cada rama del inducido. Este problema puede eliminarse mediante las **conexiones equipotenciales de primera clase o compensadoras**, que son conductores de muy baja resistencia que unen puntos del inducido que por simetría deberían estar al mismo potencial, y a través de los cuales se compensan las desigualdades entre las f.e.m.s sin afectar a las escobillas ni a las conexiones entre ellas. Normalmente estas conexiones se justifican en máquinas de media y gran potencia y se instalan en los devanados imbricados por tener ramas en paralelo bajo polos diferentes, no necesitándose en devanados ondulados donde no hay casi desigualdad entre f.e.m.s inducidas ya que cada rama tiene bobinas bajo todos los polos. Los puntos del devanado con igual potencial serán los que distan entre sí dos pasos polares, luego este será el paso de las conexiones compensadoras.

Por otro lado, los devanados múltiples, tanto imbricados como ondulados, con el fin de alcanzar una distribución uniforme del potencial entre delgas contiguas del colector, precisan de lo que se denomina **conexiones equipotenciales de segunda clase**. Estas conexiones ponen al mismo potencial puntos iguales de los circuitos que haya dispuestos en paralelo. En la Figura 3.11 se presenta un esquema de la disposición que tendrían las conexiones equipotenciales de primera y segunda clase en un devanado imbricado doble.

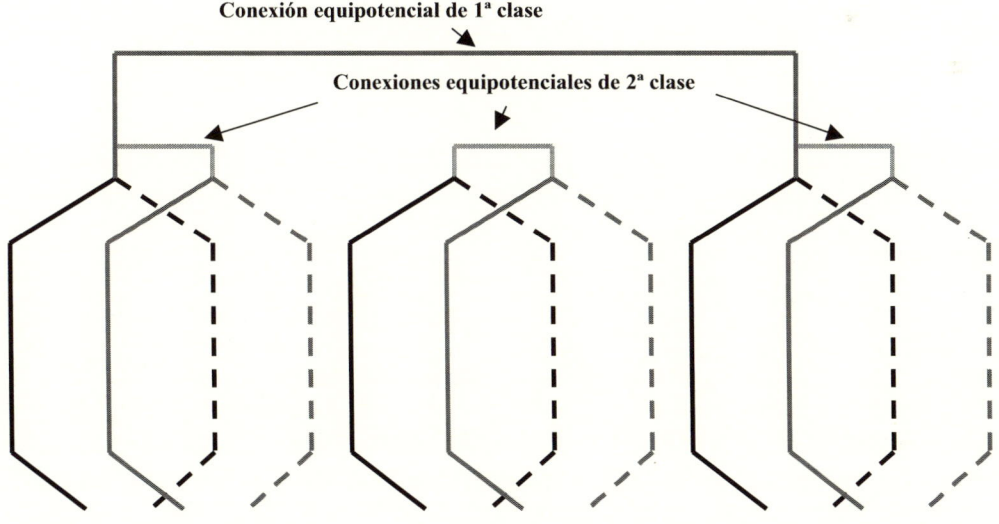

Figura 3.11

4. EXPRESIÓN DE LA FUERZA ELECTROMOTRIZ Y DEL PAR ELECTROMAGNÉTICO EN UNA MÁQUINA DE CORRIENTE CONTINUA. CIRCUITO EQUIVALENTE.

En este apartado se tratará el modelo de la máquina de corriente continua, esto es, las ecuaciones que definen su funcionamiento en régimen permanente y en régimen transitorio. En primer lugar se deducirán las expresiones que se utilizan en estas máquinas para calcular la fuerza electromotriz que se induce en el devanado inducido y el par electromagnético creado sobre cada uno de los dos componentes, el móvil (rotor) y el fijo (estator).

4.1. Expresión de la fuerza electromotriz

Partimos de la Ley de Faraday (1.2) que expresa el principio físico de la fuerza electromotriz inducida en un conductor eléctrico que se mueve a una velocidad "v" en el seno de un campo magnético "B":

$$e = (\vec{v}x\vec{B})\cdot\vec{l} \text{ , en módulo: } e = B\cdot l\cdot v. \text{ (si los vectores son perpendiculares)}$$

Si se considera la fuerza electromotriz inducida en todos los conductores conectados en serie que pertenecen a una misma rama del inducido, se tendrá

$$E_{rama}=\Sigma e=N_a\cdot B_{medio}\cdot l\cdot v, \tag{4.1}$$

donde N_a es el número de conductores por rama, $N_a=N/2a$, $\tag{4.2}$

siendo N el número total de conductores) y B_{medio} es la media de los valores de la inducción magnética en los puntos donde están situados (en un momento dado) los conductores de una misma rama.

Considerando que la inducción media en un paso polar es igual al flujo que atraviesa la superficie del entrehierro bajo el mismo dividido por esa misma superficie

$$B_{medio}=\phi/(\tau\cdot l) \tag{4.3}$$

donde τ es el paso polar y "l" la longitud del entrehierro, y que la velocidad lineal de los conductores del inducido con respecto al campo inductor fijo puede expresarse de la siguiente forma:

$$v=(\pi\cdot D\cdot n)/60 \tag{4.4}$$

donde D es el diámetro del rotor y n la velocidad de giro en r.p.m. (recuérdese que $v=\omega\cdot D/2$ y $\omega=2\pi n/60$). Sustituyendo (4.4), (4.3) y (4.2) en la expresión de la f.e.m. (4.1) se tiene:

$$E_{medio} = N/2a\cdot\phi/(\tau\cdot l)\cdot l\cdot(\pi\cdot D\cdot n)/60 \text{ ,} \tag{4.5}$$

Dado que $\tau=\pi\cdot D/2p$, finalmente se llega a:

$$E= (p/a\cdot N/60)\cdot\phi\cdot n, \quad {}^{1} \tag{4.6}$$

---

[1] La tensión en bornes de la máquina cuando está encarga es menor que la f.e.m E debido a la caída de tensión que se produce en la resistencia del inducido (y en las escobillas).

[155]

Expresando la velocidad en rad/s , a:

$$E = (p/a \cdot N/2\pi) \cdot \phi \cdot \omega. \tag{4.7}$$

De forma simplificada, las ecuaciones (4.6) y (4.7) son ahora:

$$E = C_1 \cdot \phi \cdot n \qquad \text{(con } C_1 = p/a \cdot N/60), \tag{4.8}$$

$$E = C_2 \cdot \phi \cdot \omega \qquad \text{(con } C_2 = \cdot p/a \cdot N/2\pi). \tag{4.9}$$

Si en una máquina de corriente continua se establece un campo magnético en el entrehierro, alimentando el devanado inductor, y se mueve el rotor mediante una máquina acoplada a su eje, en su devanado inducido se crea una f.e.m, esto es, se convierte en un generador eléctrico (fuente de tensión controlable en teoría de circuitos).

4.2. Expresión del par electromagnético

Recordamos que la Ley de Laplace (2.1) expresa el principio físico de la fuerza que aparece en un conductor por el que circula una corriente "i" cuando está inmerso en un campo magnético "B": $\vec{F} = \int d\vec{f} = \int s \cdot (\vec{\sigma} x \vec{B}) d\vec{l} = i \cdot B \cdot l$, ($\vec{\sigma}$, $\vec{B}$ y $\vec{dl}$ son perpendiculares entre sí).

Para obtener la expresión del par de la máquina se deben sumar las fuerzas que aparecen en todos los conductores del inducido y multiplicarlas por el radio del rotor, obteniendo

$$M = \Sigma F_i \cdot D/2. \tag{4.10}$$

Y, considerando un valor B_{medio} en todos los conductores, según la ecuación (2.1) se tiene

$$\Sigma Fi = B_{medio} \cdot N \cdot l \cdot i \tag{4.11}$$

resultando

$$M = N \cdot B_{medio} \cdot i \cdot l \cdot D/2 = N \cdot [\phi/(\tau \cdot l)] \cdot i \cdot l \cdot D/2. \tag{4.12}$$

La intensidad por cada conductor es igual a la intensidad total del inducido "I_i" dividida por el número de ramas en paralelo que hay en el devanado ($i = I_i/2a$), y teniendo en cuenta la expresión del paso polar $\tau = \pi \cdot D/2p$, finalmente se llega a:

$$M_i = (p/a \cdot N/2\pi) \cdot \phi \cdot I_i = C_2 \cdot \phi \cdot I_i \quad {}^{2} \tag{4.13}$$

Esta expresión establece el par interno de la máquina en función del flujo y de la intensidad del inducido.

Se observa que la constante de proporcionalidad obtenida en la expresión del par C_2 es la misma que la que aparece en la expresión de la f.e.m. cuando se expresa la velocidad en rad/s. Por tanto, puede comprobarse que, con la misma constante de proporcionalidad y una vez creado el flujo inductor, si se aplica velocidad a la máquina ésta crea una f.e.m (tensión) y se convierte en generador, y si lo que se inyecta es corriente por el inducido, la máquina crea par y se convierte en motor. Por supuesto, en un generador, cuando está en carga, se crea un par electromagnético (interno) contrario a la máquina motriz, esto es, la que establece el movimiento (turbina, etc). Por otro lado, en un motor, cuando está girando, se induce una fuerza electromotriz opuesta a la tensión con la que se alimenta el inducido (también denominada fuerza contra electromotriz).

---

[2] El par disponible en el eje de la máquina es menor que este par interno, debido a los rozamientos en los cojinetes y con el aire (pérdidas mecánicas y ventilación).

4. 3. Modelo de la máquina de corriente continua funcionando como generador

La ecuación eléctrica del inducido de un generador de corriente continua en régimen permanente es:

$$E=U+R_i\cdot I_i+2U_e \,, \qquad (4.14)$$

y el circuito equivalente correspondiente se presenta en la Figura 4.2, en la que se incluye también el devanado inductor.

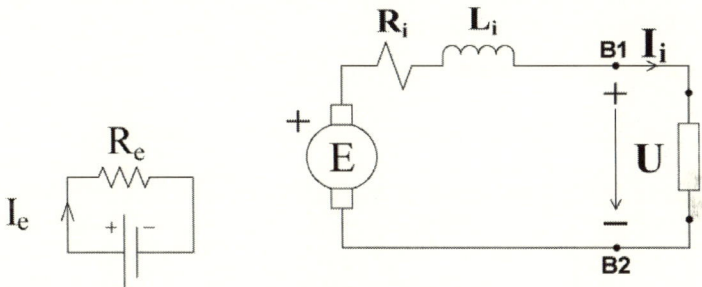

Figura 4.1

Puede observarse cómo ahora la tensión más elevada en este circuito es la f.e.m. inducida "E" y para obtener la tensión disponible en bornes del generador "U", hay que descontar la caída de tensión en el inducido y en las escobillas.

En régimen transitorio hay que tener en cuenta la inductancia del inducido y por tanto la ecuación que representa al generador queda de la siguiente forma:

$$e=u+(R_i+L_i\cdot D)\cdot i_i+2u_e \,. \qquad (4.15)$$

En cuanto al par mecánico que acciona la máquina, hay que tener en cuenta que es la turbina la que suministra las pérdidas (rozamiento mecánico más ventilación y pérdidas en el hierro), por lo que el par interno del generador se obtendrá descontando el par de pérdidas del par que desarrolla la turbina:

$$M_i = M_{turb} - M_{(perd.mec+vent.+Fe)} \qquad (4.16)$$

La ecuación dinámica del generador, quedará, por tanto, de la siguiente forma:

$$m_{turb}=m_i+(A+J\cdot D)\cdot \omega \qquad (4.17)$$

En **resumen**, cuando se hace girar el rotor de un generador de continua (se supone que previamente ha sido magnetizado el inductor), aparece una fuerza electromotriz $(E=C_1\cdot\phi\cdot n)$ regulable mediante el flujo inductor y la velocidad que impone la turbina o el motor que lo acciona. Si no se conecta una carga eléctrica en bornes del inducido se tiene un generador en vacío. Si se alimenta una carga se establecerá corriente por la misma entrando por el borne de polaridad (+) y saliendo por el de polaridad (-) (en régimen permanente : I=U/R). Una vez que circula corriente por el inducido se establece un par interno en la máquina según $M_i = C_2 \cdot \phi \cdot I_i$, par antagonista al que desarrolla la turbina o motor que mueve al rotor del generador. En régimen permanente se tiene el siguiente equilibrio de pares en la máquina:

$$M_{turb} = M_i + M_{(perd.mec+vent.+Fe)} .$$

Cuanto mayor sea la carga del generador (menor el valor de la resistencia conectado en sus bornes y más intensidad suministre), mayor será su par interno y, en consecuencia, también debe aumentar en la misma cuantía el par que debe desarrollar la máquina motriz (turbina) para mantener la velocidad del conjunto ($m_{turb} = m_i + (A+J \cdot D) \cdot \omega$). Con ello se evita que, en consecuencia, disminuya la f.e.m ($E = C_1 \cdot \phi \cdot n$) y con ella la tensión en bornes ($U = E - R_i \cdot I_i - 2U_e$). En definitiva lo que se le pide a un generador es que mantenga la tensión de generación ante cualquier valor de carga conectado en sus bornes y esta regulación se hace a partir de la f.e.m. controlando la velocidad de giro y el flujo en el inductor.

El punto de funcionamiento estable de un generador de corriente continua vendrá determinado por la velocidad de giro y el flujo, así como por el valor de la carga conectada en sus bornes y se calculará en función de las ecuaciones de régimen permanente que a continuación se resumen:

$$U = E - R_i \cdot I_i - 2U_e$$

$$E = C_1 \cdot \phi \cdot n$$

$$M_{turb} = M_i + M_{(perd.mec+vent.+Fe)}$$

$$M_i = C_2 \cdot \phi \cdot I_i$$

Las pérdidas que tienen lugar en un generador de corriente continua desde la potencia mecánica útil que recibe de la turbina (o motor que lo arrastra) ($P_{mec} = M_u \cdot \omega$), hasta la potencia eléctrica que genera ($P = U \cdot I_i$), se pueden representar mediante las siguientes relaciones:

$$M_i \cdot \omega = M_u \cdot \omega - M_{(perd.mec+vent.+Fe)} \cdot \omega$$

$$U \, I_i = E \, I_i - R_i \cdot I_i^2 + 2U_e \, I_i$$

sin olvidar las pérdidas en el circuito de excitación ($P_{exc} = R_{exc} \cdot I_{exc}^2$), que serán soportadas por la fuente que alimente a este circuito.

4.4. Modelo de la máquina de corriente continua funcionando como motor

La ecuación eléctrica que representa al inducido de un motor de corriente continua en régimen permanente es la siguiente:

$$U = E + R_i \cdot I_i + 2U_e , \qquad (4.18)$$

En esta expresión (4.18), U es la tensión que se aplica en los bornes de la máquina (B_1 y B_2), R_i es la resistencia del devanado inducido, I_i es la intensidad que circula por este devanado y $2U_e$ es la caída de tensión en las escobillas, que suele ser constante y del orden de 2V (depende de la presión de contacto y del tipo de material).

En el contacto delga-escobilla hay una presión óptima (0,4 kg/cm^2 para escobillas metalografíticas) que minimiza las pérdidas eléctricas y mecánicas (ver Figura 4.2), ya que las primeras disminuyen con el aumento de la presión de contacto, al contrario que las segundas. A mayor presión de contacto, mayores pérdidas por rozamiento y mayor desgaste de las escobillas. El mantenimiento de la adecuada presión de contacto de las escobillas en el colector (se consigue con los resortes) supone una gran frecuencia de paradas en comparación con otras máquinas por lo que constituye uno de los mayores inconvenientes que tiene la utilización de las máquinas de corriente continua.

Desgaste de las escobillas en función de la presión de las mismas

(M ≡ Mínimo desgaste)

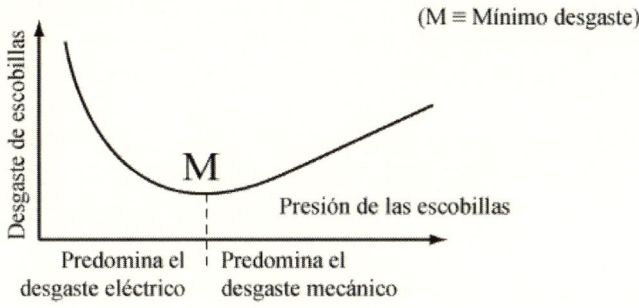

Figura 4.2

El circuito equivalente que representa a un motor de corriente continua es el que se presenta en la Figura 4.3.

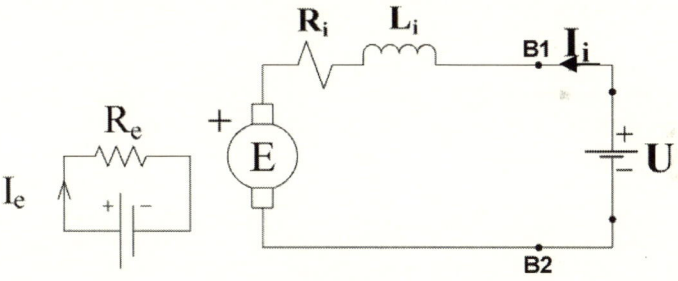

Figura 4.3

Para el régimen transitorio, habrá que considerar la inductancia que presenta el devanado inducido "L_i", que está rodeado de hierro, y que no se considera en régimen permanente por conducir corriente continua. La ecuación del inducido en régimen transitorio es, por tanto:

$$u = e + (R_i + L_i \cdot D) \cdot i_i + 2u_e \,, \qquad (4.19)$$

donde D es el operador derivada.

El par disponible en el eje del motor no es el par interno presentado en el apartado 4.2 sino el par útil. La relación entre éstos viene dada a través del par de pérdidas:

$$M_u = M_i - M_{(perd.mec+vent.+Fe)}, \qquad (4.20)$$

M_i es el par interno de la máquina ($M_i= C_2 \cdot \phi \cdot I_i$), M_u es el par útil en el eje y $M_{(perd.mec+vent.+Fe)}$ es el par de pérdidas mecánicas por rozamiento y ventilación y de pérdidas en el hierro, ya que éstas sólo se producen en el rotor (el circuito magnético estatórico conduce un campo constante (en régimen permanente)) y se considera proporcional a la velocidad de giro ($M_{(perd.mec.+Fe)}=A \cdot \omega$). [3]

En régimen permanente el par útil que da el motor debe ser igual y contrario al par resistente que ofrece el accionamiento movido por el motor. Este par resistente será, según las aplicaciones, dependiente de la velocidad (cuadrático ($k \cdot n^2$), en accionamientos de bombeo y ventilación; lineal ($k \cdot n$), decreciente (k/n)) o constante, en accionamientos de tipo grúa y algunas máquinas herramienta).

Para poder estudiar el comportamiento dinámico del motor, esto es, saber si acelera o frena ante un cambio en el par resistente o en el par motor, hay que considerar la ecuación dinámica del conjunto rodante:

$$m_i = m_{res} + (A+J \cdot D) \cdot \omega, \tag{4.21}$$

donde m_i, es el par interno del motor; m_{res}, es el par resistente del accionamiento; $A \cdot \omega$, es el par de pérdidas mecánicas y ventilación (más pérdidas en el hierro); J, es el momento de inercia del conjunto rodante (todas las masas acopladas en el mismo eje); D, es el operador derivada.

Cuando se aplica tensión en bornes del inducido de un motor parado (se supone que previamente ha sido alimentado el inductor) circula una corriente por el inducido, cuya intensidad viene dada por $I=(U-2 \cdot U_e)/R_i$ [4] (E=0 la velocidad es nula), que crea un par $M_i=C_2 \cdot \phi \cdot I_i$ que, si es superior al par resistente ($m_i = m_{res} + (A+J \cdot D) \cdot \omega$), hace que el motor arranque y acelere. Una vez que la velocidad no es nula, aparece f.e.m ($E= C_1 \cdot \phi \cdot n$) y la corriente del inducido se va reduciendo según ($U=E+R_i \cdot I_i + 2U_e$). Finalmente la máquina quedará girando en un punto de equilibrio o de funcionamiento estable que vendrá determinado por la alimentación del motor y el par resistente que presenta la máquina accionada y se calculará en función de las ecuaciones de régimen permanente que a continuación se indican:

$$U=E+R_i \cdot I_i + 2U_e$$

$$E= C_1 \cdot \phi \cdot n$$

$$M_i = M_u + M_{(perd.mec+vent.+Fe)}$$

$$M_i = C_2 \cdot \phi \cdot I_i$$

Las pérdidas que tienen lugar en un motor de corriente continua, son la diferencia entre la potencia eléctrica que consume (por el inducido) ($P=U \cdot I_i$) y la potencia mecánica útil que entrega en el eje ($P_{mec}= M_u \cdot \omega$), y se pueden desglosar en:

– Pérdidas eléctricas

$$U I_i = E I_i + R_i \cdot I_i^2 + 2U_e I_i = M_i \cdot \omega + R_i \cdot I_i^2 + 2U_e I_i$$

---

[3] En realidad las pérdidas por histéresis son proporcionales a la frecuencia de variación del campo magnético, esto es, a la velocidad, y las pérdidas por corrientes parásitas son proporcionales a la frecuencia al cuadrado.

[4] Esta intensidad es muy elevada, por lo que es necesario limitarla, bien reduciendo la tensión de alimentación o introduciendo resistencias en serie (ver capítulo 9, Arranque de motores de corriente continua).

donde: U I$_i$, es la potencia eléctrica consumida por el inducido del motor; E I$_i$, es la potencia electromagnética que es igual a la potencia mecánica interna (M$_i$·ω) (para comprobar la igualdad utilizar las expresiones E=C$_2$·ϕ·ω y M$_i$=C$_2$·ϕ·I$_i$); R$_i$·I$_i^2$, son las pérdidas en el cobre del inducido; 2U$_e$ I$_i$, son las pérdidas en las escobillas.

– Pérdidas debidas al movimiento (P$_{mec+vent}$ + P$_{Fe}$)

A la potencia mecánica interna hay que restarle la potencia de pérdidas mecánicas (rozamiento y ventilación) y las pérdidas en el hierro (rotórico), para obtener la potencia mecánica útil que entrega el motor a través del eje a la máquina accionada:

$$M_i \cdot \omega = M_u \cdot \omega + M_{(perd.mec+vent.+Fe)} \cdot \omega$$

Finalmente, para completar las pérdidas en el motor, hay que considerar las pérdidas en el circuito de excitación (P$_{exc}$=R$_{exc}$·I$_{exc}^2$), que serán soportadas por la fuente que alimente a este circuito.

El rendimiento de un motor de corriente continua será, por tanto, el cociente entre la potencia mecánica útil que desarrolla y la potencia eléctrica que consume.

$$\eta = \frac{P_{mec}}{P}$$

Este rendimiento normalmente oscila entre 75 y 93% para potencias inferiores a 100 kW, aunque para potencias superiores pueden alcanzarse rendimientos de hasta el 96%.

5.

FUNCIONAMIENTO EN CARGA.
REACCIÓN DE INDUCIDO.

Se conoce como *reacción de inducido* al conjunto de efectos que produce, en el funcionamiento de la máquina, la circulación de corriente por el devanado inducido.[1]

La reacción de inducido tiene varios efectos en la máquina y todos son negativos, aunque estos efectos pueden compensarse:

− Disminuye el flujo polar.

− Modifica la tensión media entre las delgas.

− Aumenta las pérdidas en el hierro.

− Modifica la posición de la línea neutra magnética.

Si se considera la máquina de la Figura 5.1 funcionando como generador con las referencias que en ella se muestran sobre el sentido del campo magnético inductor y el sentido de giro antihorario del rotor, se obtiene una f.e.m saliente para los conductores del inducido situados en la mitad superior y entrante para los de la mitad inferior. Si no hay carga conectada en bornes de la máquina el generador estará en vacío y no habrá reacción de inducido. El único campo magnético que hay en la máquina cuando está en vacío es el creado por el inductor. Si ahora se considera que el generador tiene una carga conectada en sus bornes, aparecerá corriente circulando por el inducido y su sentido coincidirá con el indicado para las f.e.m.s. Pues bien, estas corrientes que circulan por el inducido en carga dan origen a una f.m.m que crea a su vez un campo magnético de eje fijo, que está orientado en el eje perpendicular (eje transversal) al creado por los polos principales de la máquina (eje longitudinal)[2]. En la Figura 5.1 el campo de reacción de inducido tiene dirección "Este" (hacia la derecha del papel).

Aunque para estudiar el efecto de la reacción de inducido se deberían componer las dos f.m.m, la de los polos inductores y la de reacción de inducido, y estudiar el campo magnético creado por la f.m.m resultante, se suele simplificar el estudio analizando separadamente los campos creados por las dos f.m.ms y realizando la suma algebraica de ellos. Este modo de análisis es exacto para circuitos lineales e introduce un error tanto más importante cuanto mayor es el nivel de saturación del material magnético (hierro en el lenguaje de las máquinas eléctricas). Utilizando este segundo modo de análisis, se considera que la reacción de inducido crea un nuevo campo magnético que se establece en el eje transversal de la máquina, que habrá que sumar al campo inductor (eje longitudinal) para analizar el funcionamiento de la máquina en carga.

---

[1] Según VEI 411-49-01, la reacción de inducido es la fuerza magnetomotriz creada por la circulación de corriente por el devanado inducido y, en un sentido más amplio, la modificación del campo magnético del entrehierro a que esa f.m.m da lugar.

[2] El concepto de "perpendicular" no es geométrico, sino eléctrico ($90^{\circ\ elec.}$), esto es, $90^{\circ\ geométricos}/p$.

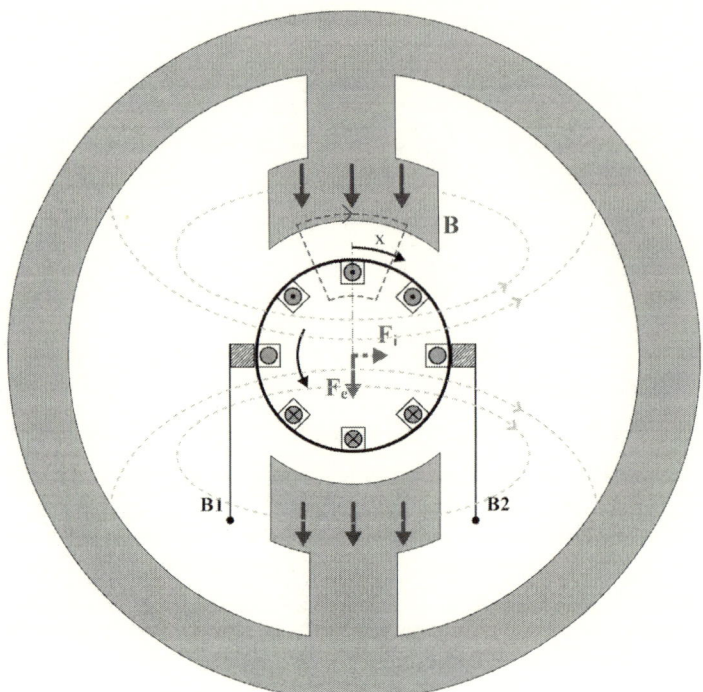

Figura 5.1

En la Figura 5.2 se presenta un esquema desarrollado en un plano del devanado inducido en sus ranuras junto con dos polos principales y las escobillas. En las partes a), b) y c) de la figura se presentan la forma de onda del campo magnético creado por el inducido (H_i, B_i), el campo creado por el inductor (B_e) y el campo total (suma de los dos anteriores) resultante en la máquina (B_t).

Para justificar la forma de onda del campo creado por el inducido se puede recurrir a recordar el campo creado por un devanado distribuido en varias ranuras, en este caso llevando al extremo el número de ranuras en que se distribuye este devanado y considerándolo muy grande. La f.m.m. creada por el inducido que se presenta en la Figura 5.2 a) corresponde a un número de ranuras infinito (capa de corriente). En realidad esta f.m.m. debería tener la misma forma triangular que se presenta pero ser escalonada y no lineal, como corresponde a un devanado distribuido en un número de ranuras finito.

Se define la **capa de corriente** que crea el devanado inducido como la densidad lineal de corriente, y se mide en amperios por metro lineal de entrehierro:

$$A = \frac{N \cdot \dfrac{I_i}{2a}}{\pi \cdot D}, \ \ (A/m) \tag{5.1}$$

[164]

donde N es el número total de conductores del inducido; I_i, es la intensidad del inducido, 2a, es el número de ramas en paralelo y D es el diámetro del inducido.

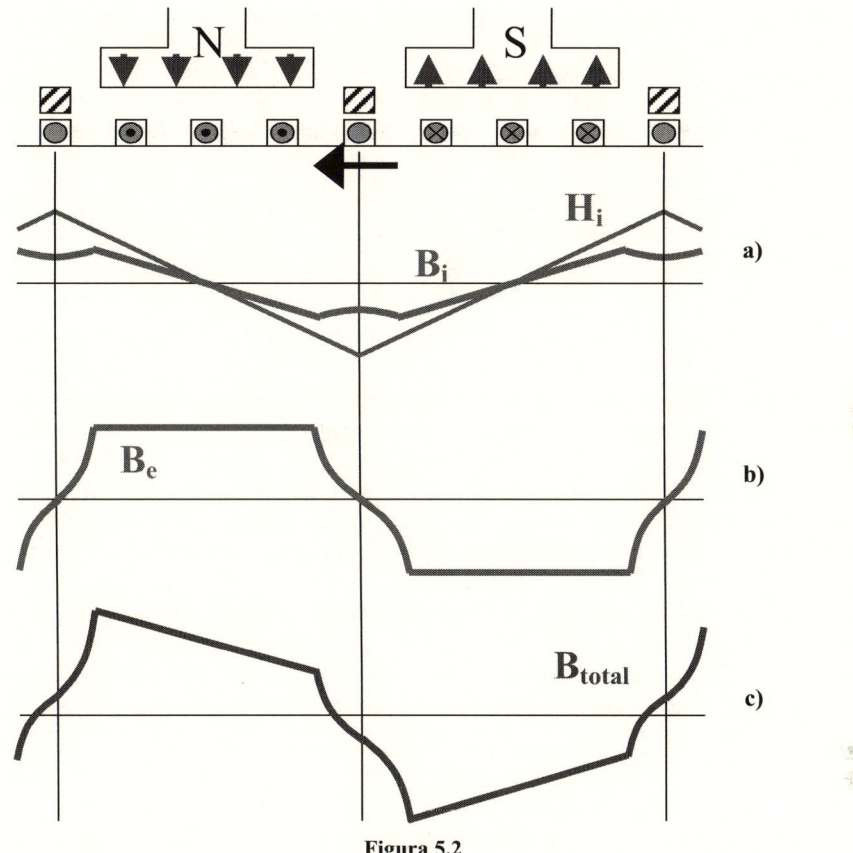

Figura 5.2

A continuación, se aplica la Ley de Ampere (la circulación de la intensidad de campo magnético (H) a lo largo de un camino cerrado es igual a la suma de intensidades que atraviesan cualquier superficie apoyada en ese camino):

$$F_{mm} = \oint H \cdot dl = \sum I_{(s)}, \,^{3}$$ (5.2)

a un circuito cerrado como el que aparece con trazo discontinuo en la Figura 5.1. Este circuito abarca una anchura de 2·x en el entrehierro respecto al origen de distancias (x=0) situado en la parte más alta bajo el polo Norte. Si se considera infinita la permeabilidad del circuito

---

[3] (VEI 121-01-30)

magnético con respecto a la del aire [4], se tiene que sólo hay intensidad de campo magnético (H) no nula en los tramos del circuito cerrado elegido que atraviesan el entrehierro, que se supone constante y de espesor δ. Por tanto, para cualquier punto "i" del entrehierro, se tiene:

$$H_i \cdot 2\delta = A \cdot 2x. \tag{5.3}$$

Luego se obtiene una distribución del campo H de la forma que aparece en la Figura 5.2:

$$H_i = Ax/\delta. \tag{5.4}$$

Dado que $B = \mu_r \cdot \mu_0 \cdot H$, la forma del campo inducción magnética creado por el inducido en el entrehierro ($\mu_r = 1$) tiene la misma forma que el campo H bajo las expansiones polares, pero no así fuera de las expansiones polares debido a que en esta zona el entrehierro es mucho mayor.

En cuanto a la forma del campo inductor que aparece en la Figura 5.2 b), puede observarse que se mantiene constante bajo los polos principales (lógicamente con signo diferente bajo cada polo), ya que en esta zona el entrehierro es constante, pero disminuye fuera de ellos hasta hacerse nulo en el eje transversal (línea neutra magnética).

Finalmente en la Figura 5.2 c) se presenta el campo total que hay en el entrehierro, suma del campo inductor más el de reacción de inducido. Como puede observarse en esta figura el campo resultante en el entrehierro con la máquina en carga es muy diferente del que crean los polos inductores. Por tanto se tiene una **reducción global del campo en la máquina y por tanto del flujo polar**, ya que, debido a la saturación, el incremento en el valor de la inducción al sumar el campo de reacción de inducido al campo inductor bajo media expansión polar es menor que la reducción en el valor de la inducción al restar bajo la otra mitad del polo. Efectivamente, el material magnético que compone el rotor y estator de la máquina no es ideal, sino que empieza a saturarse a partir de un determinado nivel de inducción y llega a la saturación total en valores entorno a 1,8 T para la chapa magnética utilizada en las máquinas eléctricas. En la Figura 5.3 se muestra la curva de magnetización característica de un material magnético y en ella puede comprobarse cómo en términos de inducción resultante, no se obtiene la misma diferencia de B al sumar una determinada diferencia de H, que al restarla.

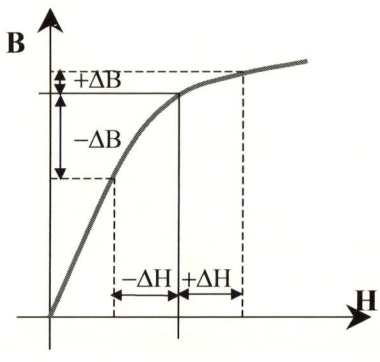

Figura 5.3

---

[4] La permeabilidad relativa μ_r del hierro en las máquinas eléctricas depende del nivel de saturación, pero se puede considerar que es superior a 1000.

Si se piensa en la chapa del rotor, el resultado de sumar bajo medio polo un campo de reacción de inducido sobre el campo que ya existía creado por el inductor y cuyo valor de diseño está por encima del codo de saturación, hace que el material magnético en esta zona se sature, y como se trata de un campo alterno (rotor), esto provoque un **aumento de las pérdidas en el hierro por histéresis y por corrientes parásitas**.

En la otra mitad del paso polar, donde al campo inductor se le resta el campo de reacción de inducido, no pasa nada excepto que hay menos flujo y la máquina está desaprovechada magnéticamente en esta zona. Pero este desigual reparto del campo en el rotor (ver Figura 5.2 c) dependiendo de su situación bajo las expansiones polares, a su vez hace que no se induzca la misma f.e.m en los conductores del inducido situados bajo los polos y, por tanto, que no todas las bobinas del inducido tengan la misma f.e.m. Esto se traduce en un desigual valor de la tensión entre delgas del colector y, dado que ésta nunca debe superar el valor máximo de seguridad ($U_{\delta max} \approx 25$ V), el resultado es que la reacción de inducido supone una **reducción del valor medio de la tensión entre delgas del colector**.

El último efecto que crea la reacción de inducido, como se ha mencionado al principio de este capítulo, es que modifica la posición de la línea neutra magnética. Si se observa la Figura 5.2 se comprueba que efectivamente el campo resultante en la máquina no es nulo (línea neutra magnética) en la posición de las escobillas, como es el caso cuando sólo se considera al campo inductor, sino que se ha desplazado en este caso a la izquierda.

Si se tiene en cuenta que el movimiento del rotor de la Figura 5.1 es en sentido antihorario y en la Figura 5.2 se desplaza hacia la izquierda, se comprueba que **la reacción de inducido modifica la línea neutra magnética** en adelanto, respecto al sentido de giro de la máquina, cuando ésta funciona como generador, y en retraso, cuando funciona como motor.

Este es el efecto más perjudicial que provoca la reacción de inducido, ya que si las escobillas no están situadas sobre la línea neutra cortocircuitan delgas de bobinas en las que se genera una tensión produciéndose un gran aumento del chispeo en el colector. El chispeo en una máquina de corriente continua es un fenómeno que debe ser evitado ya que deteriora a gran velocidad las escobillas y, peor aún, el propio colector, con lo que acaba provocando una avería severa.

Sin embargo hay una solución que parece inmediata para evitar este chispeo provocado por el desplazamiento de la línea neutra magnética y es desplazar la línea de escobillas para que coincida con la nueva línea neutra. En la Figura 5.4 se presenta el caso del desplazamiento de la línea de escobillas en adelanto según el sentido de giro del rotor. Puede comprobarse que ahora las escobillas desplazadas dividen a los conductores del inducido en dos ramas por las que circula la corriente con distinto sentido y que no coinciden, como en el caso de la Figura 5.1, con las zonas de campo magnético norte y sur de la máquina. Se tiene, por tanto, que el campo que provoca la reacción de inducido con las escobillas desplazadas, tiene una dirección que coincide, como en la Figura 5.1, con la línea de escobillas y que ahora no corresponde a las líneas neutras magnéticas. Este campo de reacción de inducido F_i se puede descomponer en dos componentes en cuadratura: el campo de reacción de inducido longitudinal $F_{i.long}$, en la dirección de la línea neutra magnética, y el campo de reacción de inducido transversal $F_{i.transv}$, en la línea del eje de los polos. Las expresiones en función de la capa de corriente son las siguientes:

$$F_{i.\text{long}} = A \cdot (2\alpha \cdot R) \quad (\text{A/par de polos})$$

$$F_{i.\text{transv}} = A \cdot (\pi - 2\alpha) \cdot R \quad (\text{A/par de polos}).$$

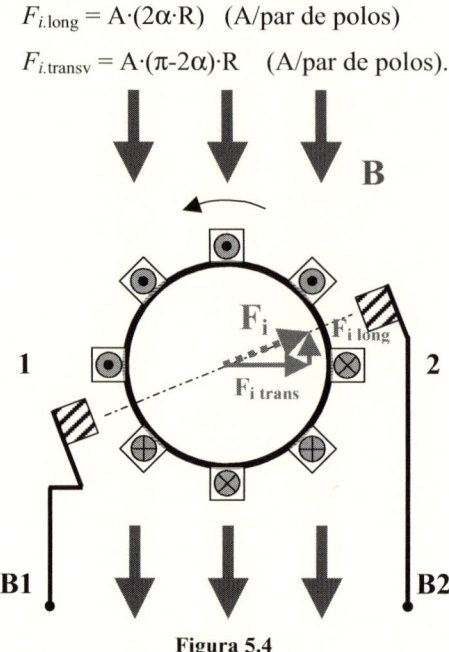

Figura 5.4

Puede comprobarse en la Figura 5.4 que la reacción de inducido longitudinal es opuesta al campo de los polos inductores por lo que se tendría una reducción del flujo polar aún mayor si se opta por desplazar la línea de escobillas.

Pero modificar la línea de escobillas para compensar el peor efecto de la reacción de inducido que es el desplazamiento de las líneas neutras magnéticas, si bien es una solución sencilla, no resulta nada fácil de ejecutar en la práctica, porque según el grado de carga de la máquina se tendrá más o menos intensidad circulando por el inducido y por tanto el desplazamiento de las líneas neutras magnéticas es variable. Dado que no resulta aceptable modificar la posición de la línea de escobillas con cada grado de carga de la máquina en cada instante, se suele optar, en estos casos, por elegir una posición fija acorde con el grado de carga más usual en la máquina.

En general, **la reacción de inducido**, aunque nociva en sus efectos, no tiene por qué ser un problema para el funcionamiento de las máquinas de corriente continua ya que **puede compensarse** mediante la instalación de nuevos devanados, estratégicamente situados en la máquina, que se alimenten con la propia corriente del inducido. Estos devanados se presentan, junto al fenómeno de la conmutación, en el apartado siguiente.

6.

LA CONMUTACIÓN. POLOS AUXILIARES Y DEVANADO DE COMPENSACIÓN.

6.1. Devanado de compensación y polos de conmutación

Con objeto de compensar el campo de reacción de inducido y sus efectos negativos en el funcionamiento de las máquinas de corriente continua, en muchas máquinas de elevada y media potencia se instala un devanado especial situado en ranuras practicadas en las expansiones polares del estator. A este devanado se le conoce como **devanado de compensación**, porque su misión es compensar el campo de reacción de inducido bajo su zona de influencia, que es la zona situada bajo los polos principales (inductores). La forma de realizar esta compensación es haciendo circular por este devanado la corriente del inducido (se conecta en serie con aquel) por lo que genera una fuerza magnetomotriz igual y opuesta a la de reacción de inducido bajo su zona de influencia. De esta forma aunque varíe la f.m.m de reacción de inducido, debido a una variación del grado de carga con el que trabaja la máquina, la f.m.m. originada por el devanado de compensación varía en la misma proporción eliminando su efecto bajo los polos.

En la Figura 6.1 se presenta un detalle de disposición y la constitución física del devanado de compensación.

Figura 6.1 (Westinghouse)

En la Figura 6.2 se presenta el detalle de un polo principal con su bobina de excitación alrededor de su cuerpo polar y el devanado de compensación alojado en ranuras practicadas en el borde de la expansión polar, hacia el entrehierro (parte inferior en la figura).

Figura 6.2

En el esquema de la Figura 6.3 se representa el campo que crea el devanado de compensación bajo las expansiones polares. Puede observarse que haciendo circular por este devanado la misma corriente del inducido pero en sentido contrario al que tiene por el devanado rotórico bajo cada expansión polar, se consigue eliminar completamente la reacción de inducido en esta zona. Debe advertirse que no tiene que coincidir necesariamente bajo una expansión polar el número de conductores de inducido y del devanado de compensación. Lo que deben crear ambos, es la misma capa de corriente.

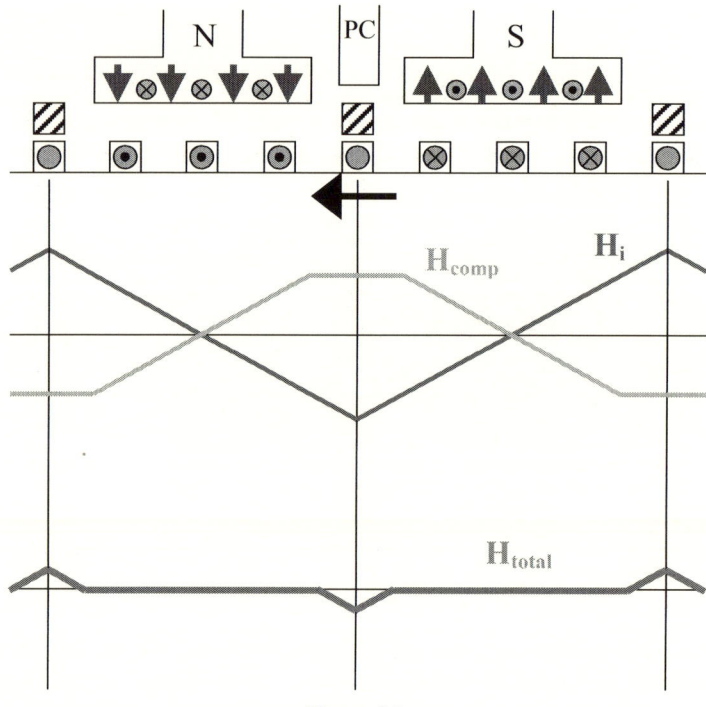

Figura 6.3

Las únicas zonas donde no se compensa el campo de reacción de inducido están en las inmediaciones de las líneas neutras, donde, entre otros objetivos, para eliminar este campo se instalan otros devanados arrollados entorno a unos polos más reducidos que los principales y que se denominan **polos auxiliares** o **polos de conmutación**. Este es también el nombre que recibe este devanado, "auxiliar" o "de conmutación", y la razón es que al eliminar el campo de reacción de inducido en la zona donde se sitúan las escobillas, lo que se consigue es mejorar la conmutación en la máquina (reducir el chispeo entre escobillas y colector) que, como ya se ha visto, es la peor consecuencia de la reacción de inducido.

En la Figura 6.4 se muestra el estator de una máquina de corriente continua donde se aprecian perfectamente los polos de conmutación (C), los polos principales (A) con el devanado de compensación (B) y, en la parte del fondo, las escobillas (D).

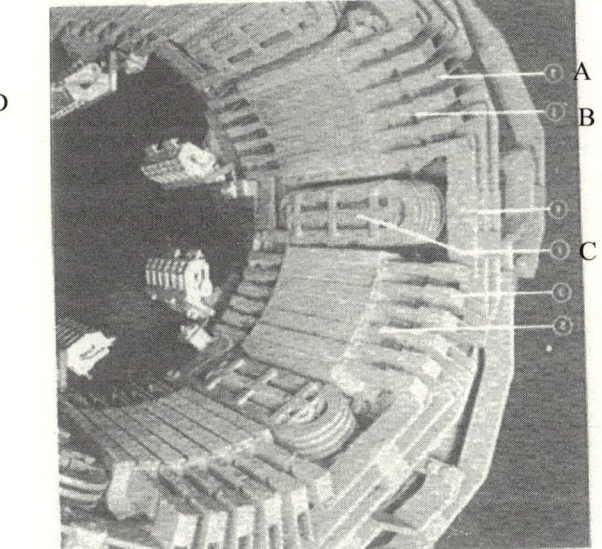

Figura 6.4 (Westinghouse)

A continuación se va a tratar el tema de la conmutación que es uno de los aspectos más importantes y delicados que tienen lugar en el funcionamiento de la máquina de corriente continua.

6.2. La conmutación

La conmutación es el conjunto de fenómenos físicos que tienen lugar en una sección inducida (bobina) cuando su intensidad cambia de sentido al pasar de pertenecer a una rama del inducido a la rama siguiente, durante el tiempo en que está cortocircuitada por la escobilla.

En el esquema de la Figura 6.5 se presenta una "porción" de un devanado inducido *en anillo* (para mayor sencillez), en el que se ha resaltado especialmente la bobina "B" , durante tres instantes sucesivos de tiempo que abarcan el periodo en que transcurre la conmutación de esa bobina. Obsérvese que las escobillas están fijas y que el colector, montado sobre el rotor, se mueve en sentido antihorario.

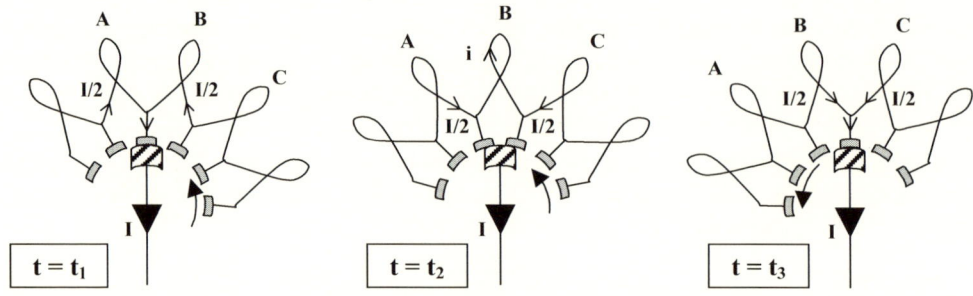

Figura 6.5

Como puede observarse en la Figura 6.5 en el instante t_1 la bobina "B" conduce la corriente de valor "+I/2" (I es la corriente del inducido y en este ejemplo se ha tomado un devanado con 2 ramas en paralelo). En el instante t_2 se está produciendo justo la conmutación en esa bobina y por tanto esta cortocircuitada a través de la escobilla. Su intensidad "i" en este momento es variable. En el instante t_3 ya ha transcurrido la conmutación y la corriente que conduce la bobina "B" ya se ha invertido respecto al valor que tenía antes de la conmutación. Por tanto queda por resolver cómo evoluciona la intensidad desde +I/2 a –I/2 durante el proceso de la conmutación.

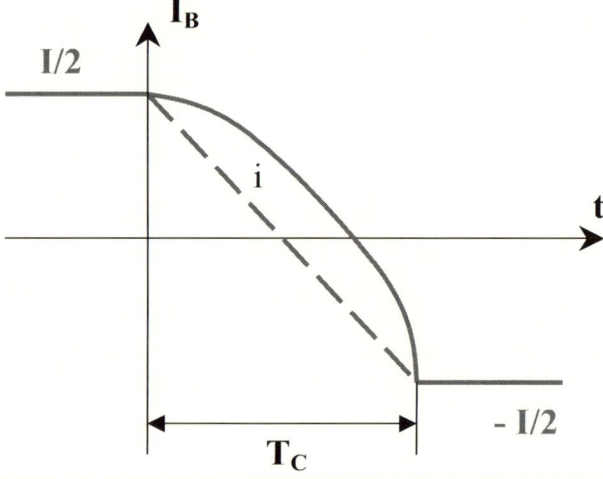

Figura 6.6

En la Figura 6.6 se presenta la evolución teórica ideal que debería sufrir la intensidad en una bobina durante la conmutación. Esta corriente varía linealmente desde +I/2 a –I/2, y la llamaremos conmutación lineal. Pero debido a diferentes causas que en adelante se analizarán, la corriente en una bobina del inducido durante la conmutación evoluciona según una curva que retrasa con relación a la recta que representa a la conmutación lineal. Esta evolución real de la corriente durante la conmutación se presenta también, de forma aproximada, en la Figura 6.6, donde puede observarse que al final de la conmutación, la intensidad varía muy rápidamente en el tiempo. Este cambio tan brusco en la densidad de corriente en el contacto Delga-Escobilla puede dar lugar a un arco eléctrico que deberá evitarse o reducirse al máximo para el buen funcionamiento de la máquina.

Las principales causas por las que la corriente real se retrasa con relación a la conmutación lineal son, por un lado la propia autoinducción de la bobina que está en conmutación y que se "opone" a la variación de la intensidad que circula por ella, y por otro, la fuerza electromotriz engendrada en la propia bobina por el campo magnético transversal de la reacción de inducido.

Ambas causas se compensan mediante los **polos de conmutación**, cuyo campo es creado por la propia corriente del inducido y en los que se ajusta su entrehierro [1] (distancia al rotor) mediante "calas magnéticas", para conseguir una conmutación lo más parecida posible a la lineal. Por tanto el devanado de los polos de conmutación va conectado en serie con el inducido, y así, conduciendo la misma corriente que éste, se logra compensar su efecto perjudicial en la conmutación de la máquina.

Casi todas las máquinas de corriente continua llevan polos de conmutación (excepto algunas de muy baja potencia), mientras que sólo en las de elevada potencia o para aplicaciones especiales se instalan devanados de compensación.

En la Figura 6.7 se puede ver el estator de una gran máquina con 8 pares de polos que tiene un devanado de compensación en las expansiones polares de los polos principales.

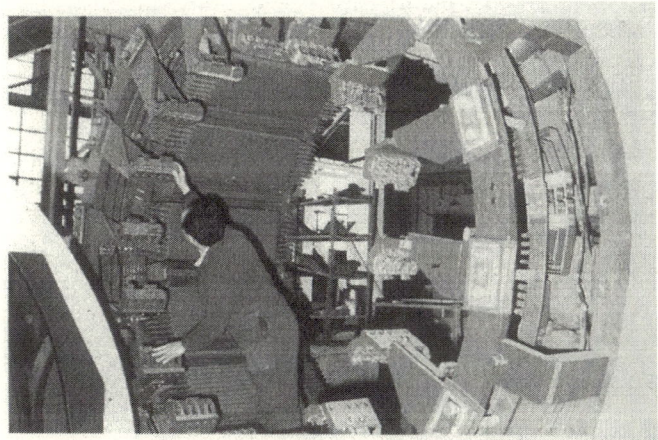

Figura 6.7 (Westinghouse)

En la Figura 6.8 se puede ver el estator de una máquina más pequeña que tiene polos de conmutación pero no devanado de compensación.

---

[1] El entrehierro de los polos de conmutación es bastante superior al de los polos principales (inductores) para no disminuir el flujo principal (ver Figura 6.1).

Figura 6.8 (Westinghouse)

Una mala conmutación en la máquina supone un elevado nivel de chispeo en el colector, lo que tiene consecuencias negativas en la vida útil del mismo y de las escobillas. El colector y las escobillas, debido a la conmutación, son la parte más sensible de la máquina y cualquier mal funcionamiento en la misma (por causas mecánicas o eléctricas) se traduce en un aumento del chispeo y como consecuencia, un desgaste acelerado del colector y de las escobillas.

El fenómeno de la conmutación es tan importante en las máquinas de corriente continua, que determina parámetros tan esenciales en el diseño de la misma como la intensidad máxima en el inducido o la velocidad máxima de funcionamiento.

6.2.1. Expresión analítica de la conmutación

Si se analiza una bobina en el momento de su conmutación (véase la bobina B de la Figura 6.5 en el instante t_2), puede establecerse según la 2ª Ley de Kirchhoff la siguiente ecuación:

$$e_i = L\frac{di}{dt} + R\cdot i + U_{e1} - U_{e2} \ , \tag{6.1}$$

donde e_i, es la f.e.m. inducida en la bobina por el campo transversal de la reacción de inducido B_i; L, es la inductancia propia de la bobina; R, es la suma de resistencia de la bobina que está conmutando más la resistencia de las dos conexiones $(r+2r_1)$ a las delgas conectadas en sus extremos, y U_{e1} y U_{e2} son las caídas de tensión en los contactos delga-escobilla.

La intensidad "i" es que circula por la bobina durante la conmutación y su evolución real en el tiempo, representada en la Figura 6.6, muestra un retraso respecto a la evolución lineal que sería deseable.

En la ecuación anterior puede observarse que los principales factores que retrasan la conmutación son la denominada tensión de reactancia (L·di/dt) y la "e_i". El término "di/dt" muestra la clara influencia que tiene en la conmutación el grado de carga de la máquina (nivel de intensidad de inducido) así como su evolución en el tiempo, que dependerá de la velocidad de giro de la misma. Ya se ha indicado que la limitación de sobrecarga de estas máquinas (I máxima) viene dada por la conmutación (nivel de chispeo) y no tanto por el calentamiento, así como que la máxima velocidad en los motores de velocidad variable viene también limitada por la conmutación.

Para obtener una corriente de conmutación lo más parecida posible a la ideal, se introducen los polos de conmutación, que como ya se ha indicado, deben compensar el campo de reacción de inducido (en el eje "q", transversal o en cuadratura), así como la f.e.m de autoinducción de la bobina. En la conmutación lineal (ideal) la intensidad en la bobina tiene una evolución temporal durante la conmutación según:

$$i = \frac{I}{2}(1 - \frac{2t}{T_c}) \quad \text{. (ver Figura 6.6)} \tag{6.2}$$

De la expresión anterior se puede deducir el valor que debe tener la f.e.m "e_c" inducida en la bobina por el campo creado por los polos de conmutación para que la conmutación sea lineal:

$$e_c = -L \cdot \frac{I}{T_c} + R \cdot \frac{I}{2} \cdot (1 - \frac{2t}{T_c}) \quad , \tag{6.3}$$

donde el primer término ($-L \cdot I/T_c$) es la f.e.m de autoinducción media correspondiente a una variación lineal de la intensidad desde $+I/2$ hasta $-I/2$ durante T_c.

Dado que la f.m.m que debe crear el devanado de los polos de conmutación, conectado en serie con el inducido, debe superar el valor de la f.m.m de reacción de inducido transversal, la experiencia práctica aconseja aumentar entre un 25% y un 35% el valor de la f.m.m de los polos de conmutación respecto a la de reacción de inducido (A·τ), cuando no hay devanado de compensación, esto es:

$$2 \cdot N_{pc} \cdot I = A \cdot \tau \cdot (1,25 \div 1,35). \tag{6.4}$$

En caso de que la máquina tenga devanado de compensación, la suma total de amperios-vuelta de los dos devanados es entre un 20% y un 25% superior a los de reacción de inducido

$$2 \cdot Npc \cdot I + A \cdot bp = A \cdot \tau \cdot (1,20 \div 1,25). \tag{6.5}$$

En las máquinas reales, las escobillas tienen un ancho bastante superior al de una delga, de forma que hay varias secciones que conmutan simultáneamente (**conmutación múltiple**) y presenta las siguientes diferencias con la conmutación simple:

- Para la misma velocidad de giro, la conmutación de cada sección inducida dura más tiempo con la conmutación múltiple, lo cual, en principio, es favorable porque se traduce en una reducción de la tensión de reactancia media y, por tanto, en un menor chispeo (ver ejemplo de la Figura 3.7).

- Pero por otro lado, al existir una inductancia mutua entre las bobinas que están simultáneamente en conmutación, y al disminuir la intensidad en todas ellas, la f.e.m. de inductancia mutua tiene el mismo sentido que la de autoinducción, por lo que tiende también a retrasar la conmutación. La ecuación correspondiente a la conmutación múltiple tiene de la siguiente forma general:

$$e_i = L\frac{di_1}{dt} + \sum M_{1j} \cdot \frac{di_j}{dt} + R \cdot i_1 + U_{e1} - U_{e2} \quad . \tag{6.6}$$

Para reducir la inductancia mutua entre secciones inducidas se recurre a los devanados escalonados, en los que, como ya se ha indicado en el Capítulo 3, en una ranura se colocan varios lados de sección de "ida", y los lados de "vuelta" van en ranuras diferentes (ver Figura 3.6).

7. GENERADORES DE CORRIENTE CONTINUA. TIPOS DE EXCITACIÓN.

Como ya se ha indicado en el Capítulo 1, las máquinas de corriente continua son utilizadas cada vez menos frecuentemente como generadores. Hoy en día, en la mayoría de las ocasiones, cuando se precisa de una fuente de energía eléctrica en continua, se recurre a la rectificación, con convertidores electrónicos, de la alterna de la red. No obstante, todavía quedan algunas aplicaciones donde se instalan estos generadores (excitatrices en Centrales Eléctricas, especialmente las Hidroeléctricas, locomotoras diesel-eléctricas para tracción, etc), y en cualquier caso, su estudio permite comprender mejor el funcionamiento de estas máquinas.

Pero antes de analizar el funcionamiento de los generadores de corriente continua se analizarán distintas posibilidades para realizar la alimentación del devanado de excitación.

7.1. Tipos de excitación

Cuando se dispone una fuente de continua dedicada exclusivamente a la alimentación del devanado de campo se tiene una máquina de **excitación independiente**.

Otra forma de alimentar el devanado inductor es conectarlo en paralelo o en serie con el devanado inducido, para que tome su alimentación de éste mismo, si es generador, o de la alimentación de éste, si es motor.

Si se conecta el devanado de excitación en paralelo con el inducido se tiene una máquina de **excitación derivación.** En este caso el diseño de este devanado de campo lo debe dotar de una gran resistencia para que no circule por él mucha intensidad [1], ya que está sometido a la tensión del inducido. Para que la potencia de excitación, en este caso igual a $P_{exc}=U^2/R_{exc}$, no sea elevada, se necesita una gran resistencia en el devanado de campo. Físicamente, este devanado de excitación tendrá muchas espiras y estará realizado con un hilo de pequeña sección.

Si el devanado inductor está conectado en serie con el inducido estará sometido a la intensidad que pasa por el mismo, luego deberá estar construido con un hilo grueso. En este caso se tiene una máquina de **excitación serie**, y en el diseño del devanado de excitación se busca que haya una caída de tensión baja en él (poca resistencia), dado que va conectado en serie con el inducido. Para que la potencia de excitación, en este caso igual a $P_{exc}=R_{exc}\cdot I^2$, no sea elevada, se necesita una resistencia pequeña en el devanado de excitación. Este devanado de campo tendrá pocas espiras que serán realizadas con un hilo de gran sección, como ya se ha indicado. (NOTA: No confundir la excitación serie con el devanado del inducido ondulado con varias bobinas en serie).

Para obtener características funcionales intermedias entre las que proporcionan los dos tipos de excitación anteriores, se emplean dos devanados, uno serie y otro en paralelo con el inducido. Este tipo de máquinas se denominan de **excitación compuesta** y en función de la

---

[1] Elevada resistencia, generalmente compuesta por la propia del devanado y una resistencia ajustable para regular la intensidad de excitación.

parte que tiene más peso en el establecimiento del campo se dice que es hipocompuesta (tiene más peso la parte en derivación), o hipercompuesta (tiene más peso la parte en serie).

Estas posibilidades de conexión en serie o en paralelo para el devanado inductor, que se utilizan tanto para generadores como para motores, suponen el ahorro de una fuente "extra" dedicada a esta tarea, pero hay que decir que la opción que más posibilidades permite en el control de la máquina de corriente continua es la excitación independiente regulable. En los otros casos y para disponer también de la capacidad de regular el flujo en la máquina suele recurrirse a un método sencillo como es la instalación de reóstatos conectados en serie con el circuito inductor (caso de excitación en derivación) o en paralelo con el mismo (caso de excitación en serie). Estos reóstatos deben consumir poca potencia, igual que el devanado de campo, así que no supone una gran pérdida energética el regular el flujo utilizando estas resistencias. Los accionamientos más modernos con motores de corriente continua utilizan máquinas de excitación independiente, en las que se dispone un convertidor para regular el campo y otro para alimentar el inducido.

En la Figura 7.1 se presenta un esquema de la conexión del devanado de campo en los distintos casos presentados.

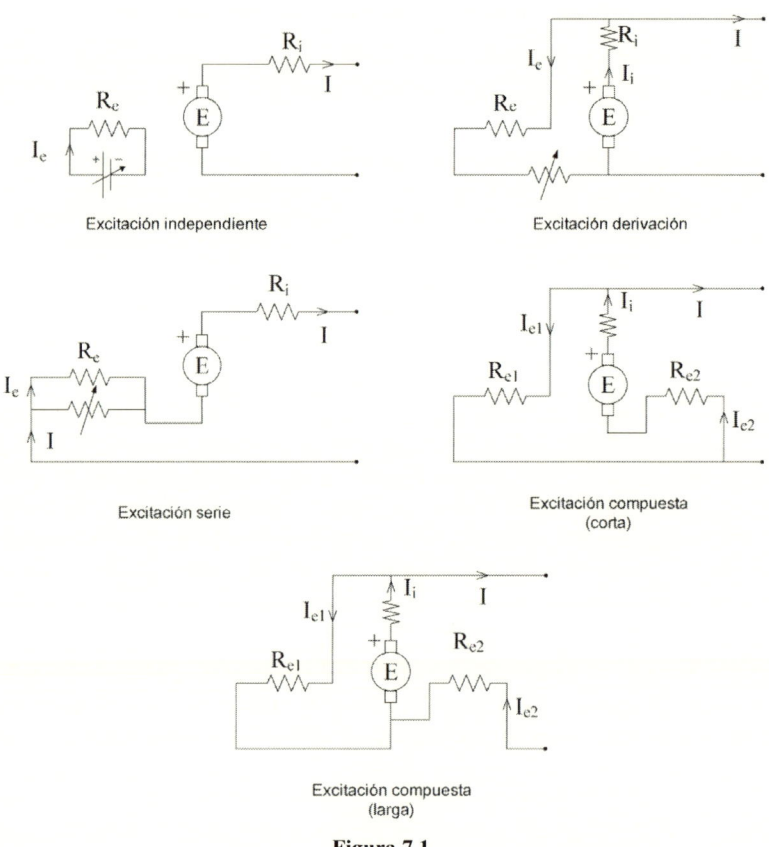

Figura 7.1

El análisis funcional de las máquinas de corriente continua se suele hacer mediante las curvas características. Para los generadores se analizarán la curva de vacío $E=f(I_{exc})$ y la característica externa $U=f(I)$, y para los motores la característica mecánica, esto es, la curva que relaciona el par con la velocidad de giro de la máquina $M=f(n)$.

A continuación se analizará el funcionamiento de distintos tipos de generador de corriente continua en función de su modo de excitación.

7.2. Generador de excitación independiente

Para estudiar el comportamiento de la máquina de corriente continua funcionando como generador se analizarán la curva característica de saturación en vacío, o directamente, curva de vacío $E=f(I_{exc})$ y la curva característica exterior o externa $U=f(I)$ con $I_{exc}=$cte.

La curva característica de vacío de un generador se obtiene con la máquina girando con velocidad constante e igual a la velocidad asignada y sin carga conectada en bornes de inducido ($I=0$). Una vez se tiene a la máquina girando en vacío se va variando la corriente de excitación, mediante la fuente independiente, de manera que se van obteniendo los pares de puntos E e I_{exc} . La curva característica de un generador de continua repite la forma de la curva característica del material magnético con el que está construido, esto es, tiene una zona recta en la que la f.e.m. en bornes del inducido crece linealmente con el aumento de la intensidad de excitación, dejando de ser lineal al llegar al "codo de saturación" a partir del cual la máquina se encuentra con un nivel creciente de saturación. En la Figura 7.2.a se presenta esta característica, donde puede observarse el efecto de la inducción remanente con la que se tiene el valor inicial de la parte recta de $E(I_{ecx})$ para excitación nula.

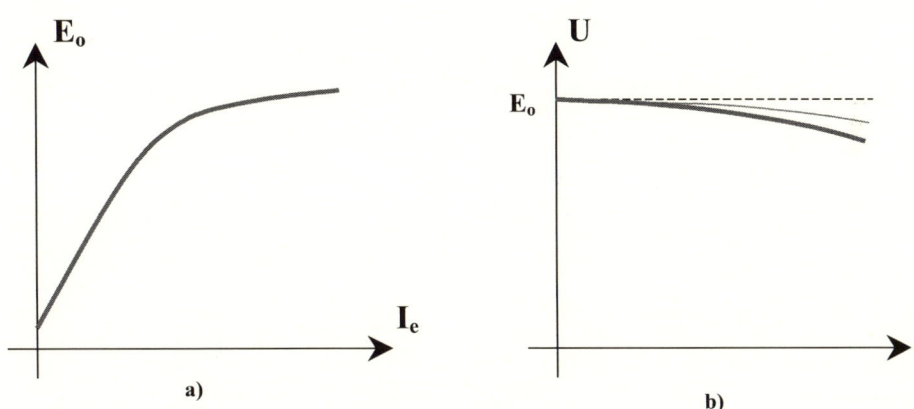

La característica externa de un generador se obtiene haciéndolo girar a su velocidad asignada y con una intensidad de excitación constante, alimentando una carga regulable en bornes del inducido de manera que se registran los pares de valores de la tensión y la intensidad generadas por la máquina bajo distintos grados de carga. Primero se hace girar el generador en vacío a la velocidad asignada. Luego se ajusta la corriente de excitación hasta que la tensión generada en vacío sea la tensión asignada del generador. Finalmente se conecta una carga en bornes del inducido, cuyo valor óhmico se va reduciendo paulatinamente y se registran la tensión y la intensidad en la misma (pares de puntos U, I), hasta que se alcance la intensidad asignada. En la Figura 7.2.b se presenta la forma de la característica externa, donde se puede apreciar la disminución, creciente con el grado de carga, de la tensión con respecto a la f.e.m inducida en vacío. La línea fina marca la diferencia debida a la caída de tensión en la resistencia del propio devanado inducido y en las escobillas, y la línea gruesa además incluye el debilitamiento del campo magnético que produce la reacción de inducido, que lógicamente es tanto mayor cuanto mayor es la corriente del inducido. En caso de que la máquina esté compensada, es decir, tenga compensada la reacción de inducido mediante la incorporación de un devanado de compensación y un devanado de conmutación (o auxiliar), la diferencia entre U y E será sólo debida a la caída de tensión interna, pues no hay reducción del flujo (E= $C_1 \cdot \phi \cdot n$ = cte). Pero ahora la caída de tensión no será sólo en el inducido y en las escobillas, sino también en todos los devanados que están conectados en serie con éste (devanado de compensación y devanado de conmutación).

7.3. Generador de excitación derivación

Para obtener la curva característica de saturación en vacío de un generador de continua con excitación en derivación, lo primero es hacerlo girar a su velocidad asignada mediante un motor externo acoplado en el mismo eje del generador. Dado que no existe una fuente de alimentación independiente para establecer el campo en la máquina, al principio se encuentra la máquina girando sin apenas producir ninguna tensión en sus bornes. Como ya se ha indicado, en un generador derivación el devanado inductor está conectado en paralelo con el inducido de la máquina, al que, por otro lado, en este ensayo no hay ninguna carga conectada, pues el generador está trabajando en vacío (ver Figura 7.3).

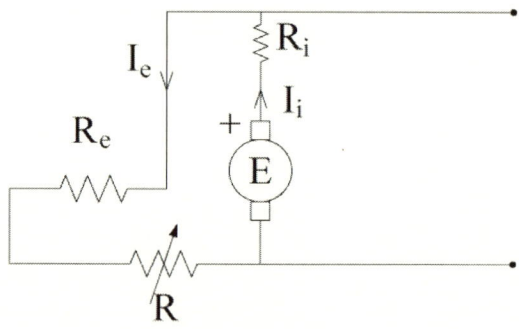

Figura 7.3

El hecho de que el generador derivación produzca o no tensión en sus bornes depende de dónde se encuentre el punto de corte de las características eléctricas de los dos circuitos que hay conectados en paralelo, que con el generador en vacío, comparten la misma tensión e intensidad. Por un lado se tiene la característica de la máquina de corriente continua. Ya se ha analizado la relación existente entre la f.e.m inducida E en función de la corriente de excitación I_{exc}, para una velocidad de giro constante (recuérdese que E=$C_1 \cdot \phi \cdot n$). Y por otro lado se tiene la característica eléctrica (U=f(I)) de la rama de excitación, que en régimen permanente es una recta cuya pendiente coincide con la resistencia total del circuito en derivación y que incluye la resistencia propia del inductor más la resistencia del reóstato que se suele conectar en serie con éste último para tener capacidad de variar el flujo (ver Figura 7.3).

Si la resistencia total del circuito de excitación es mayor que la pendiente de la **recta del entrehierro** (zona lineal) en la característica del inducido, el corte entre ambas características se producirá próximo al origen de ambas características, como se muestra en la curva "a" de la Figura 7.4.b, y el generador prácticamente no dará tensión en sus bornes.

Para que el generador produzca su tensión normal, la resistencia del circuito en derivación debe ser inferior a la resistencia equivalente que representa la recta del entrehierro, que se denomina **resistencia crítica** de la máquina. En este caso el corte entre ambas características se alcanzará, después de producirse un proceso de autoexcitación, en un punto de equilibrio cuya tensión será mayor cuanto menor sea la resistencia de la rama en paralelo (excitación), pudiéndose llegar a la zona en que la máquina tiene un cierto nivel de saturación, tal y como se muestra en las curvas "b", "c", "d", etc. de la Figura 7.4.b.

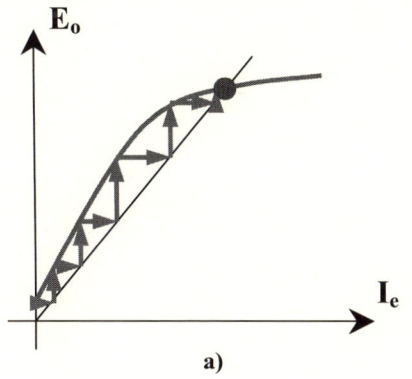
a)

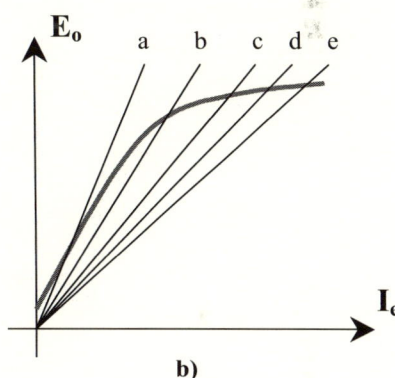
b)

Figura 7.4

El proceso de **autoexcitación o cebado** se produce a partir de la pequeña f.e.m. inducida por el campo remanente de la máquina, que aplicada a la rama de excitación provoca una pequeña corriente circulando por la misma, lo que se traduce en un incremento del campo en la máquina. Este incremento del campo hace que aumente el valor de la f.e.m inducida en bornes del generador produciéndose de nuevo un aumento de la corriente de excitación y así sucesivamente, se va produciendo el proceso de autoexcitación que se representa por incrementos discretos (escalones) en la Figura 7.4.a y que finaliza en el punto de corte de las dos características.

Dado que cuando se produce la autoexcitación la máquina queda trabajando en el punto de funcionamiento determinado por la intersección de las dos curvas, para determinar la característica de vacío de un generador con excitación en derivación se debe disponer de un reóstato conectado en serie con el devanado de la excitación. De esta forma se podrán obtener distintos puntos de funcionamiento a base de modificar el valor de la resistencia total de la rama en paralelo mediante el ajuste del reóstato. Adviértase que con este método de obtención de la curva de vacío no se podrán obtener valores de tensión que correspondan a la recta del entrehierro, ya que no se producirá un corte limpio entre dos rectas de pendiente muy parecida. Esto se produciría, evidentemente, cuando el circuito de excitación tenga una resistencia cercana a la crítica.

En la Figura 7.5 se presenta la característica externa correspondiente a un generador de excitación derivación.

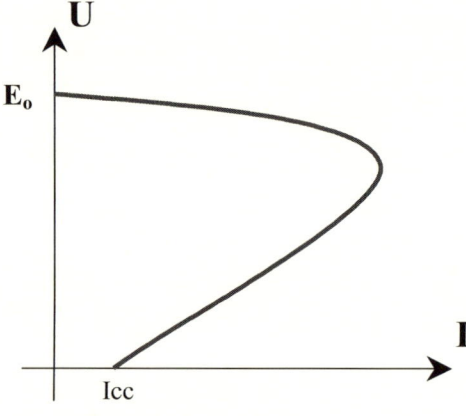

Figura 7.5

Como puede observarse, en la zona de funcionamiento con valores de corriente normales, la curva presenta una caída de tensión muy parecida a la presentada en la Figura 7.2.b del generador de excitación independiente. Esto es, la tensión en bornes del generador va disminuyendo a medida que aumenta la carga (mayor intensidad) debido a la caída de tensión en la resistencia del inducido y en las escobillas y, en su caso, en las resistencias de los devanados de compensación y de conmutación. Sólo para valores de corriente generada muy elevados, se tendría una diferencia sustancial con el generador de excitación independiente, y es debido a que, con la excitación alimentándose de la tensión en bornes de la máquina, llega un momento en que el campo cada vez es menor y esto disminuye a su vez la f.e.m inducida produciéndose una reducción de la intensidad de carga y finalmente, con el inducido en cortocircuito, la intensidad tendría un valor de I_{cc} muy pequeño que es el correspondiente a la f.e.m. remanente aplicada al inducido. Teniendo en cuenta que este fenómeno sólo se presenta a efectos didácticos, ya que nunca debería cargarse tanto a la máquina como para llegar a esta situación, puede concluirse que este tipo de generador con excitación derivación puede funcionar con tensión en bornes constante (mediante el ajuste de la resistencia R) como el generador independiente y evita la instalación de una fuente suplementaria para crear el campo, por lo que representa una solución de las más utilizadas en la industria.

7.4. Generador de excitación serie

Para obtener la curva característica de vacío de un generador con excitación serie, la máquina debe ensayarse como si fuera de excitación independiente, esto es, utilizando una fuente para alimentar el devanado inductor, porque dado que la excitación está en serie con el inducido y el generador está en vacío, no circulará corriente por el devanado inductor y por tanto no habrá flujo en la máquina.

Respecto a la característica externa, como se puede observar en la Figura 7.6 la tensión en bornes sigue a la f.e.m E y es menor que ella, ya que la diferencia entre ambas curvas es la caída de tensión interna en la resistencia del devanado inducido, escobillas, etc, que aumenta casi proporcionalmente con el valor de la intensidad de carga. Dado que la f.e.m inducida E depende de la intensidad por el devanado de excitación y ésta es la misma que la corriente por el inducido y la corriente que sale del generador, se tiene una tensión en bornes del generador que varía fuertemente con el grado de carga del mismo. Por tanto, se puede concluir que la máquina de corriente continua con excitación serie no presenta una característica exterior (U=f(I)) adecuada, para su utilización como generador.

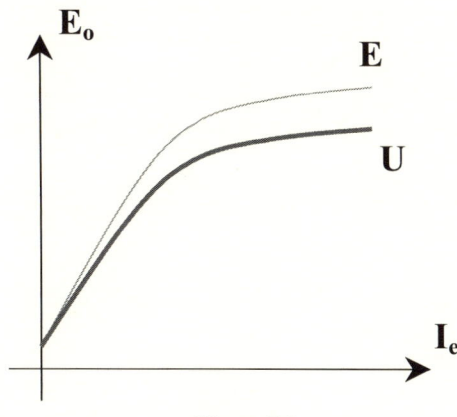

Figura 7.6

7.5. Generador de excitación compuesta

Este tipo de máquina presenta características de funcionamiento intermedias entre los generadores con excitación derivación y serie. Evidentemente, si además del devanado de excitación conectado en derivación, se dispone de otro devanado de excitación conectado en serie (excitación compuesta), la característica externa de este generador será una curva situada por encima de la curva que corresponde al caso de excitación derivación. Esto es debido a la contribución del devanado serie, que, como se ha visto, crea tanto mayor flujo en la máquina cuanto mayor es la corriente que circula por el inducido, y este aumento del campo magnético con la corriente se traduce en un aumento de la f.e.m. inducida E, y consecuentemente también de la tensión en bornes del generador. En la Figura 7.7 se presentan las curvas características externas de un generador con excitación derivación y con varias posibilidades de excitación compuesta.

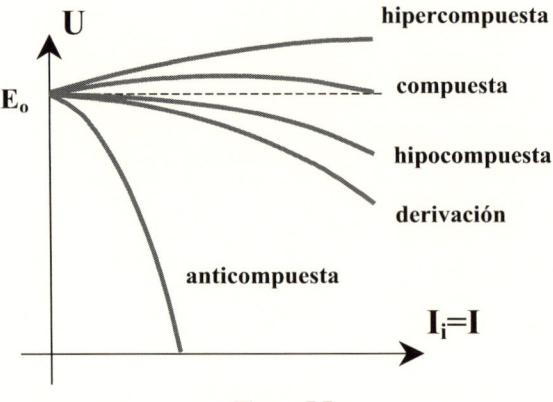

Figura 7.7

Caben varias posibilidades en la máquina de excitación compuesta. En caso de que
contribución a la creación del flujo inductor por parte del devanado serie sea la necesaria p;
compensar la caída de tensión de la máquina excitada solo con el devanado derivación,
tiene la **excitación compuesta**. Si la excitación serie es menor, se tiene la **excitación hip
compuesta** y si es mayor, la **excitación hiper-compuesta**. Finalmente, en la Figura 7.7
incluye una última posibilidad que es la denominada **anti-compuesta** y corresponde al caso
que la corriente por el devanado serie crea una excitación opuesta a la del devana
derivación. Estos generadores se han utilizado para la alimentación de los equipos
soldadura eléctrica, en los que estos generadores deben funcionar casi permanentemente
cortocircuito (arcos eléctricos).

8.

MOTORES DE CORRIENTE CONTINUA

El estudio de los motores de corriente continua se realiza, como los otros motores eléctricos, a partir de la **característica mecánica**, esto es, la curva que relaciona el par con la velocidad de giro de la máquina M=f(n).

Para el motor de corriente continua, cuyo circuito equivalente se muestra en la Figura 8.1, se cumplen las siguientes ecuaciones que representan su funcionamiento en régimen permanente (ver Capítulo 4):

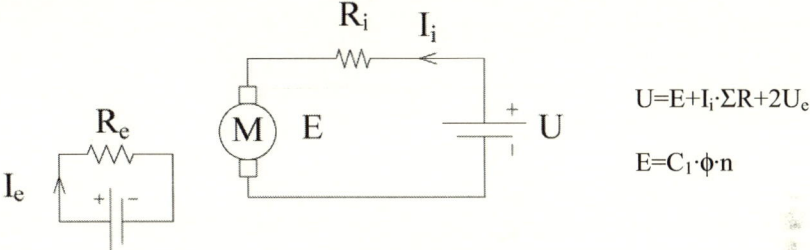

$$U = E + I_i \cdot \Sigma R + 2U_e$$

$$E = C_1 \cdot \phi \cdot n$$

Figura 8.1

Despejando la velocidad en las ecuaciones anteriores, se tiene:

$$n = \frac{U - I_i \cdot \Sigma R - 2U_e}{C_1 \cdot \phi}, \tag{8.1}$$

y dado que el término ($I_i \cdot \Sigma R + 2U_e$) suele representar un valor que no excede el 5% de la tensión U con que se alimenta el inducido del motor, se llega a la siguiente expresión aproximada:

$$n \approx \frac{U}{C_1 \cdot \phi}. \tag{8.2}$$

La velocidad de giro de un motor de corriente continua es directamente proporcional a la tensión con que se alimenta e inversamente proporcional al flujo magnético que en el se establece.

De esta expresión se puede deducir fácilmente el criterio básico que se utiliza para regular la velocidad de estos motores, aunque este tema se tratará específicamente en el Capítulo 11. Al arrancar un motor de corriente continua, al principio se regula la velocidad a base de aumentar la tensión aplicada al inducido, una vez se ha establecido primero el flujo constante e igual al asignado. De esta forma puede llegar a acelerar hasta alcanzar la velocidad asignada. Si se quiere sobrepasar esta velocidad debe reducirse el flujo en la máquina, ya que la tensión aplicada al inducido nunca debe superar su valor asignado.

La velocidad expresada en la ecuación (8.2) es una velocidad aproximada que sólo se alcanzará cuando el motor gire en **vacío**, ya que es cuando la intensidad consumida es mínima y por tanto es mínimo el valor de ($I_i \cdot \Sigma R$). Normalmente a un motor lo que se le pide es que gire a una determinada velocidad pero venciendo un determinado **par resistente**, o directamente se le pide que accione una determinada máquina que tiene una determinada característica mecánica M_r=f(n), y según sea el tipo de motor dará este par a una determinada velocidad y absorbiendo una determinada intensidad. La expresión del par electromagnético (par interno) de un motor de corriente continua, que ya se ha presentado en el Capítulo 4:

$$M_i=C2\cdot\phi\cdot Ii$$

A continuación se analizará la curva característica mecánica de los motores de corriente continua en función de su modo de excitación.

8.1. Motor de excitación independiente y derivación

Estos dos tipos de motores se tratan de forma conjunta porque su característica mecánica M_m=f(n) es prácticamente igual. Para determinar la forma de esta característica mecánica se parte de la ecuación del inducido del motor: $U=E+I_i\cdot R_i$, en la que se ha despreciado la caída de tensión en las escobillas por tratarse de un valor muy reducido en comparación con el resto de las tensiones que aparecen en la expresión. Si se sustituye el valor de la f.e.m ($E=C_1\cdot\phi\cdot n$) y se despeja la intensidad, se llega a:

$$I_i = \frac{U - E}{R_i} = \frac{U - C_1\cdot\phi\cdot n}{R_i},$$ (8.3)

y sustituyendo en la expresión del par (M_i=$C_2\cdot\phi\cdot I_i$) se obtiene la característica mecánica:

$$M = \frac{C_2\cdot\phi\cdot U}{R_i} - \frac{C_1\cdot C_2\cdot n\cdot\phi^2}{R_i}.$$ (8.4)

Obsérvese que cuando la tensión de alimentación del motor y el flujo son constantes, cosa que ocurre en muchos accionamientos no regulados, el único término variable que queda en la anterior expresión del par es la velocidad. Por tanto se puede concluir que tanto en los motores de excitación independiente como en los de excitación derivación, para una tensión de alimentación y flujo constantes, el par varía linealmente con la velocidad, según la siguiente expresión:

$$M=K_1-K_2\cdot n ,$$ (8.5)

donde K_1 y K_2 son las constantes que determinan respectivamente el par en el arranque (n=0) y la pendiente de la característica mecánica para unos determinados valores constantes de tensión y flujo en la máquina.

En la Figura 8.2 se presenta la característica mecánica de un motor con excitación independiente. Puede observarse que el valor de la velocidad a la que el motor da un par nulo coincide (ver (8.2)) con la velocidad de vacío. ($n_0 \approx \dfrac{U}{C_1\cdot\phi}$)

Debe tenerse en cuenta que en un motor de excitación derivación, aunque la expresión del par en función de la velocidad que se ha deducido (8.4) es perfectamente válida, el hecho de que el circuito de excitación esté alimentado directamente de la misma fuente que el inducido, hace que varíe ligeramente la curva del par como se muestra en la curva a trazos discontinuos de la Figura 8.2. En efecto, cuanto mayor es el par que se le pide al motor, mayor es la intensidad que absorbe de la fuente y mayor por tanto la caída de tensión interna en la misma (en caso de no ser ideal). Por tanto, si con el aumento de par e intensidad en el motor se acaba aplicando una tensión ligeramente menor que la que corresponde al caso de bajo par y corriente demandada a la fuente, se tendrá una ligera reducción de la tensión y del flujo en el

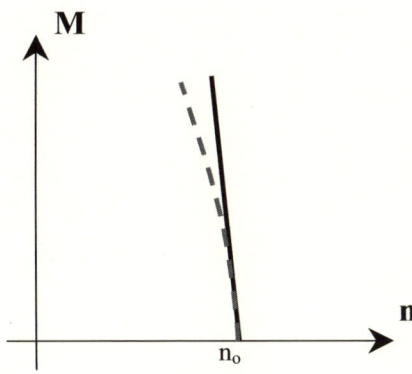

Figura 8.2

motor que se notará en la menor pendiente que va adoptando la característica mecánica para valores de par crecientes. Este efecto de pérdida de pendiente con el aumento del par y la intensidad es mayor en máquinas no compensadas, debido a la disminución de flujo provocada por la reacción de inducido.

En la Figura 8.3 se presenta la familia de características mecánicas de un mismo motor con excitación independiente correspondientes a distintos valores de tensión de alimentación y distintos valores de la tensión de excitación y por tanto del flujo establecidos. La familia de curvas situada a la izquierda corresponde a curvas con flujo constante e igual al asignado y tensión de inducido creciente. Obsérvese que la pendiente es constante en todas las curvas ya que no depende de la tensión aplicada en la alimentación del motor. Por el contrario, lo que si depende de la tensión es la velocidad de vacío, que es mayor cuanto más elevada es la tensión del inducido. La familia de curvas de la derecha de la Figura 8.3 corresponde al caso de tensión de alimentación constante e igual a la asignada y un valor del flujo que es menor para las curvas hacia la derecha que corresponden a una velocidad cada vez mayor. Estas curvas corresponden al caso de flujo reducido o campo debilitado, donde el "precio" que se paga por ir más rápido de la velocidad asignada es una pérdida en el par que puede desarrollar la máquina. Obsérvese cómo en esta familia de curvas, la pendiente va disminuyendo con el flujo mientras la velocidad de vacío es cada vez más alta cuanto menor es el flujo en el motor. El par asignado que desarrolla el motor se dará con el flujo asignado y la intensidad asignada, por lo que podrá alcanzarse en todas las características que corresponden a flujo constante e igual al asignado (familia de curvas de la izquierda), mientras que no se podrá alcanzar a velocidades superiores a la asignada (familia de curvas de la derecha) donde el campo está debilitado.

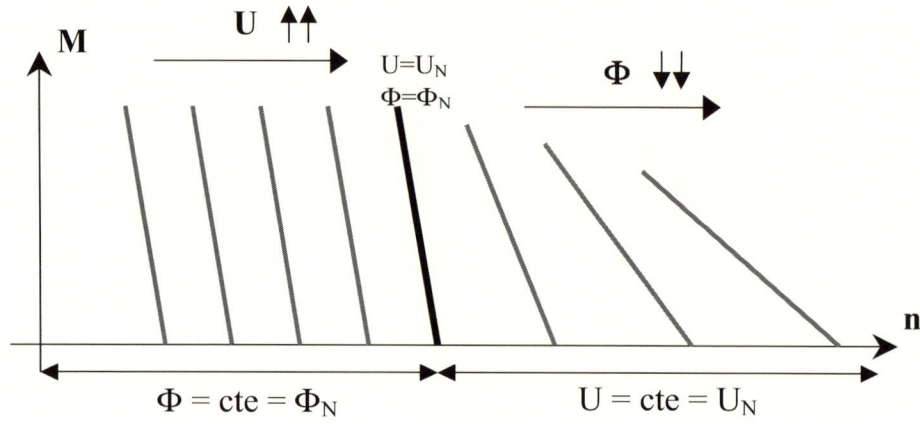

Figura 8.3

Como puede verse en la Figura 8.2 la característica mecánica de los motores derivación o con excitación independiente es muy "rígida" o de pendiente muy "dura", esto es, aunque se produzcan grandes diferencias en el par que se le demanda al motor, éste responderá con apenas una ligera variación de la velocidad. La aplicación más típica de este tipo de motor es en accionamientos de velocidad constante, como pueden ser cintas transportadoras, máquinas herramienta, etc, aunque también se utilizan en accionamientos de bombeo y ventilación que no requieren regulación del caudal.

En la Figura 8.4 se presentan las características electromecánicas que relacionan la intensidad del inducido con la velocidad del motor, así como el par en función de la intensidad correspondiente a una tensión y flujo constantes en la máquina.

$$I_i = \frac{U - C_1 \cdot \phi \cdot n}{R_i} \qquad\qquad M_i = C_2 \cdot \phi \cdot I_i$$

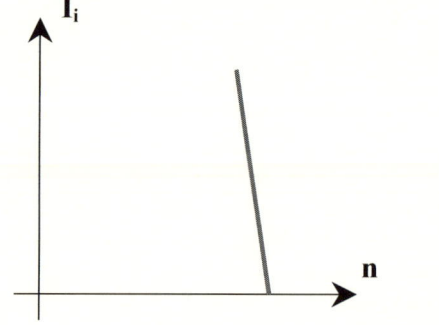
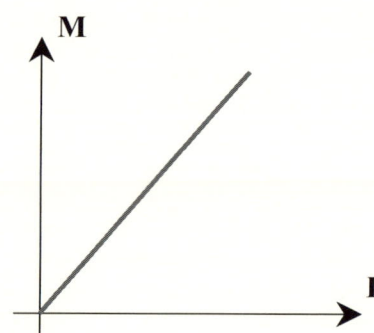

Figura 8.4

Para los motores de excitación derivación, la manera de conseguir independizar el flujo de la tensión de alimentación de la máquina es añadir un reóstato en serie con el circuito de campo. En la Figura 8.5 se presenta el esquema de conexión de un motor derivación en el que la fuente de tensión de alimentación es constante, por lo que se ha recurrido a instalar también otro reóstato de mayor potencia en serie con el inducido para poder tener una ligera regulación de la tensión aplicada en el mismo. Lógicamente este método de regulación es muy ineficaz energéticamente hablando y hoy en día cuando se requiere regular la tensión aplicada al inducido se recurre a la instalación de un convertidor electrónico que permita obtener una tensión continua regulable en bornes del motor.

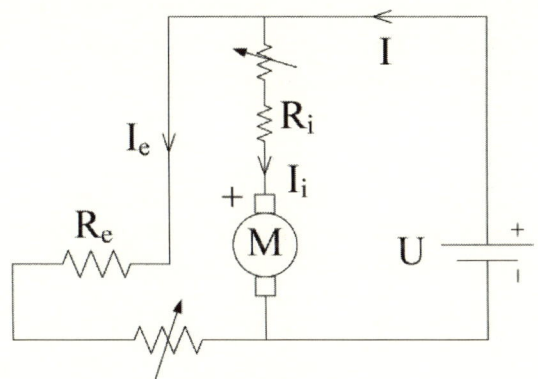

Figura 8.5

8.2. Motor de excitación serie

En estos motores tanto el devanado inductor como el inducido son recorridos por la misma intensidad I_i ya que están conectados en serie ($I_{exc} = I_i$).

Si se considera que el flujo crece linealmente con la corriente de excitación, es decir, que la máquina no se satura, se tendrá la siguiente expresión:

$$\phi = k_1 \cdot I_i ,\tag{8.6}$$

que, junto con las tres ecuaciones siguientes que recogen el funcionamiento del motor en régimen permanente, permite determinar la característica mecánica del motor serie.

$$U = E + I_i \cdot (R_i + R_{exc}) ,\tag{8.7}$$

$$E = C_1 \cdot \phi \cdot n\tag{8.8}$$

(en motores a E se le denomina como fuerza contraelectromotriz)

$$M = C_2 \cdot \phi \cdot I_i\tag{8.9}$$

Sustituyendo (8.6) en la expresión del par (8.9) se tiene:

$$M = C_2 \cdot K_1 \cdot I_i^2 .\tag{8.10}$$

Y sustituyendo (8.6) en la expresión de la f.e.m (8.8) se tiene:

$$E = C_1 \cdot K_1 \cdot I_i \cdot n ,\tag{8.11}$$

que sustituido en la ecuación del circuito del motor (8.7) lleva a :

$$U = (C_1 \cdot K_1 \cdot n + R_i + R_{exc}) I_i , \qquad (8.12)$$

de donde se despeja la expresión que relaciona la intensidad del motor con la tensión de alimentación y la velocidad de giro:

$$I_i = \frac{U}{C_1 \cdot K_1 \cdot n + R_i + R_{exc}} . \qquad (8.13)$$

Para resaltar la información conceptual de la expresión anterior pueden despreciarse en el denominador las resistencias de excitación e inducido, ya que su valor en condiciones normales de funcionamiento es muy inferior al del término debido a la f.c.e.m. ($C_1 \cdot K_1 \cdot n$).

Por tanto se manejará la expresión aproximada que determina el valor de la intensidad en el motor como una magnitud proporcional a la tensión de alimentación e inversamente proporcional a la velocidad:

$$I_i \approx \frac{U}{C_1 \cdot K_1 \cdot n} \qquad (8.14)$$

Finalmente, sustituyendo la corriente (8.13) en la expresión del par (8.10) se llega a la expresión analítica aproximada de la característica mecánica de un motor de corriente continua de excitación en serie:

$$M = C_2 \cdot K_1 \cdot \left(\frac{U}{C_1 \cdot K_1 \cdot n} \right)^2 = C \cdot \frac{U^2}{n^2} . \qquad (8.15)$$

En la Figura 8.6 se presentan las curvas que relacionan la intensidad del inducido con la velocidad del motor (característica electromecánica de I) así como el par en función de la intensidad (característica electromecánica de par) correspondientes a una tensión de alimentación constante.

$$I_i \approx \frac{U}{C_1 \cdot K_1 \cdot n} \qquad\qquad\qquad M = C_2 \cdot K_1 \cdot \left(I_i \right)^2$$

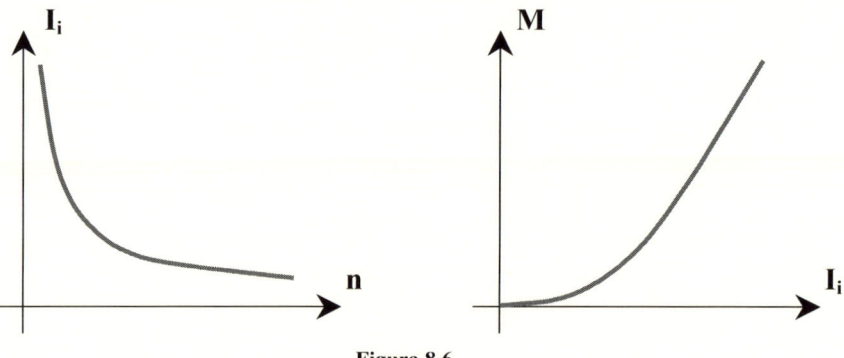

Figura 8.6

En la Figura 8.7 se presenta la característica mecánica que relaciona el par y la velocidad en un motor serie cuando la tensión de alimentación es constante.

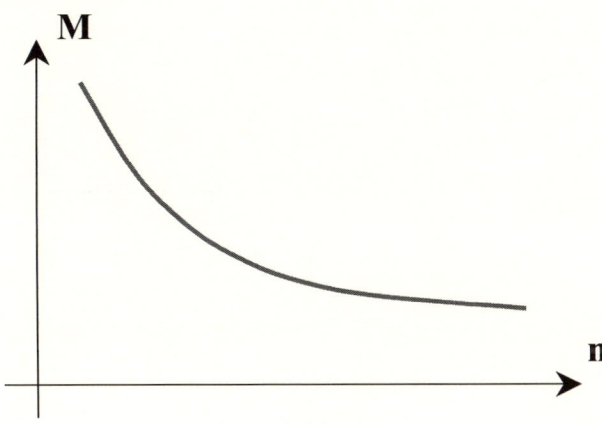

Figura 8.7

Como puede observarse, la forma hiperbólica de esta característica mecánica hace al motor serie idóneo para accionamientos donde interesa disponer un gran margen de velocidades de funcionamiento, ya que si disminuye el par resistente el motor éste aumentará bastante su velocidad hasta volver a igualarse al nuevo par resistente.

Ante una variación del par resistente se tiene una respuesta en velocidad de funcionamiento totalmente distinta a la rígida respuesta del motor derivación, en el que la velocidad permanece prácticamente constante aunque se produzcan grandes variaciones en el par demandado al motor.

Debido a esta versatilidad de respuesta en velocidad ante variaciones del par de carga el motor serie es el que se utiliza normalmente en los accionamientos de tracción eléctrica.

De esta forma, cuando llega una pendiente elevada y el motor debe vencer un gran par resistente lo hará desarrollando una velocidad pequeña, pero cuando llega el llano o la cuesta abajo el tren podrá desarrollar enormes velocidades ganando mucho tiempo en el recorrido.

La mayoría de los trenes accionados por motores de corriente continua incorporan motores de excitación serie. Los vehículos de tracción eléctrica más sofisticados que montan motores de corriente continua suelen llevar un convertidor electrónico para regular la tensión de la excitación y del inducido de manera independiente. La Figura 8.8 muestra un boggie con dos motores de tracción:

Figura 8.8 (cortesía de Westinghouse)

En la Figura 8.9 se presenta la familia de características mecánicas de un mismo motor con excitación serie correspondientes a distintos valores de tensión de alimentación.

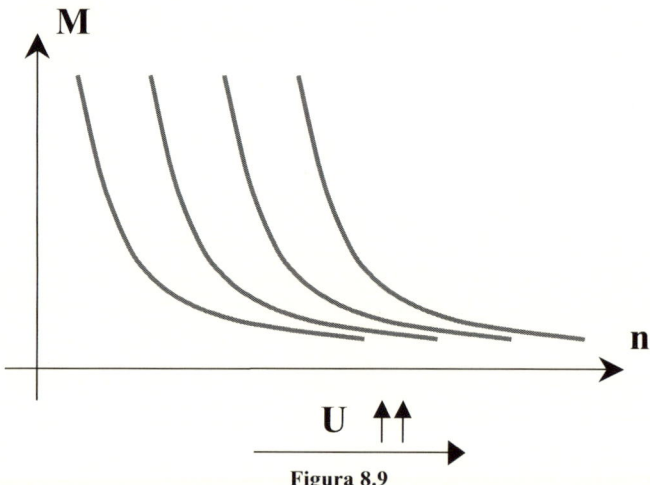

Figura 8.9

Para el caso de motor con excitación serie, la manera de conseguir independizar el flujo de la corriente de alimentación en la máquina es añadiendo un reóstato en paralelo con el circuito de campo. En la Figura 8.10 se presenta el esquema de conexión de un motor serie en donde la fuente de tensión de alimentación es constante, por lo que se ha recurrido a instalar un devanado inductor con varias tomas de conexión que permiten modificar el número de espiras recorrido por la intensidad del motor para poder tener así una regulación del campo en la máquina. Este método de regulación es mas eficaz energéticamente hablando que el ya indicado anteriormente que consiste en disponer un reóstato en serie con el devanado de campo para regular la tensión y, por tanto, la intensidad, que se aplica al mismo. Hoy en día cuando se requiere regular la tensión aplicada al inducido normalmente se recurre a la instalación de un convertidor electrónico que permita obtener una tensión continua regulable en bornes del motor.

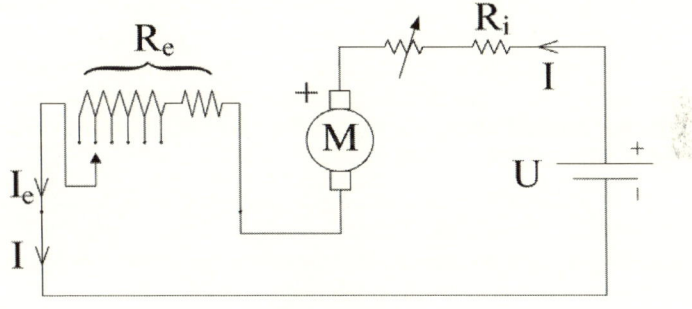

Figura 8.10

8.3. Determinación del punto de funcionamiento de un motor

Después de analizar la característica mecánica (curva "Par-Velocidad" M-n) de los distintos tipos de motores de corriente continua, debe tenerse en cuenta que para determinar el punto de funcionamiento del conjunto motor-carga hay que enfrentar esta característica del motor con la característica del par resistente al que se opone. Existen distintos tipos de curva característica de par resistente en función del tipo de accionamiento de que se trate. Así, los accionamientos de bombeo (bombas centrífugas) y ventilación, presentan un par resistente cuyo valor es, aproximadamente, proporcional al cuadrado de la velocidad (**par cuadrático**), mientras que, por ejemplo, los accionamientos de elevación (grúas, ascensores, etc) y algunas máquinas herramienta, presentan un par resistente independiente de la velocidad (**par constante**). Finalmente, en algunos accionamientos (enrolladores de cable) el par resistente disminuye al aumentar la velocidad (par decreciente). El punto de funcionamiento del conjunto motor-máquina accionada, para unas condiciones determinadas de alimentación eléctrica del motor, corresponde al punto de intersección de sus características mecánicas, que corresponde a la velocidad en la que se igualan el par útil del motor y el par resistente de la máquina accionada (Figura 8.11).

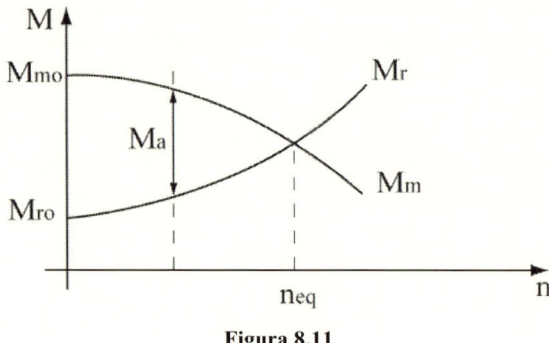

Figura 8.11

Una consideración muy importante para la aplicación técnica de los accionamientos es analizar si el funcionamiento del sistema es estable, es decir, si después de una perturbación en el motor (por ejemplo, variación transitoria del par motor como consecuencia de una variación de la tensión de alimentación), o en la máquina (incremento o disminución transitoria del par resistente),el conjunto motor-máquina vuelve al punto de funcionamiento o, si por el contrario, se acelera o se frena irreversiblemente.

El análisis de la estabilidad de funcionamiento se puede realizar de forma simplificada mediante consideraciones físicas, analizando si para cualquier perturbación transitoria que saque el sistema de su punto de equilibrio, las reacciones que en él se producen, llevan o no de nuevo el sistema al estado precedente (funcionamiento estable o inestable).

Consideremos (Figura 8.12) el accionamiento funcionando con una velocidad n_1 correspondiente al punto de corte de las características mecánicas del motor y de la máquina ($P_1 n_1$). Si por una razón cualquiera aumenta, por ejemplo, el par resistente, se pasa a trabajar según la curva Mr' . En este momento el par motor ($P_1 . n_1$) es menor que el resistente ($P'_2 . n_1$) y el conjunto motor-máquina disminuye transitoriamente su velocidad hasta llegar de nuevo al punto de equilibrio P_2. El razonamiento es semejante, si la variación brusca de par resistente es de sentido contrario (curva Mr'', ahora Par motor ($P_1 . n_1$) > Par resistente ($P'_3 . n_1$), y el conjunto se acelera hasta la velocidad n_3).

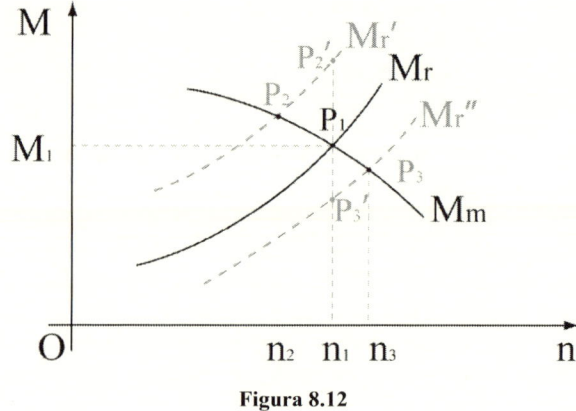

Figura 8.12

Si las características mecánicas son ahora las indicadas en la Figura 8.13, el funcionamiento es inestable; el aumento transitorio del par resistente (se pasa a trabajar en la curva Mr'), hace que el par motor (P_1_n_1) sea menor que el par resistente (P'_2_n_1) y el motor se bloquea (la velocidad disminuye hasta anularse). Si por el contrario, disminuye el par resistente (curva Mr''); el par motor (P_1_n_1) es mayor que el par resistente (P'_3_n_1) y el motor se embala.

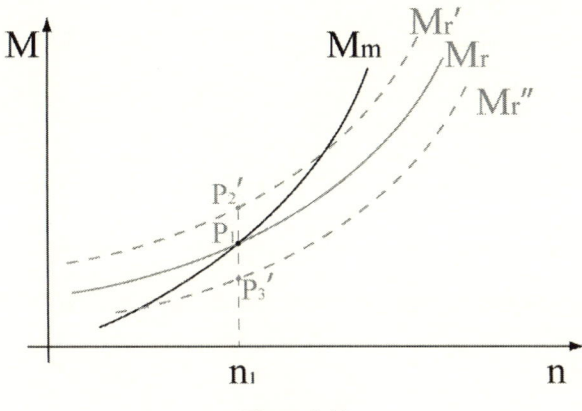

Figura 8.13

La condición de estabilidad es que en el punto de funcionamiento se cumpla

$$\frac{dM_{res}}{dn} > \frac{dM_{mot}}{dn},$$
(8.16)

es decir, la pendiente de la característica mecánica del motor sea menor que la de la máquina accionada. Dado que las características mecánicas de las máquinas son generalmente crecientes, basta para asegurar la estabilidad, que la característica mecánica del motor sea decreciente.

Como resumen, y para cualquier tipo de par resistente y de par motor, se tendrá que:

si $\dfrac{dM_{res}}{dn} > \dfrac{dM_{mot}}{dn}$ el funcionamiento es ESTABLE

y si $\dfrac{dM_{res}}{dn} \leq \dfrac{dM_{mot}}{dn}$ el funcionamiento es INESTABLE.

[195]

9. ARRANQUE DE MOTORES DE CORRIENTE CONTINUA

El arranque de los motores de corriente continua, al igual que los de alterna, necesita métodos de control para limitar el pico de intensidad que se produciría en el mismo, si se alimentara desde la posición de parado (reposo) aplicando directamente la tensión asignada, como pone de manifiesto la ecuación eléctrica del devanado inducido de la máquina:

$$U = E + I_i \cdot R_i + 2U_e, \tag{9.1}$$

La intensidad demandada por el motor, resulta:

$$I_i = \frac{U - E - 2U_e}{R_i} \approx \frac{U - E}{R_i}, \tag{9.2}$$

Esta expresión muestra la dependencia de la intensidad con la tensión de alimentación, la f.c.e.m., la resistencia del inducido y la caída de tensión en las escobillas.

La elevada intensidad absorbida en el arranque se origina porque la f.c.e.m. es nula con el motor parado ($E = C_1 \cdot \phi \cdot n$), y , por tanto

$$I_i = \frac{U}{R_i}. \tag{9.3}$$

Esta "punta de arranque" puede alcanzar valores de 10 a 25 veces el valor de la intensidad asignada.

Esta sobreintensidad absorbida es inadmisible en la mayoría de los casos (sólo se puede permitir en motores muy pequeños de pocos vatios de potencia) por los problemas a que puede dar lugar, caídas de tensión y calentamiento de las líneas de alimentación y, en el motor, quemado de las escobillas y el colector y fuerte calentamiento del devanado inducido (factor crucial para la vida de los aislantes). Por tanto, debe emplearse algún método para limitar su valor al valor de la intensidad asignada o un poco superior a ésta, y a estos métodos se les denomina "métodos de arranque".

Los métodos de arranque existentes para los motores de corriente continua se basan, bien en el aumento de la resistencia del circuito del inducido o bien en la reducción de la tensión de alimentación, como puede deducirse de la ecuación (9.3).

9.1. Método de arranque por resistencias en serie con el inducido

Si la tensión de alimentación del motor es constante, la única forma de reducir la intensidad demandada durante el arranque es añadiendo resistencias en serie con el inducido. Estas resistencias suelen disponerse en escalones de forma que al principio del arranque están todos conectados en serie con el motor y a medida que éste va acelerando y la intensidad se va reduciendo por el aumento de la f.c.e.m, se van eliminando progresivamente, hasta quedar eliminados al final del proceso de arranque.

En la Figura 9.1 se presenta el esquema de la conexión de un motor con tres escalones de resistencia conectados en serie con el inducido. En el instante $t_0 = 0$ cierra el contactor principal

CP que da alimentación al motor y empieza el proceso de arranque absorbiendo el motor la sobreintensidad que se haya elegido en el diseño[1]

$$k \cdot I_N \approx \frac{U}{R_i + R_T} \tag{9.4}$$

A medida que el conjunto motor-máquina accionada se acelera, la intensidad disminuye según la curva:

$$I_i = f(n) = \frac{U - nC_1\phi}{R_i + R_{ad}} = \frac{U}{R_i + R_{ad}} - n\frac{C_1\phi}{R_i + R_{ad}} \tag{9.5}$$

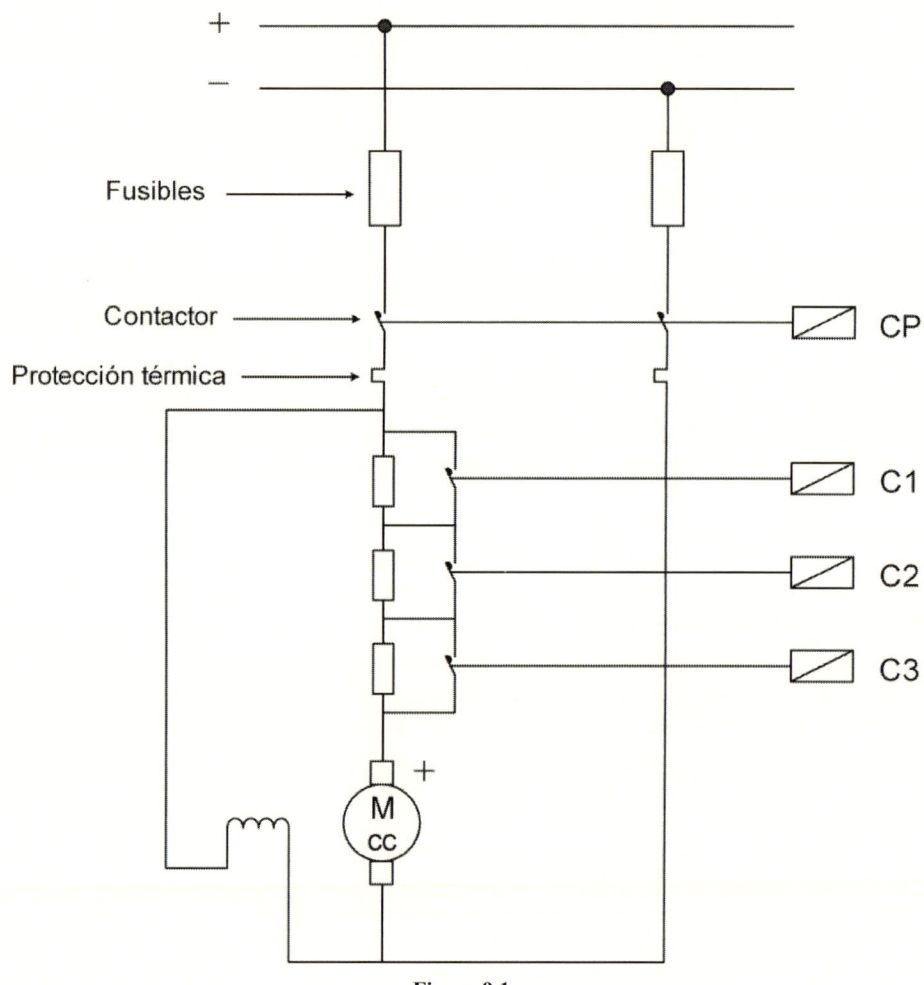

Figura 9.1

---

[1] En la Figura 9.2 el valor de k es 2.

Cuando alcanza el valor de la intensidad de maniobra ($1,1 \cdot I_N$ en la Figura 9.2), un relé de intensidad tarado a ese valor de intensidad cierra un contacto para cerrar el contactor C1 que pone en cortocircuito el primer escalón de resistencia eliminándolo así del circuito [2]. En el momento en que se elimina el primer escalón de resistencia (t_1), la intensidad absorbida aumenta hasta $k \cdot I_N$ (generalmente hasta el mismo valor que tiene la primera "punta de arranque" (Figura 9.2)) para volver a disminuir mientras se produce la aceleración del conjunto motor-máquina desarrollando el arranque. De nuevo cuando la corriente alcanza un valor de maniobra, en el tiempo t_2, se cierra C2 volviendo a eliminar otro escalón de resistencia y así sucesivamente hasta que finaliza el arranque.

En la Figura 9.2 se muestra la evolución del arranque con resistencias a través de las curvas I=f(n) correspondientes a un motor derivación con tensión de alimentación constante. Como puede recordarse del capítulo anterior, la velocidad de vacío en un motor cuya tensión de alimentación y flujo permanecen constantes (caso de motores con excitación derivación e independiente, por ejemplo) es constante ($n \approx \dfrac{U}{C_1 \cdot \phi}$), en cambio la pendiente de la curva que representa la evolución de la intensidad en función de la velocidad cambiará si lo hace la resistencia del inducido ($I_i = \dfrac{U - C_1 \cdot \phi \cdot n}{R_i + R_{ad}}$).

En esta descripción del arranque por resistencias, se ha indicado que los tiempos de eliminación de resistencias estaban dados por la actuación de un relé de intensidad tarado a $2 \cdot I_N$ y $1,1 \cdot I_N$. Como indica la Figura 9.2 también podrían ser utilizados relés de velocidad pero generalmente se utilizan relés temporizados, más económicos, que son ajustados mediante ensayos previos.

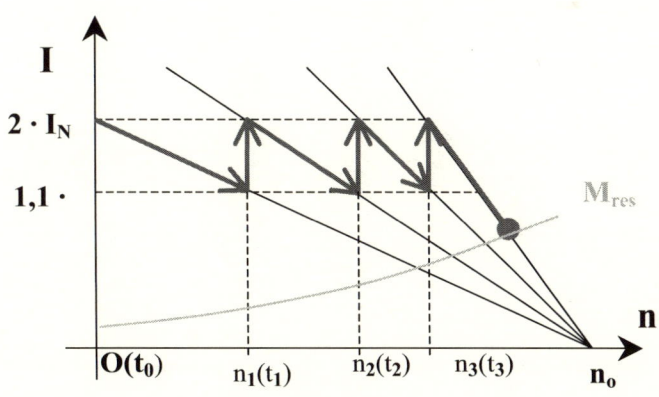

Figura 9.2

---

[2] También es posible el empleo de relés de velocidad para este fin, aunque lo más frecuente es utilizar relés temporizados por ser más económicos.

Como conclusión sobre este método de arranque, debe indicarse que se trata de un método bastante económico pues las resistencias, relés y contactores no son equipos caros ni complejos, pero deficiente en cuanto a rendimiento energético, pues se pierde mucha energía en las resistencias durante el arranque. Un método de arranque como éste sólo se justifica cuando se trata de instalaciones con un número de arranques muy bajo. Cuando los arranque son frecuentes y la potencia de la instalación es elevada el mejor método de arranque es mediante la regulación de la tensión aplicada al motor.

9.2. Método de arranque por variación de la tensión

Se varía la tensión que se aplica en bornes del motor de forma que al principio del arranque la tensión de alimentación es la necesaria para que la punta de arranque tenga el valor deseado, por ejemplo $2 \cdot I_N$, y a medida que transcurre el arranque, se incrementa de forma que la intensidad absorbida se mantenga constante ($\frac{U - C_1 \phi n}{R_i} = 2 I_N$).

En la Figura 9.3 se muestra el proceso de arranque que seguiría un motor de excitación derivación o independiente con variación de la tensión de alimentación. Para mayor claridad, en esta figura no se han dibujado completas todas las características por las que transcurre el arranque, sino sólo una parte de ellas.

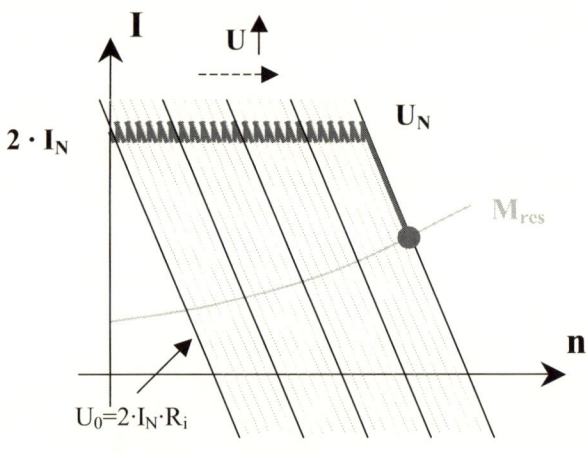

Figura 9.3

En este tipo de motores (ver (8.2)) cuando el flujo es constante, la velocidad de vacío es proporcional a la tensión de alimentación ($n_0 \approx \frac{U}{C_1 \cdot \phi}$), y la pendiente de las diferentes curvas características Par-Velocidad se mantiene constante (ver (8.4) y (8.5)), como se muestra en la Figura 9.4. Por tanto, mediante la variación de la tensión de alimentación se puede tener un proceso de arranque con corriente limitada como se muestra en la Figura 9.4, de forma que se mantiene controlado también el par motor ($M = C_2 \cdot \phi \cdot I_i$). En la misma Figura 9.4 se puede observar que finalmente, durante la elevación de la tensión aplicada, se alcanza el valor de la tensión asignada del motor y el final del arranque transcurre con el motor acelerando según esa característica hasta que se igualan el par motor y el par resistente en el punto de equilibrio, donde el motor queda girando a velocidad constante.

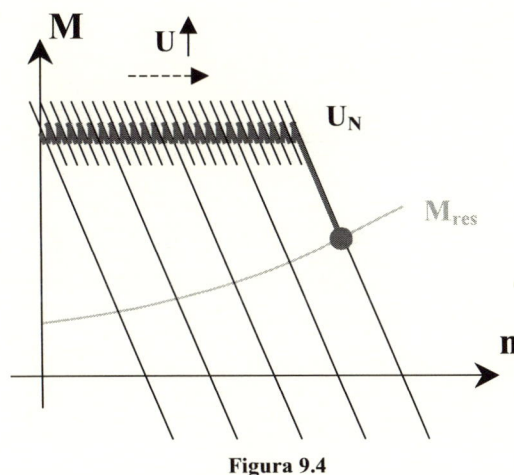

Figura 9.4

En cuanto a las posibilidades de utilización de una fuente de tensión regulable para la alimentación del motor durante el arranque y también durante el funcionamiento, hay varias soluciones actualmente, todas ellas basadas en convertidores electrónicos de potencia.

Partiendo de una fuente de alimentación monofásica o trifásica como la red de alterna, para disponer de una tensión continua regulable puede emplearse un **rectificador controlado** de tiristores (u otros dispositivos como GTOs o IGBTs), como se muestra en la Figura 9.5, o puede emplearse un **rectificador de diodos**, que da una tensión continua de valor no controlable, **más un convertidor regulable de continua** (CC/CC) con topología reductora, elevadora o ambas (ver Figura 9.6).

En el caso de que se disponga de una fuente de alimentación de corriente continua, para conseguir una tensión regulable para alimentar al motor sería necesario emplear solamente un convertidor regulable de continua (CC/CC), como se muestra en la Figura 9.6.

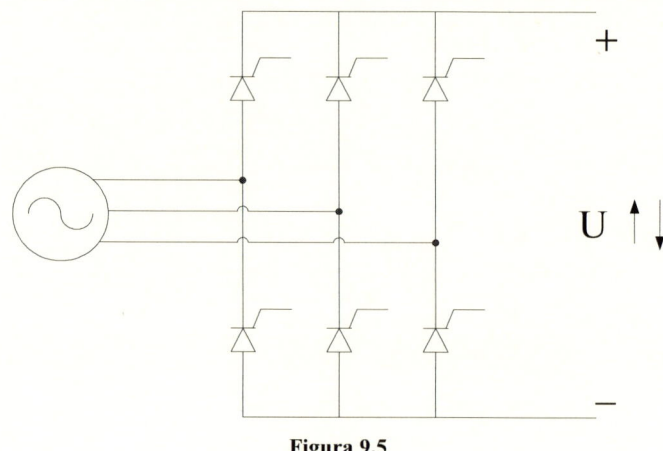

Figura 9.5

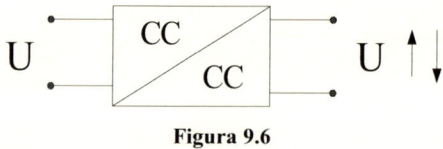

Figura 9.6

10. FRENADO ELÉCTRICO DE LOS MOTORES DE CORRIENTE CONTINUA

Según el Vocabulario Electrotécnico Internacional (VEI 411-52-46), el frenado eléctrico es un sistema de frenado en el cual la acción ejercida sobre la máquina tiene por efecto hacerla producir energía eléctrica que es, o disipada, o restituida a la red.

De acuerdo con esta definición, resulta evidente que el frenado eléctrico no puede llevar a cabo las tres funciones[1] que debe realizar un sistema de frenado, por lo que generalmente debe haber también un freno mecánico, electromagnético, etc. Estas tres funciones son:

- 1. Disminuir o anular progresivamente la velocidad de la carga (vehículo).
- 2. Estabilizar la velocidad en descensos (vehículos, ascensores, puentes-grua)
- 3. Mantener la carga (vehículo) detenido.

Para conseguir que un motor de corriente continua se pare, siempre existe la opción de desconectar su alimentación, aunque, como se ha indicado en el párrafo anterior, esto no es un frenado. Aún así, hay que prestar mucha atención a cómo se desconecta un motor con excitación independiente, porque nunca se debe desconectar la alimentación de la excitación antes que la del inducido. Efectivamente, si accidentalmente se desconectara la excitación, se perdería el flujo en la máquina y consecuentemente empezaría a consumir una elevada intensidad, según ($I_i = \dfrac{U - C_1 \cdot \phi \cdot n}{R_i}$). Además, si el motor estuviera en vacío, tendería a embalarse según ($n \approx \dfrac{U}{C_1 \cdot \phi}$), ya que la pérdida de excitación y flujo harían que el motor desarrollase un par muy débil (M=$C_2 \cdot \phi \cdot I_i$), no nulo, pues siempre queda el flujo remanente.

En general, debe recordarse que en una máquina de excitación independiente la excitación es lo primero que se conecta al arrancarla y es lo último que se desconecta al pararla.

Pero para conseguir que un motor frene de manera rápida y controlada no vale con desconectar su alimentación, en este caso se hace necesario emplear **métodos de frenado eléctrico**.

Existen tres tipos de frenado eléctrico: frenado por contracorriente, frenado reostático y frenado con recuperación o regenerativo.

10.1. Frenado por contracorriente

Este método de frenado consiste en crear un par en el motor que sea contrario al sentido de giro. Recordando la expresión del par en la máquina ((2.1) y (2.2)) se comprueba que para conseguir un par negativo se puede invertir o bien el sentido del flujo o bien el de la corriente del inducido. Normalmente es más rápido invertir la corriente en el inducido que en la excitación debido a la mayor constante de tiempo de este último devanado. En cualquier caso en esta maniobra se debe invertir la polaridad de la fuente de alimentación de la excitación o la

---

[1] El frenado eléctrico cumple parcialmente la función 1 y totalmente la 2.

del inducido, pero nunca las dos, porque en ese caso el sentido del par electromagnético no cambiaría. Esto explica que en los motores con excitación derivación o serie, no puede invertirse la única fuente de alimentación existente, dado que se invertirían simultáneamente el flujo y la corriente del inducido. En estos casos habrá que disponer un circuito de conexión especial que invierta la alimentación sólo a uno de los devanados.

En la Figura 10.1 se presentan las curvas características par-velocidad correspondientes a un motor con excitación independiente o derivación, para distintas tensiones de alimentación y con flujo constante. En esta figura se muestra también la evolución del proceso de frenado por contracorriente, partiendo del motor girando a velocidad constante n_1 (Punto 1 sobre la característica correspondiente a $U=U_N$), cuando se invierte la polaridad de la alimentación aplicada en los bornes del inducido. En ese momento el motor pasa bruscamente a trabajar como freno pues la nueva característica sobre la que funciona es la correspondiente a una alimentación $U= -U_N$ (Punto 2).

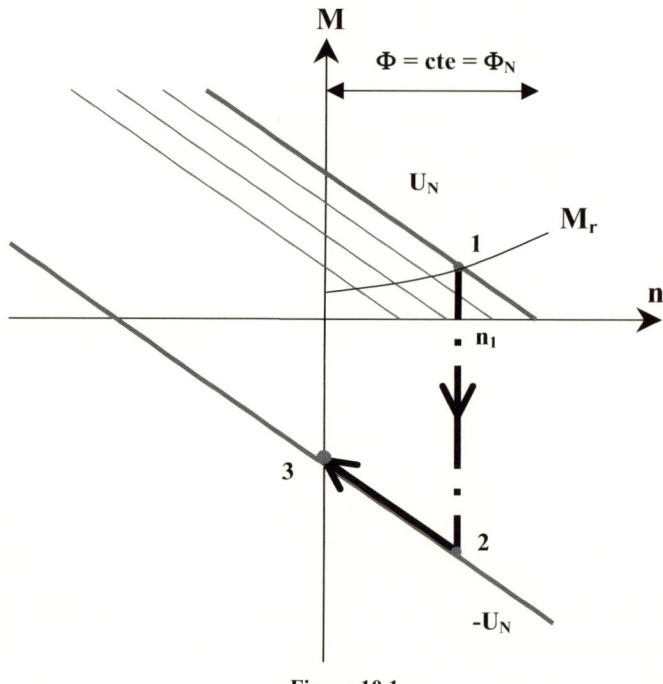

Figura 10.1

A partir de este punto el conjunto motor-máquina accionada evoluciona por la característica mecánica correspondiente a la nueva alimentación del motor ($U=-U_N$) respondiendo al nuevo balance de pares en el eje, en el que tanto el par resistente de la máquina como el nuevo par del motor (de frenado) tienen sentido contrario al movimiento. La velocidad disminuye según la nueva característica mecánica del motor, alcanzando el Punto 3. En este momento de velocidad nula debe desconectarse la alimentación del motor si no se quiere que vuelva a arrancar, ahora en sentido contrario al que llevaba originalmente.

En el funcionamiento del motor como freno (del Punto 2 al Punto 3) la máquina tiene una tensión negativa y una corriente negativa en el inducido, por tanto sigue consumiendo energía de la fuente de alimentación. También consume energía del accionamiento mecánico al cual frena, dado que se ha invertido el signo del par y no la velocidad ($P_{mec}=M·\omega$). La suma de ambas energías consumidas por el motor durante el frenado por contracorriente se convertiría en pérdidas en el motor, fundamentalmente pérdidas en el cobre, de no existir resistencias adicionales como suele ser la práctica habitual.

Teniendo en cuenta que, durante el régimen de frenado en contracorriente, la intensidad absorbida por el motor resulta $I_i = \dfrac{-U - C_1·\phi·n}{R_i}$, que en el momento inicial sería entre 20 y 50 veces la corriente asignada del motor (20-50I_N), es necesario añadir resistencias en serie con el inducido para limitar esta intensidad en el frenado.

10.2. Frenado reostático

Cuando se va a frenar el motor se conectan resistencias en serie con el inducido para limitar la intensidad por el mismo. En un **motor derivación** el esquema de conexión de estas resistencias sería igual que las de arranque (Figura 9.1).

En la Figura 10.2 se presenta el recorrido en la característica de intensidad I-n, que realizaría el motor representado en la Figura 9.1, según se van conectando los distintos escalones de resistencia que permiten llevar a cabo el frenado reostático del motor.

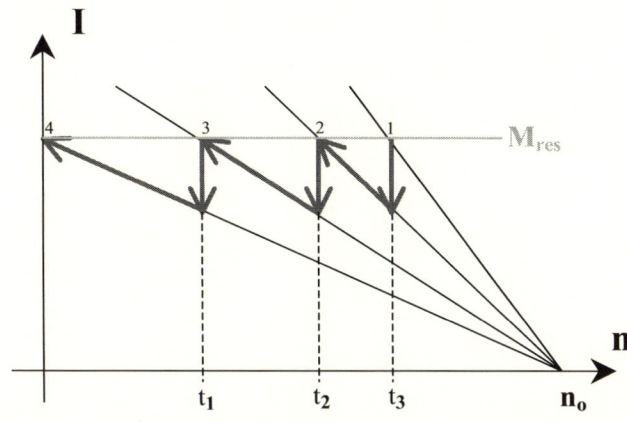

Figura 10.2

Este frenado se basa en que al añadir resistencias en serie con el inducido disminuye la intensidad (8.3) y el par motor (8.4), que se hace inferior al par resistente, lo que lleva al accionamiento a disminuir su velocidad hasta alcanzar un nuevo punto de equilibrio (Puntos 2, 3, etc). Debe observarse que la intensidad en el motor nunca supera el valor que tenía antes de iniciarse este frenado.

El frenado reostático es todavía hoy muy importante en tracción ferroviaria y metro cuando estos accionamientos tienen motores de corriente continua.

En el caso de frenado reostático de un motor serie, éste se desconecta de la red para pasar a funcionar como generador serie sobre la resistencia de frenado R_F, y como se puede ver en la Figura 10.3, si el frenado debe producirse con el mismo sentido de giro que el de motor, como ocurre en tracción, hay que invertir las conexiones del inductor. Efectivamente, en el paso de trabajar como motor a generador se invierte el sentido de circulación de la corriente por el inducido, luego para que no se invierta el flujo (excitación conectada en serie) debe invertirse su conexión.

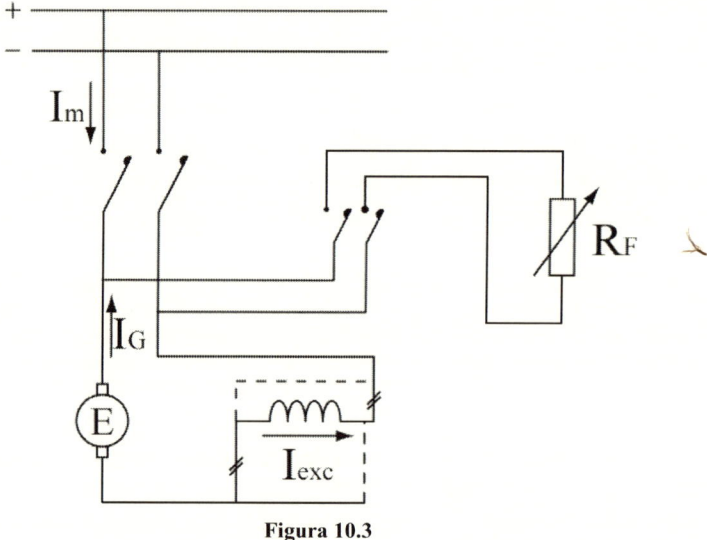

Figura 10.3

En este proceso cuando se va reduciendo la velocidad, disminuye E y consecuentemente la intensidad y el flujo por lo que terminará con la máquina desexcitada.

10.3. Frenado con recuperación o regenerativo

El frenado regenerativo debe su nombre a que durante el mismo la máquina pasa a trabajar como generador y devuelve energía a la red o a la fuente de donde se alimenta normalmente cuando trabaja como motor.

A continuación se presenta un ejemplo de cómo puede pasar un motor a trabajar como generador realizando un frenado regenerativo. Imagínese que un motor mueve el accionamiento de elevación (montacargas) como el que se presenta en la Figura 10.4.

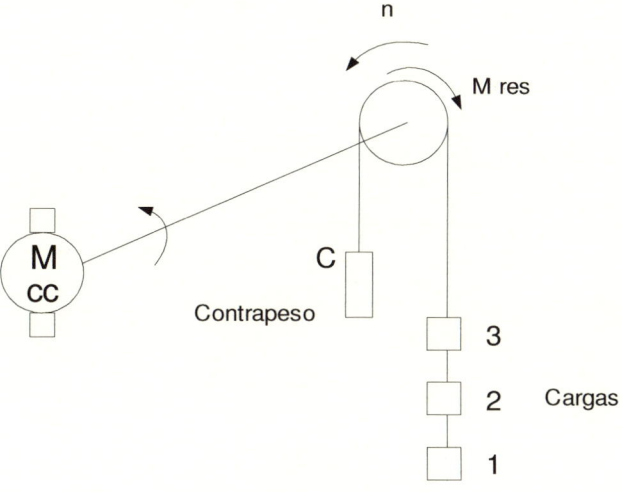

Figura 10.4

En la Figura 10.5 se presentan las curvas características mecánicas M-n (A) y de intensidad n-I (B) del motor para unas condiciones fijas de tensión de alimentación y flujo. Si el motor originalmente se encuentra trabajando en el Punto 1 elevando las tres cargas y se elimina la carga 3, el motor evolucionará según su curva característica hasta un nuevo punto de equilibrio ahora con la característica de par resistente correspondiente a las cargas 1 y 2 sólo (Punto 2). Si en esta situación se elimina la carga 2, suponiendo que la carga que queda (carga 1) tiene una masa igual a la del contrapeso (carga C), el nuevo punto de equilibrio corresponderá al motor girando en vacío (Punto 3). Finalmente, si se elimina también la carga 3 el motor acelerará, ahora arrastrado por la masa del contrapeso que supone un par resistente de signo contrario al que había anteriormente con las cargas conectadas. En este estado en la máquina se invierte el sentido de la corriente por el inducido y por tanto se invierte el sentido del par electromagnético y la máquina evoluciona, ahora trabajando como generador hasta el nuevo punto de equilibrio con el par resistente nuevo (Punto 4). La máquina trabajando en este estado, consume energía mecánica por el eje, dado que el par es negativo y la velocidad no ha cambiado de signo ($P_{mec}=M\cdot\omega$). Esta energía la absorbe a base de frenar al accionamiento que gira arrastrado por la masa del contrapeso. Finalmente debe considerarse la energía que la máquina consume de la red o la fuente de alimentación del inducido ($P=U\cdot I$), que resulta negativa dado que la corriente se ha invertido respecto a la que había en los puntos de funcionamiento 1 y 2, pero no así la tensión aplicada al inducido, que se mantiene constante en todos los puntos de funcionamiento mencionados y recogidos en la Figura 10.5. Por tanto durante el funcionamiento de la máquina en el Punto 4, por un lado se está realizando un frenado o "retención" que impide la aceleración del accionamiento arrastrado por la masa del contrapeso, y por otro lado se está devolviendo energía a la red, energía que se extrae del accionamiento al cual frena. Se esta realizando un "frenado regenerativo", también conocido como "frenado con recuperación" que sirve para retener o evitar el embalamiento, pero no sirve para parar y bloquear al accionamiento.

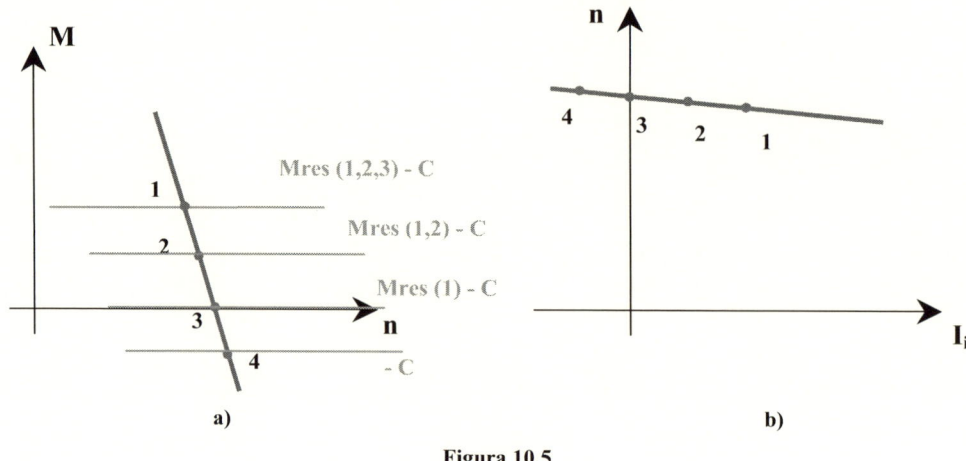

Figura 10.5

La ventaja más importante de este tipo de frenado es que permite devolver la energía del frenado a la red o a la fuente de alimentación del motor, por lo que constituye una opción muy interesante desde el punto de vista energético de la instalación.

En los accionamientos de tracción eléctrica como trenes, metro o vehículos más ligeros (autobuses y coches eléctricos), sometidos a constantes arranques y frenados, la recuperación de la energía durante el frenado es esencial. Dado que estos accionamientos, como ya se ha indicado en el Capítulo 8, llevan motores de excitación serie, en los que aplicar un frenado regenerativo se vuelve un proceso difícil e inestable, normalmente se opta por cambiar a excitación independiente cuando se tiene que realizar el frenado regenerativo.

Considérese el tren que baja una rampa, el par externo acelera al tren pero la f.c.e.m. E no puede hacerse superior a U, ya que al reducirse U-E, disminuye I (8.7) y por tanto el valor del flujo inductor (8.6), que compensa el aumento de la velocidad sobre E (8.8) (en realidad llegaría a una velocidad peligrosa, velocidad del motor serie en vacío). No es posible, pues, en el motor serie, la fácil transición de motor a generador que presenta el motor derivación.

Si se llegara a tener al motor serie trabajando como generador E >U (funcionamiento previo con resistencias), éste sería muy sensible a variaciones en la tensión U en bornes de la máquina y su funcionamiento se haría inestable. Imagínese que, por ejemplo, aumenta la tensión de la catenaria U, si se llegara a U >E, se invertiría el sentido de la corriente I, E cambiaría de sentido (cambia el flujo) y se produciría un cortocircuito en el generador (la tensión U+E quedaría aplicada a la resistencia interna $R_i + R_{exc}$).

Un aspecto decisivo cuando se plantea el frenado regenerativo en un accionamiento con motor de corriente continua es la fuente de alimentación del motor, que debe ser reversible para permitir el flujo bidireccional de energía que ocurre cuando la máquina cambia de modo de funcionamiento motor o generador. En el caso de que el motor se alimente a través de un convertidor electrónico, éste no puede incluir un puente de diodos o un puente de tiristores unidireccional, sino que debe permitir el flujo de energía eléctrica en los dos sentidos.

En la Figura 10.6 se presenta la evolución del par del motor en un frenado regenerativo en el caso de un motor de excitación independiente y con la reacción de inducido compensada que se alimenta a través de un convertidor de tensión variable.

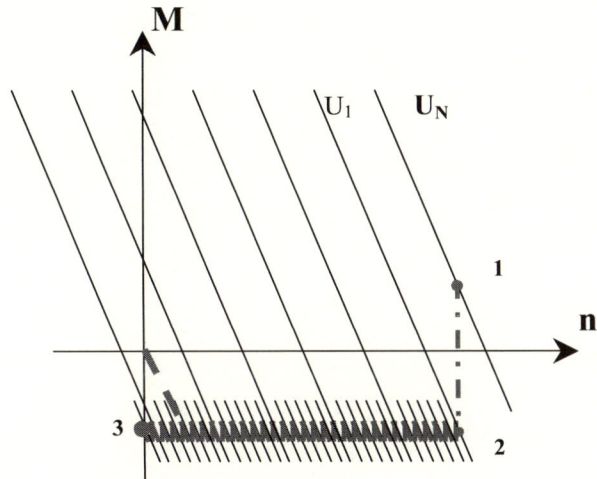

Figura 10.6

Puede observarse que desde el inicio del frenado (Punto 1), en el que la máquina trabaja como motor, el proceso consiste en una bajada brusca de la tensión aplicada al inducido (de U_N a U_1) de forma que se invierte el sentido de la corriente y el par en la máquina (Punto 2). Una vez se tiene a la máquina trabajando como generador, el frenado continúa pero ahora reduciendo la tensión de alimentación de manera que se controle la corriente y el par de frenado para que se mantengan en los valores preestablecidos. El frenado termina en el Punto 3, en el que se desconecta la alimentación cuando el motor alcanza la velocidad nula. En la figura 10.6 puede observarse que este punto se obtiene aplicando al motor una pequeña tensión negativa, para mantener constante la corriente y el par hasta el final del frenado.

Otra opción, para cuando no hay par exterior, es terminar el frenado cuando se llega a aplicar tensión nula en el inducido, aunque se tendría un frenado un poco más lento en la última etapa (dibujada a trazos discontinuos en la Figura 10.6).

Finalmente, en la Figura 10.7 se presenta la continuación del frenado a contracorriente recogido en el ejemplo de la Figura 10.1, correspondiente al caso de no desconectar la alimentación cuando el motor ha frenado y alcanzado la velocidad nula. A partir del Punto 3 la máquina arrancaría trabajando como motor hasta que de nuevo se vuelva a producir un equilibrio entre el par de la máquina y el par resistente de la instalación. Puesto que en este ejemplo se ha elegido un accionamiento de tipo grúa donde el par resistente permanece constante e independiente de la velocidad de giro, la máquina acelerará hasta quedar trabajando como generador en un punto de funcionamiento que corresponde a un frenado regenerativo (Punto 4).

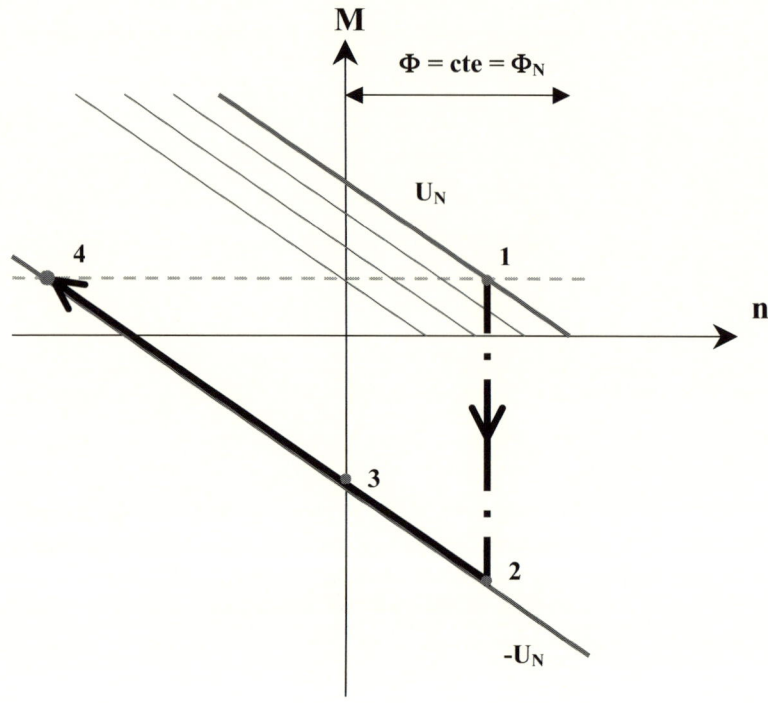

Figura 10.7

11. REGULACIÓN DE VELOCIDAD EN MOTORES DE CORRIENTE CONTINUA

Dado que la velocidad en un motor de continua es prácticamente directamente proporcional a la tensión de alimentación e inversamente proporcional al flujo establecido en la máquina $n \approx \dfrac{U}{C_1 \cdot \phi}$ (ver (8.1) y (8.2)), la regulación de la velocidad se puede realizar actuando sobre la tensión (U) o sobre el campo magnético (flujo ϕ). Esto hace que el motor de corriente continua que se emplea normalmente para regulación de velocidad sea el de excitación independiente. Las fuentes de tensión regulada que se utilizan para alimentar el inducido y el devanado de campo pueden ser convertidores electrónicos CA/CC o CC/CC según sea de alterna o continua respectivamente, la red de alimentación (ver Figuras 9.5 y 9.6).

– Regulación de velocidad por variación de U (ϕ = cte) ($0 < n \le n_N$).

Para regular la velocidad de un motor de corriente continua lo normal será establecer previamente un flujo en la máquina igual al asignado, esto es, el flujo pleno. Una vez se dispone del flujo máximo se regulará la velocidad de giro del motor a base de regular la tensión de alimentación del mismo. Es pues éste, un tramo de **regulación a flujo constante**.

La ventaja de regular la velocidad mediante la tensión mientras se dispone siempre del máximo flujo en el motor, es que se puede disponer del par máximo a cualquier velocidad. Recuérdese que el par es proporcional al producto del flujo por la intensidad de inducido ($M = C_2 \cdot \phi \cdot I_i$), así que para disponer del par máximo cuando se tiene el flujo pleno en el motor sólo hace falta que aumente la corriente hasta su valor asignado, lo que ocurrirá, claro está, a medida que vaya aumentando el par resistente que tenga que vencer el motor.

En la Figura 11.1 se presenta la evolución que debe seguir la tensión de alimentación en este tramo de regulación de la velocidad a flujo constante. El margen de regulación de velocidad permitido en este tramo mediante la regulación de la tensión desde cero a la tensión asignada es muy amplio. Se obtiene una regulación muy fina de la velocidad, pudiéndose alcanzar cualquier valor de la misma comprendido entre cero y la velocidad asignada del motor.

– Regulación de velocidad por variación del flujo (U = cte) ($n > n_N$).

Para que el motor supere la velocidad asignada, si se pretendiera seguir manteniendo constante el flujo, según el criterio de regulación del apartado anterior, se debería alimentar al motor con una tensión superior a la asignada, lo cual nunca debe realizarse. La forma de conseguir que aumente la velocidad manteniendo constante la tensión de alimentación en su valor máximo ($U = U_N$) es a base de reducir el flujo en el motor ($n \approx \dfrac{U}{C_1 \cdot \phi}$). En la Figura 11.1 se presenta la evolución que debe seguir el flujo en este tramo de regulación de la velocidad con tensión de alimentación constante.

En este tramo de regulación de velocidad el motor trabaja a velocidades por encima de la asignada y se aplica una estrategia de regulación de velocidad conocida como **flujo reducido o campo debilitado**. En este caso, a mayor velocidad requerida en el motor y todo el accionamiento, menos flujo se tiene que establecer en el motor, lo que se conseguirá, lógicamente, reduciendo la intensidad en el devanado de campo.

La consecuencia inmediata de trabajar con campo reducido es que se pierde disponibilidad de par ($M=C_2 \cdot \phi \cdot I_i$), obteniéndose un par máximo que va disminuyendo a medida que aumenta la velocidad, en la misma proporción que disminuye el flujo, concretamente a razón de $1/n$.

En este tramo de regulación, a priori, se mantiene constante la potencia máxima que puede desarrollar el motor, dado que, aunque aumente la velocidad, el flujo se reduce en la misma proporción ($P_{mec}=M \cdot \omega$). En la Figura 11.2 aparece el par máximo disponible con el criterio de regulación con flujo constante y con el de flujo reducido. Así mismo, en la Figura 11.2 se muestra la máxima potencia que puede desarrollar un motor con cada uno de los dos criterios de regulación de velocidad presentados.

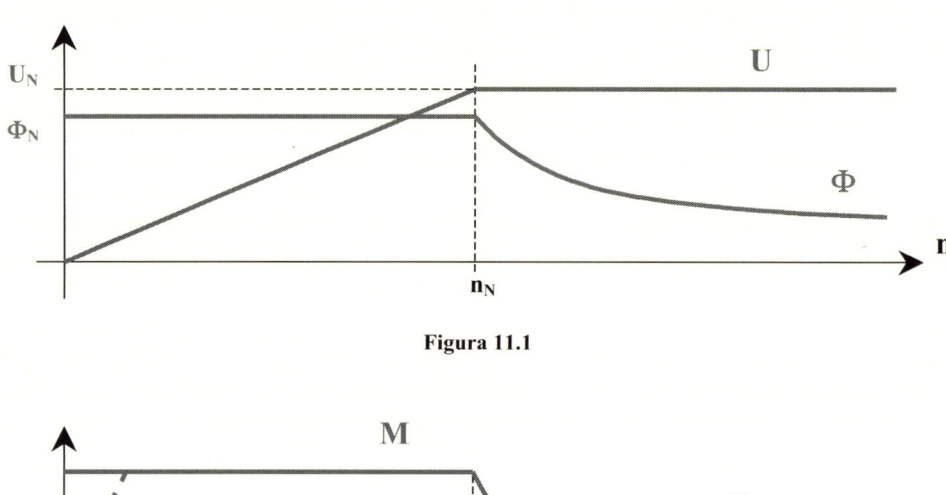

Figura 11.1

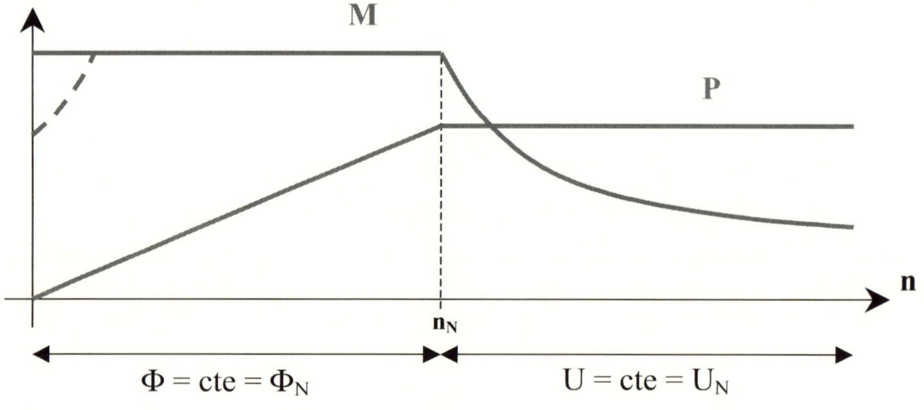

Figura 11.2

Merece especial atención el hecho de que en función de como sea la refrigeración de un motor se puede o no disponer de su par máximo a muy baja velocidad. Efectivamente, si un motor es autoventilado, es decir, si su refrigeración se basa en un ventilador acoplado en el eje de la máquina, esta refrigeración se vuelve muy poco efectiva cuando el motor gira a baja velocidad. Por tanto, a bajas velocidades no se puede alcanzar siquiera la intensidad asignada en el motor y consecuentemente el par máximo permitido disminuirá respecto al asignado, tal y como aparece reflejado en la línea de puntos de la Figura 11.2. Si la refrigeración del motor es independiente de la velocidad del motor (el ventilador es movido por otro motor), entonces no hay merma en la capacidad de refrigeración a bajas velocidades y la curva de par máximo se mantiene hasta la velocidad nula.

Por otro lado, debe tenerse en cuenta que aunque exista un criterio de regulación de la velocidad que permita que se supere la velocidad asignada de un motor, esto no siempre es posible, ya que hay que tener en cuenta criterios de tipo mecánico para comprobar la máxima velocidad a la que puede girar el conjunto del accionamiento en función de sus distintas partes constitutivas. Por ejemplo, partes como los rodamientos tienen una velocidad máxima de funcionamiento a partir de la cual falla la lubricación y el fabricante no se responsabiliza de su resultado. La velocidad máxima a la que puede girar un motor de corriente continua debe venir especificada por el fabricante y normalmente estará condicionada por la conmutación (nivel de chispeo) en el colector antes que por otros componentes mecánicos del mismo.

En la tracción con catenaria de corriente continua (la mayor parte todavía en España) la regulación de la velocidad de los trenes se hacía, y se hace todavía en muchos casos, a base de cambiar la conexión (en serie o paralelo) de los distintos motores de una locomotora. De esta forma se consigue regular la tensión aplicada a cada uno de estos motores serie, mientras que la regulación del flujo (ϕ) se realiza mediante la variación del número de espiras del devanado de campo (ver Figura 8.10).

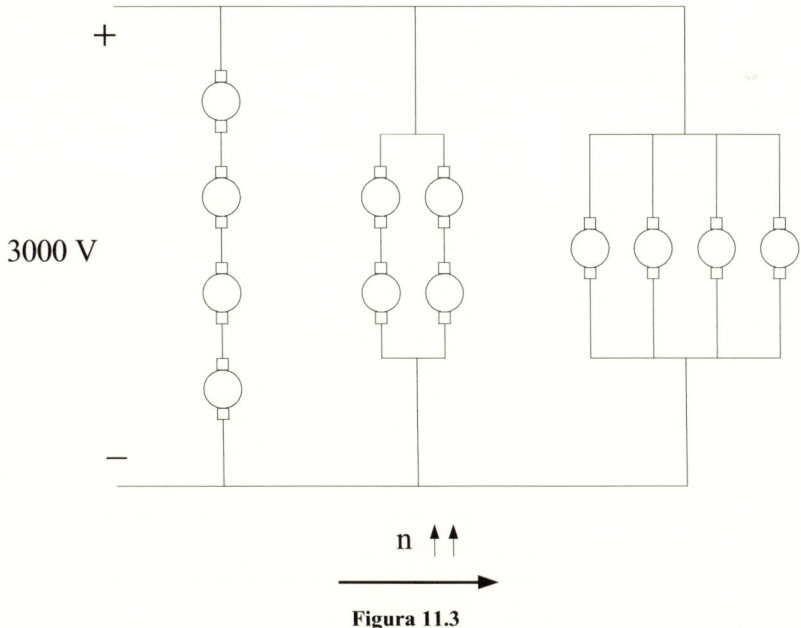

Figura 11.3

En la Figura 11.3 se puede apreciar el caso de las distintas configuraciones posibles de conexión entre los cuatro motores de la locomotora de un tren. A baja velocidad se conectan los cuatro motores en serie de forma que a cada motor se le aplica una tensión igual a la de la catenaria (3000 V) dividida por cuatro. A mayor velocidad se conectan en paralelo dos parejas de motores conectados en serie entre sí, y finalmente, para conseguir la máxima velocidad se conectan los cuatro en paralelo de forma que a todos se les aplica la tensión de la catenaria.

En la actualidad para conseguir la regulación de velocidad de los motores de continua de excitación independiente se utilizan los convertidores electrónicos, que deberán actuar tanto en la tensión de alimentación del inducido como en la de la excitación.

Merece especial mención el sistema de regulación de velocidad de los motores de corriente continua que se utilizaba y se utiliza aún hoy en muchos accionamientos de elevada precisión como por ejemplo los trenes de laminación en la siderurgia o los sistemas de rodillos de la industria papelera. Antes de los sofisticados sistemas de regulación basados en la teoría de vectores espaciales que hoy en día se utilizan para regular la velocidad de los motores de inducción que empiezan a remplazar a los grupos con motores de corriente continua, era muy utilizado el conocido "**grupo Ward-Leonhard**". Este conjunto consiste en un motor de inducción alimentado directamente de la red de alterna que acciona a un generador de corriente continua cuya tensión generada se regula muy finamente a través del circuito de excitación (de pequeña potencia) y se emplea para alimentar al motor de continua cuya velocidad se quiere regular. En la Figura 11.4 se presenta un esquema de las máquinas que integran un grupo Ward-Leonhard y la conexión entre ellas.

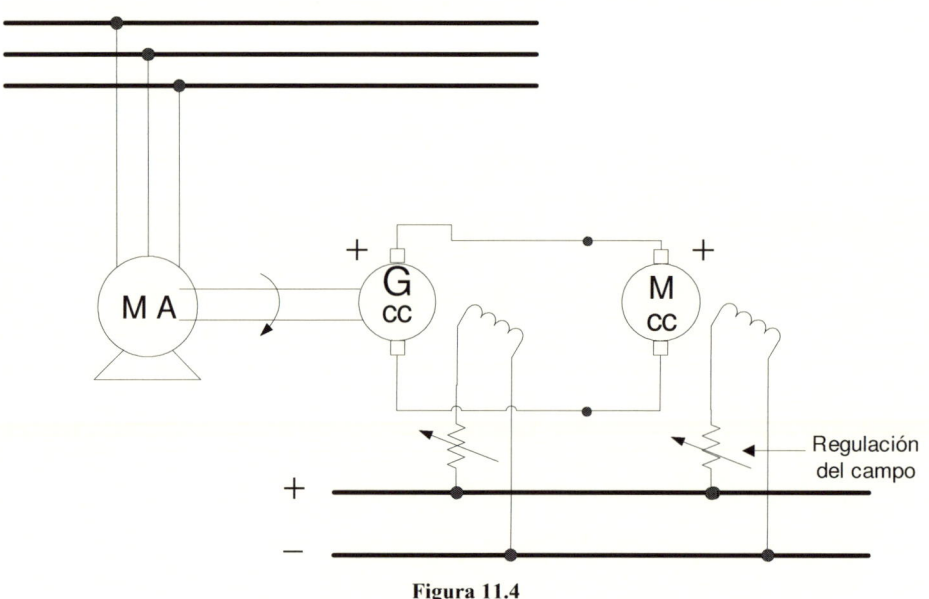

Figura 11.4

El objetivo básico del sistema Ward-Leonhard es poder regular con una potencia reducida (excitación del generador de corriente continua) una fuente de gran potencia (el inducido del generador de corriente continua que gira a velocidad constante accionado por el motor de alterna), que se emplea para la alimentación regulada del inducido de un motor de continua. Como puede apreciarse en la Figura 11.4, este sistema también incluye un sistema de regulación del flujo (φ) del motor cuya velocidad se quiere regular. En definitiva, empleando tres máquinas de la misma potencia se consigue un motor de continua con una regulación muy fina y excelentes prestaciones. La principal desventaja de este sistema es el coste y el espacio físico que requiere. Sin embargo la calidad del resultado y las prestaciones obtenidas con este sistema de regulación de velocidad sólo están empezando a igualarse hace pocos años y mediante sistemas mucho más sofisticados, aunque, eso sí, emplean motores de corriente alterna, que son más robustos y económicos que los de continua.

Modelo de la máquina de corriente continua

En la Figura 11.5 se presenta el modelo del motor de corriente continua que se utiliza en los sistemas modernos de regulación de velocidad de estas máquinas. Este modelo no es sólo válido para régimen permanente como el que se ha utilizado en los capítulos anteriores con fines didácticos, sino que es un modelo en régimen transitorio y, por tanto, válido para estudiar el comportamiento de la máquina a lo largo del tiempo durante los procesos en los que varia el punto de funcionamiento del motor (arranques, frenados, variación de la velocidad, etc).

Se van a utilizar las ecuaciones que representan el comportamiento del motor en régimen transitorio que se han estudiado en el capítulo 4, y que se presentan a continuación.

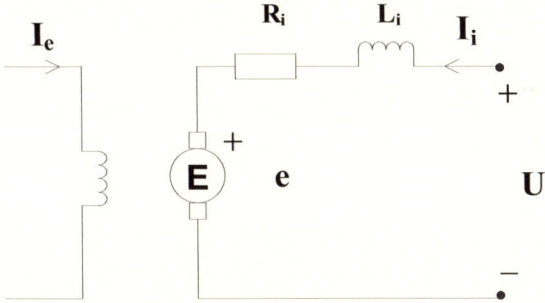

Figura 11.5 Circuito equivalente.

$$u = R_i \cdot i + L_i \frac{di}{dt} + e$$

$$m_m = C_2 \cdot \phi \cdot i \quad (C_2 = \frac{p}{a} \cdot \frac{N}{2\pi})$$

$$e = C_2 \cdot \phi \cdot \omega$$

$$m_m - m_{res} = J \frac{d\omega}{dt} + A \cdot \omega$$

A continuación se pasan las ecuaciones anteriores al dominio de Laplace:

$$U(s)\text{-}E(s) = R_i \cdot I(s) + L_i \cdot s \cdot I(s) ; \qquad\qquad (T_i = \frac{L_i}{R_i})$$

$$M(s) = C_2 \cdot \phi \cdot I(s) ;$$

$$E(s) = C_2 \cdot \phi \cdot \Omega(s) ;$$

$$M_m(s) - M_{res}(s) = J \cdot S \cdot \Omega(s) + A \cdot \Omega(s) .$$

Finalmente se obtiene el modelo del motor a base de conectar entre sí los distintos bloques que representan las ecuaciones de la máquina de corriente continua. El modelo resultante, que se presenta en la Figura 11.6, tiene dos entradas que son la tensión de alimentación (U) y el par de carga (M_c), aunque el flujo (ϕ) también podría ser una entrada. La salida es la velocidad del motor (Ω), mientras que la corriente (I) y la f.em del inducido (E), así como el par interno (M), son variables también disponibles en el modelo.

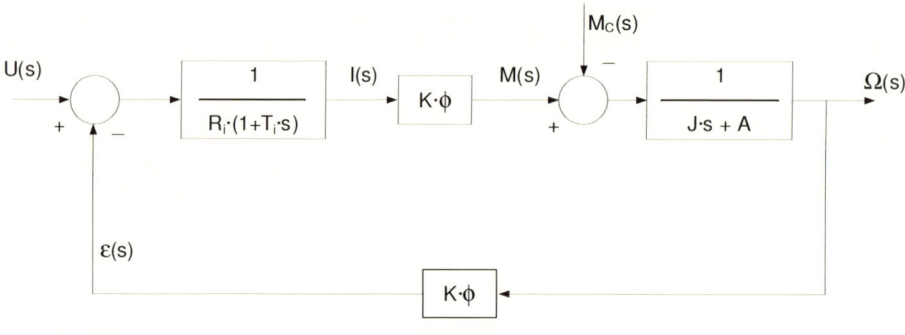

Figura 11.6

En la Figura 11.7 se presenta un esquema de regulación para la velocidad de un motor de corriente continua. Se trata de un esquema muy sencillo en el que la velocidad de consigna se compara con la velocidad real de la máquina y el error entra en un regulador que determina la tensión a aplicar al motor. Lógicamente hay un bloque limitador que impide que la tensión supere el valor asignado. En cuanto al valor del flujo que debe establecerse en el motor, éste se decide en función de la velocidad de giro según una tabla que determina cuándo se trabaja con el flujo asignado y cuándo se entra en zona de campo debilitado. Este esquema de regulación puede utilizarse bien directamente para determinar la tensión de alimentación y el flujo de un motor real, o bien conjuntamente con el modelo de la máquina representado en la Figura 11.6, para realizar simulaciones del comportamiento del motor y de los parámetros del sistema de control.

[Regulación de velocidad en motores de corriente continua.]

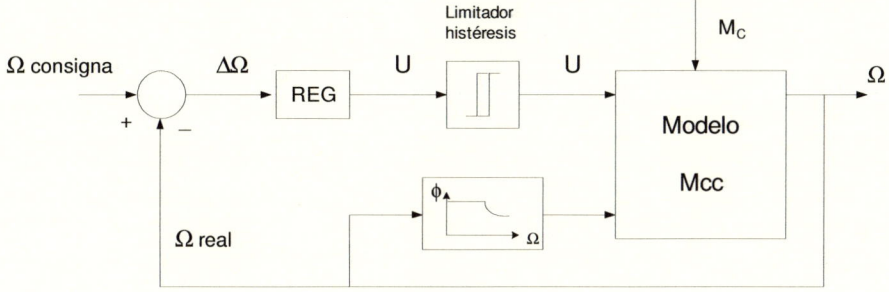

Figura 11.7

PROBLEMAS RESUELTOS DE MÁQUINAS DE CORRIENTE CONTINUA

PROBLEMA 1

El motor de arrastre de un electrotrén 444 (Intercity) tiene las siguientes características:

Potencia: 290 kW $R_{excitación} = 0.07\ \Omega$

Tensión: 1500 V $R_{inducido} = 0.07\ \Omega$ (incluye la $R_{contacto}$ escobillas)

Rendimiento: 0.92 $R_{polos\ conmutación} = 0.025\ \Omega$

$p = 2$ $R_{dev.\ compensación} = 0.037\ \Omega$

Se conoce también la curva característica del motor ensayado en vacío como generador de excitación independiente a 1500 r.p.m: $E_0 = (2390·I_{ex})/(123+I_{ex})$.

1. Si el tren se encuentra en un tramo donde el motor funciona en las condiciones asignadas; ¿A qué velocidad gira el motor? ¿Qué par desarrolla en estas condiciones?

2. El tren llega a un tramo de pendiente negativa y se observa que la intensidad que consume el motor es 1/3 de la asignada .(1/3 I_N) ¿Cuál es la nueva velocidad y el par útil del motor en esta pendiente?

3. ¿Qué velocidad tendría el motor si se conecta una resistencia de 0.07 Ω en paralelo con el devanado de campo? NOTA: Se supone el motor en las condiciones del apartado 2 ($I=1/3*I_N$.)

4. ¿Cual es el número de espiras de excitación por polo que necesita el motor, si tiene las siguientes dimensiones:

Longitud: 300 mm.   Entrehierro: 5.3 mm. (suponer constante bajo los polos)

Diámetro: 450 mm.   Recubrimiento polar: 0.7

Devanado imbricado simple, N=592 conductores.

Solución:

$P_1 = P / \eta = 290·10^3 / 0,92 = 315217,4$ W

$I_N = P_1 / U = 315217,4 / 1500 = 210,14$ A ;

1. $E = (2390·I)/(123+I)$; (válida para n = 1500 r.p.m);

$U = E + (R_i + R_{ex})·I$; $1500 = E + 0,202·210,14$;

$E = 1457,55$ V ;

La corriente de 210,14 A supondría una f.e.m a la velocidad de 1500 r.p.m. de: E = 1507,6 V ;

Dado que E = cte·I·n, se tiene: $1507,6 / 1500 = 1457,55 / n$; $n = 1450,22$ r.p.m.

$M_i = (E·I) / (2·\pi·n/60) = 2016,82$ N·m ; $M_u = (P_u) / (2·\pi·n/60) = 1909,6$ N·m ;

$M_{pérdidas} = 107,25$ N·m ; Si se considera el par de pérdidas proporcional a la velocidad, se tiene: $M_{pérdidas} = K·n = 107,25/1450,22 = 0,07395·n$;

2. $I = I_N/3 = 210,14/ 3 = 70$ A ;

[219]

$U = E + (R_i + R_{ex}) \cdot I$; $1500 = E + 0,202 \cdot 70$; $E = 1485,85$ V ;
$E(1500 \text{rpm}) = (2390 \cdot 70)/(123+70) = 866,84$ V ;
$\qquad$ $866,84 / 1500 = 1485,85 / n$; $\qquad$ $n = 2571,15$ r.p.m.
$M_i = (E \cdot I) / (2 \cdot \pi \cdot n/60) = 386,3$ N·m ; $\qquad$ $M_{\text{pérdidas}} = 0,07395 \cdot 2571,15 = 190,13$ N·m ;
$\qquad$ $M_u = M_i - M_{\text{pérdidas}} = 196,15$ N·m .

3. $U = E + (R_i + R_{ex}/2) \cdot I$; $1500 = E + 0,167 \cdot 70$; $E = 1488,31$ V ;
$\qquad$ $I_{ex} = 70/2 = 35$ A ; $E(1500 \text{rpm}) = (2390 \cdot 35)/(123+35) = 529,43$ V
$529,43 / 1500 = 1488,31 / n$; $\qquad$ $n = 4216,73$ r.p.m.

4. $E = (N \cdot p / 60 \cdot a) \cdot \phi \cdot n$; $1457,55 = (592 \cdot 2 / 60 \cdot 2) \cdot \phi \cdot 1450,22$; $\phi = 0,10186$ Wb/polo .
$\phi = \iint B \cdot ds$; Si se considera una distribución uniforme del campo bajo la expansión polar:
$B = \phi / S = \phi / (\tau p \cdot 0,7 \cdot L) = \phi / ((\pi \cdot D/2p) \cdot 0,7 \cdot L) = 0,10186 / ((\pi \cdot 0,45/4) \cdot 0,7 \cdot 0,3) = 1,37$ T ;
Si se considera que la permeabilidad magnética del hierro es infinita frente a la del aire,
$H = B / \mu_o = 1,37 / 4\pi \cdot 10\text{-}7 = 1092163,3$ Av/m ;

De la ley de Ampere, se tiene:
$\quad N \cdot I = \int H \cdot dl$; $N \cdot I = H \cdot \delta \cdot 1,25 =$
$N \cdot I = 1092163,3 \cdot 0,0053 \cdot 1,25$;
$N \cdot I = 7235,6$ Av ;
Si $I_N = 210,14$ A, (excitación serie)
Entonces :
$\quad N = 34,43$ espiras /polo.

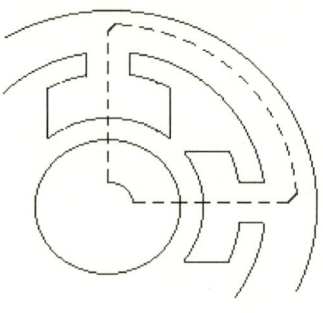

PROBLEMA 2

Un motor de C.C. de excitación derivación de 50 CV, 250 V, 960 r.p.m. tiene las siguientes características:

Rf = 125 Ω , Lf = 50 H $\qquad\qquad$ Jm = 1.5 kg·m^2 .

Ri = 0.07 Ω , Li ≈ 0 (con devanado de compensación)

η = 0.92

Se le hace girar como generador en vacío, con la excitación desconectada, mediante un pequeño motor tarado de excitación derivación, a 1200 r.p.m., absorbiendo este motor una intensidad de 4 A alimentado a 180 V, con un rendimiento de 0,8 .

Calcular:

1. Las diferentes pérdidas del motor principal cuando funciona con las condiciones asignadas.

2. Intensidad absorbida por el motor auxiliar, si se hace girar ahora el motor principal como generador en vacío pero con la excitación conectada en derivación y ajustando la tensión en vacío a 125 V.

3. Se arranca el motor con una carga acoplada que tiene un momento de inercia de 2.0 kg·m^2 y con un par resistente nulo (en vacío). Se coloca una resistencia de arranque para que la punta de arranque en el inducido sea 2·I$_N$. Determinar la velocidad y la intensidad en función del tiempo, si se mantiene constante la resistencia de arranque, y el tiempo de arranque (tiempo hasta que alcanza una velocidad del 99% de la final (t= ∞).

Nota: Se considerará que en el momento del arranque, se ha conectado previamente el devanado de campo del motor.

Solución:

Del motor tarado se obtienen las pérdidas mecánicas a la velocidad de 1200 r.p.m.

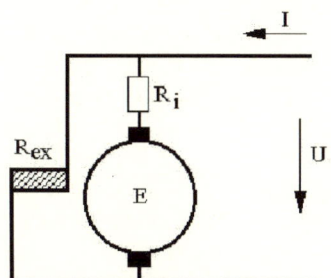

P$_1$ = 180·4 = 720 W; (potencia consumida).

Pu = 720·0,8 = 576 W (potencia útil entregada).

Dado que las pérdidas mecánicas son proporcionales al cuadrado de la velocidad, se tiene:

P$_{mec}$ = A·n^2 ; 576 = A·1200^2 ; A = 0,0004 ;

La potencia asignada del motor derivación es:

Pu = 50·736 = 36,8 kW ;

La potencia eléctrica consumida será por tanto : P$_1$ = Pu / η = 36,8 / 0,92 = 40 kW;

y la potencia de pérdidas : P$_{pérdidas}$ = 3200 W ;

I$_{exN}$ = 250 / 125 = 2 A; $\qquad$ I$_N$ = 40000/250 = 160 A; $\qquad$ I$_{iN}$ = 158 A;

U = E + R$_i$·I$_i$; 250 = E + 0,07·158 ; E = 238,94 V (a 960 r.p.m.);

1. Pérdidas:

P$_{Cui}$ = R$_i$·I$_i^2$ = 0,07·158^2 = 1747,48 W ;

P$_{CuEx}$ = R$_{Ex}$·I$_{Ex}^2$ = 125·2^2 = 500 W ;

P$_{mec}$ = A·n^2 = 0,0004·960^2 = 368,64 W ;

P$_{Fe}$ = P$_{pérdidas}$ - P$_{Cui}$ - P$_{CuEx}$ - P$_{mec}$ = 583,88 W ;

A la tensión de alimentación constante de 250V, se pueden agrupar las pérdidas en el hierro y las pérdidas mecánicas según: $P_{mec+Fe} = (368,64+583,88)/960^2 \cdot n^2 = 0,00103 \cdot n^2$;
(U=250V) $M_{mec+Fe} = (368,64+583,88)/(2\pi960^2/60) \cdot n = 0,00987 \cdot n$;

2. Con el generador en vacío, I_{ex} es la única intensidad que circula por el inducido de la máquina. $I_{ex} = 125 / 125 = 1$ A; $E = 0,07 \cdot 1 + 125 = 125,07$ V;
        La velocidad del motor principal, en este caso será:
$E = K \cdot \phi \cdot n$; $238,94 / 125,07 = 2 \cdot 960 / n$; (había doble de flujo)   n = 1005 r.p.m.
        $P_{Cui} = 0,07 \cdot 1^2 = 0,07$ W ;
        $P_{CuEx} = 125 \cdot 1^2 = 125$ W ;
La potencia de pérdidas en el hierro es proporcional al cuadrado de la tensión (flujo) y al cuadrado de la velocidad (frecuencia).
        $P_{mec} + P_{Fe} = (0,0004) \cdot n^2 + ((583,88 \cdot 125,07^2)/(960^2 \cdot 238,94^2)) \cdot n^2 = 579,33$ W ;
La potencia de pérdidas en el motor principal es igual a la potencia útil del motor auxiliar:
$P_{pérdidas} = P_{Fe} + P_{Cui} + P_{CuEx} + P_{mec} = 704,4$ W = Pu ;
Si se considera que mantiene el mismo rendimiento: $P_1 = Pu / \eta = 880,5$ W
        $I = P_1 / U = 4,89$ A ;

3. $M_i = M_{per} + M_{res} + J \cdot d\omega/dt$; $M_i = 0,00987 \cdot n + 3,5 \cdot (2\pi/60) \cdot dn/dt$;
        $U = E + (R_i + R_{ad}) \cdot I_i$; (en el arranque E=0) ; $250 = (0,07+R_{ad}) \cdot 316$; $(I_i = 2 \cdot I_N)$
$R_{ad} = 0,721 \Omega$; $R_i + R_{ad} = 0,791 \Omega$;
        $U = E + (R_i + R_{ad}) \cdot I_i$; $E = K \cdot \phi \cdot n = K_1 \cdot \phi \cdot 2\pi n/60$
        $M_i = K_1 \cdot \phi \cdot I_i = E/(2\pi n/60) \cdot I_i = E/(2\pi n/60) \cdot (U-E)/(R_i + R_{ad})$;
Si se considera que el devanado de campo ya estaba en tensión en el momento del arranque, no se incluirá su transitorio de alimentación en este estudio. Así pues, el flujo se mantiene constante si la máquina está compensada y en el devanado de campo no varía ni la tensión (se considera que la red es muy fuerte), ni la resistencia.
        $E = (238,94/960) \cdot n = 0,2489 \cdot n$;
$M_i = 0,2489 \cdot n /(2\pi n/60) \cdot (250-0,2489 \cdot n)/(0,791)$; $M_i = 751 - 0,7478 \cdot n$;
        $751 - 0,7478 \cdot n = 0,00987 \cdot n + 0,3665 \cdot dn/dt$; $751 = 0,3665 \cdot dn/dt + 0,7576 \cdot n$;
Ecuación diferencial de 1º orden, que da como resultado:
        $n = A \cdot e^{-2,07 \cdot t} + B$;
Dado que en t=0, n=0 , se tiene : A+B=0 ;
En t=∞ ; n= 751/0,7576 = 991 r.p.m. = B ; $n = -991 \cdot e^{-2,07 \cdot t} + 991$;
        El tiempo empleado en llegar a n=981,4 r.p.m. (99% n_N) es : 2,24 s
        $i = (250 - 0,2489 \cdot n)/0,791 + 2$;

PROBLEMA 3

La excitatriz derivación de una central térmica tiene las siguientes características:

P_N = 1800 kW, V_N = 420 V, n_N = 3000 r.p.m.   R i = 0,007 Ω

Se conoce también su característica de vacío obtenida con excitación independiente a la velocidad asignada.

If (A)	Eo (V)
0	0
2	147
4	278
6	374
8	425
10	475
12	495
14	512
15	518
20	529

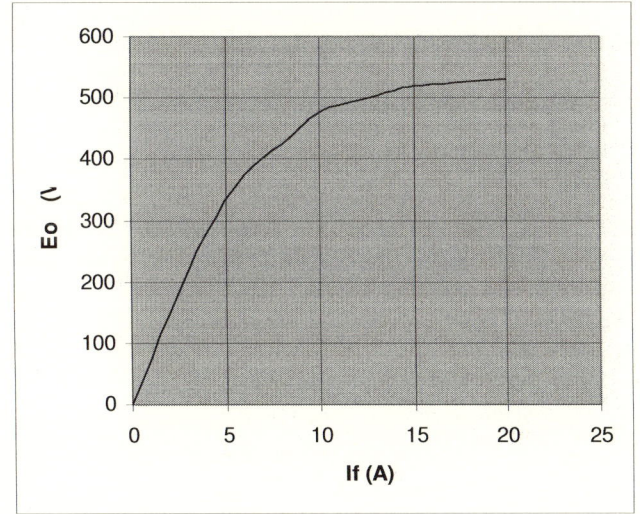

1. ¿Qué resistencia total de excitación proporcionará la tensión asignada en vacío?

2. Si la resistencia del devanado de excitación es de 20 Ω, calcular el reostato de excitación para que el generador pueda dar un margen de tensiones desde prácticamente cero hasta un 10% por encima de U_N ,en su funcionamiento normal en la central (3000 r.p.m. y alimentando el inductor del turbogenerador).

3. Calcular la tensión de bornes de la excitatriz cuando alimenta el devanado de campo del turbogenerador (R_f = 0,08 Ω). (manteniendo R reostato exc constante e igual a la del apartado 1º.).

4. Estando el generador trabajando en condiciones asignadas, se produce un disparo en la central (desconexión del turbogenerador de la red) que se traduce en un aumento de la velocidad a 4000 r.p.m. Calcular la tensión que produce la excitatriz con esta nueva velocidad. (NOTA: Para resolver este apartado, suponer que la máquina se encuentra totalmente saturada).

Con la máquina en un banco de ensayos:

5. ¿Cual sería la velocidad crítica para esta máquina si la $R_{reostato\ exc}$ = 30 Ω .

¿Podría alcanzarse esta velocidad crítica con la máquina en carga? Razonar la respuesta.

Solución:

1. De la característica de vacío se obtiene, para la tensión de 420 V, una intensidad de campo de 7,76 A. Por tanto, la resistencia del circuito de excitación, necesaria para mantener al generador con la tensión asignada en vacío, será: R= 420/7,76 = 54,1 Ω

2. Reóstato. Una tensión nula será imposible de tener debido al magnetismo remanente de la máquina, aunque el mínimo valor de tensión se tendría con una corriente de excitación nula, esto es, si la resistencia del circuito de excitación (total) fuera infinita, lo que equivale a tener el circuito de excitación abierto.

Para generar una tensión del 10% superior a la asignada (420·1,1=462 V), habrá que tener una fuerza electromotriz que dependerá de lo cargada que esté la máquina. En el peor caso, con la intensidad de plena carga: $I = 1800·10^3 / 420 = 4285,7$ A ; se tiene:

$E = U + R_i·I_i = 462 + 0,007·4285,7 = 492$ V ;

Se entra en la curva de vacío con este valor de f.e.m. y se obtiene una intensidad de excitación: $I_{ex} = 11,5$ A , por tanto, la resistencia total que debe tener el circuito de excitación para dar este punto de trabajo será: $R_{ex-tot}= 462/11,5 = 40,174$ Ω

Por otro lado, de la tangente a la curva de vacío se obtiene el valor de la resistencia crítica del generador derivación a 3000 r.p.m.   ($R_{crítica} = 570,8 / 7,76 = 73,57$ Ω)

La resistencia total del circuito de excitación debe estar, por tanto, entre 40 y 75 Ω

Teniendo en cuenta que la $R_{ex} = 20$ Ω, el valor de los límites del reóstato queda:

$R_{max} = 75 – 20 =55$ Ω

$R_{min} = 40 – 20 =20$ Ω

3. Las ecuaciones que se tienen para determinar este punto de funcionamiento son:

$U = 0,08$ I ; (tensión y corriente generada)

$U = 54,1·I_{ex}$; (ec. del inductor)

$E = f(I_{ex})$; (curva de vacío, válida para n = 3000 r.p.m)

$E = U + R_i·I_i = U + R_i·(I + I_{ex}) \approx U + R_i·I$; (ec. del inducido)

La relación entre las corrientes de excitación y la que genera la máquina es: $I=676,25·I_{ex}$;

La ecuación del inducido queda: $E = 0,087·I$;

Mediante iteración, se resuelve el sistema, llegando a la siguiente solución:

I_{ex}	$E_o=f(I_{ex})$	$I=676,25·I_{ex}$	$E=0,087·I$
4	278	2705	235,3
6	374	4057,5	353
8	425	5410	470,67
7	405	4733,75	411,83
6,6	390	4463,2	388,3

$I_{ex} = 6,7$ A ; U = 362,5 V ;

4. En condiciones asignadas: U = 420 V ; $I_N = 4285,7$ A ; $n_N = 3000$ r.p.m.

$E = U + R_i·I = 420 + 0,007·4285,7 = 450$ V ; $I_{ex} = 8,5$ A ; $R_{exc} = 420/8,5= 49,4$ Ω;

Si se considera que la máquina está totalmente saturada, el flujo es constante, y la f.e.m (E) sólo depende de la velocidad ($E = K·\phi·n$) .

Tras el disparo del alternador, se tiene : $E = 450·(4000/3000) = 600$ V ;

$E = U + R_i·I$; $600 = U + 0,007·I$;

$U = 0,08·I$;

$U = 49,4·I_{ex}$;

que da como solución : I = 6896,5 A ;   U = 551,72 V .

5. Máquina en vacío. Zona de no saturación (recta): $E_{3000 r.p.m} = K \cdot \Phi \cdot 3000$; $E_n = K \cdot \Phi \cdot n$;
$E_{3000 r.p.m}(Iex=5 A) = 73,57 \cdot 5 = 367,85$ V
$E_n = 50 \cdot 5 = 250$ V ;
$n = 250/367,85 \cdot 3000 = 2038,9$ r.p.m.

La velocidad crítica a partir de la cual no podrá disminuir la velocidad, con $R_{exc} = 50$ Ω, será de 2040 r.p.m.   Por debajo de ella el generador se desexcitará y perderá su tensión en bornes. Con la máquina en carga, este valor de velocidad crítica será superior a 2040 r.p.m. (con $R_{exc}=50$ Ω), ya que habrá que tener en cuenta la caída de tensión interna.

PROBLEMA 4

Un motor serie alimentado a 220 V absorbe una corriente de la red igual a 40 A cuando gira a 700 r.p.m. Calcular la velocidad de giro que tendrá el motor después de conectar una resistencia en paralelo con el devanado inductor del mismo valor que la de éste, y aumentar en un 50% el par resistente. En estas condiciones, calcular también la corriente absorbida y el rendimiento aproximado del motor.

¿Qué resistencia habrá que añadir en serie para que la velocidad del motor se reduzca a 500 r.p.m. si el motor se encuentra en las mismas condiciones anteriores de par resistente y resistencia en paralelo con el devanado de campo? ¿Qué método se está utilizando en este caso para variar la velocidad del motor? Indicar sus ventajas e inconvenientes.

Suponer la máquina compensada y no saturada, es decir, el flujo por polo es directamente proporcional a la intensidad.

La resistencia del inducido vale 0,15 Ω y la del devanado inductor 0,10 Ω .

Solución:

En las condiciones del primer punto de funcionamiento, se tiene:
$U = E + (R_i + R_{ex}) \cdot I$; $\qquad$ $220 = E + 0,25 \cdot 40$; $\qquad$ $E = 210$ V ;
$Mi = (E \cdot I) / (2 \cdot \pi \cdot n / 60) = 114,6$ N·m ; $\qquad$ $Mi = K' \cdot I^2$;
En el nuevo punto de funcionamiento (Pto.2), con la mitad de flujo y el 50% más de par :
$\qquad$ $M_2 = 1,5 \cdot M_1 = 1,5 \cdot 114,6 = (E_2 \cdot I_2) / (2 \cdot \pi \cdot n_2 / 60)$;
$\qquad$ $M_2 = K \cdot \Phi \cdot I = K' \cdot I_f I_2 = K' \cdot I_2^2 / 2$; $\qquad$ $M_2 / M_1 = 1,5 = (K' \cdot I_2^2 / 2) / (K' \cdot I^2) = I_2^2 / (2 \cdot 40^2)$;
$I_2 = 69,3$ A ; $\qquad$ $M_2 = 171,9$ N·m ;
$U = E_2 + (0,15 + 0,05) \cdot I_2$; $\qquad$ $E_2 = 220 - 0,2 \cdot 69,3$; $\qquad$ $E_2 = 206,14$ V ;
$(210)/(40 \cdot 700) = (206,14)/(69,3/2 \cdot n_2)$; $\qquad$ $n_2 =$ **793,24 r.p.m.**

$\qquad$ $\eta = (220 \cdot 69,3 - 0,15 \cdot 69,3^2 - 0,05 \cdot 69,3^2) / (220 \cdot 69,3) = 0,937$;
En este análisis no se han considerado, ni las pérdidas en las escobillas, ni las pérdidas en el hierro (análisis lineal), ni las pérdidas mecánicas por rozamiento y ventilación.

$\qquad$ En el Pto.3 de funcionamiento, se tiene: $M_3 = M_2 = 171,9$ N·m; $\quad$ n = 500 r.p.m
$U = E + (R_i + R_{ex} + R_{ad}) \cdot I$; $\qquad\qquad$ $220 = E_3 + (0,2 + R_{ad}) I_3$;
$(206,14)/(69,3/2 \cdot 793,24) = (E_3)/(I_3/2 \cdot 500)$; operado es: $\qquad$ $E_3 = 1,875 \cdot I_3$;
$M_3 = (E_3 \cdot I_3) / (2 \cdot \pi \cdot 500 / 60)$; $\qquad\qquad$ $E_3 \cdot I_3 = 9000$;
$\qquad$ Resolviendo el anterior sencillo sistema, se llega a :
$I_3 = 69,3$ A ; $\qquad$ $E_3 = 130$ V ; $\qquad$ $R_{ad} = 1,1$ Ω ;
En definitiva, se está regulando la tensión aplicada al motor, con la ventaja de que permite prescindir de una fuente de tensión regulable, y los inconvenientes de las pérdidas originadas y de que esta regulación de velocidad depende fuertemente de la carga.

PROBLEMA 5

La excitatriz piloto de una central hidráulica en el río Duero tiene las siguientes características (excitación en derivación) :

40 kW , 500 V, $2p = 6$, $\eta = 0.82$, $R_{exc} = 60$ Ω, $R_i = 0.44$ Ω. (máquina compensada)

La curva característica de saturación en vacío a la velocidad asignada es la siguiente:

Iecx (A)	0	1	2	3	4	5	6	7	8	9
Eo (V)	0	100	200	300	400	450	500	520	535	550

1. Dibujar en representación rectangular su devanado inducido si se conoce que es del tipo imbricado simple de paso acortado y está formado por N = 384 lados activos en 24 ranuras con 4 espiras/bobina. Empezar la tabla de conexión.

2. Calcular el reóstato de excitación.

3. ¿Cómo se podría conseguir un margen de tensiones en la carga entre 0 y 500 V? ¿Donde y cuando añadirías un reóstato adicional?

4. Si el flujo por polo en la máquina a plena carga es 0.449 Wb , calcular el par interno y el desglose de pérdidas en estas condiciones.

Nota: Despreciar la caída de tensión en las escobillas.

Solución:

1. B=384/(2·4)=48 ; y_1 =B/2·p = 48/6 = 8   → y_1 = 7 (paso acortado)
y_{1r} =7/2 =3,5 (escalonado).
Tabla de conexión: 1-4'-1-5'-2-5'-2-6'-3-6'-3-7'-.......

2. A partir de la curva característica se obtiene que la pendiente máxima es 100. Es decir:
       tgα = R_{exc} + R_{max_reost} = 100 Ω; R_{max_reost} = 40 Ω
A plena carga (I_N= 40000/500= 80 A), interpolando se obtiene: E=500 + (80+I_{exc})·R_i;
I_{exc}=8,2 A,   E=538,8V ; R_{min_reost} = 500/8,2 –60 =1 Ω
Reóstato excitación:(1Ω (máquina a plena carga)----40Ω(generador en vacío))

3. Suponiendo que la carga que alimenta la excitatriz es constante (devanado de excitación del generador síncrono): Rc= 500/80 =6,25Ω (; A partir del punto de máxima tangente de la curva característica de saturación en vacío, se obtiene como resultado: I= 59,53 A , V= 372 V.($R_{max\_reostato}$= 372/4 –60=33Ω). Por tanto, el reóstato de excitación variando entre 1 y 33 Ω, permitirá un margen de regulación de tensión en bornes de la excitatriz de 500 y 372 V respectivamente.
Para obtener una tensión inferior a 372 V en la carga, habrá que añadir otro reóstato en serie con el inducido: Si se considera que la tensión mínima en bornes es de 20 V (sin desmagnetizar la máquina, 25 V es la tensión remanente), será necesario un valor máximo de 110 Ω en el reóstato adicional del inducido. I=20/6,25=3,2 A; R_{ad}=(372-20)/3,2=110)

Reóstato inducido:(0 Ω ----110 Ω)

4. $E = (N \cdot p/60a) \cdot \Phi \cdot n$; $\quad 538,8 = (384 \cdot 3/60 \cdot 3) \cdot 0,449 \cdot n$; $\quad n = 187,5$ r.p.m.

$Mi = (E \cdot Ii) / \omega = (538,8 \cdot 88,2)/(2\pi 187,5/60) = 2420,3$ N·m ;

$\eta = 0,82$; $\qquad P_{\text{pérdidas totales}} = 8780,5$ W;

$\qquad P_{Cui} = R_i \cdot I_i^2 = 0,44 \cdot 88,2^2 = 3422,8$ W ;

$\qquad P_{CuEx} = R_{Ex} \cdot I_{Ex}^2 = 61 \cdot 8,2^2 = 4101,6$ W ;

$\qquad P_{mec+Fe} = 1256,08$ W ;

PROBLEMA 6

Un motor derivación tiene las siguientes características: U = 300 V, R_{exc} = 150 Ω, R_i = 0.05 Ω. (Máquina compensada).

1. Calcular el valor de la resistencia adicional que hay que incluir en el circuito inductor para que aumente la velocidad del motor de 1000 a 1500 r.p.m. consumiendo en ambos casos una corriente de 300 A.

2. Con la resistencia calculada antes en el inductor, calcular la nueva velocidad del motor si por una disminución de carga pasa a consumir 150 A.

3. Con el motor en estas condiciones se mide el rendimiento y resulta η = 0.86. Si ahora se aplica al motor una nueva carga constante que supone un incremento de par del 50%, calcular la nueva velocidad de régimen permanente y el tiempo que tarda en llegar a esta velocidad (tiempo empleado en recorrer un 98 % del intervalo de velocidades). $J_{mtor+carga}$ = 4.4 kg m², Li ≈ 0 H.

4. Dibujar en el plano M-n los distintos puntos de funcionamiento mencionados en los apartados anteriores.

Nota: Despreciar la caída de tensión en las escobillas. Considerar que el par de pérdidas (mecánicas más hierro) es proporcional a la velocidad.

Solución:

1. R_{ad}= 75 Ω.

2. n = 1540 r.p.m.

3. M_i - M_{mec+Fe} - M_{res} = J· dω/dt ;
M_{mec+Fe} = 0,0193·n ; M_{res} = 360 N·m .
E=292,56/1540 · n =0,19·n;   Ii=(U-E)/Ri = 300/0,05 –0,19/0,05 ·n ;
M_i = E/ω ·Ii = 10884,7 – 6,89·n ;
n = 16,888·e$^{-15·t}$ +1523,11 ;
        El tiempo empleado en bajar la velocidad hasta n=1523,45 r.p.m. es : 0,26 s.

PROBLEMA 7

Un vehículo eléctrico para el transporte de pequeña mercancía está equipado con un motor serie de 11 kW de potencia asignada que se alimenta de un grupo de 10 baterías (12 V) dispuestas en serie (U = 120 V).

El rendimiento del motor a plena carga es η = 0.86. R_{exc} = 0.01 Ω, R_i = 0.10 Ω. (máquina compensada)

La curva característica de saturación en vacío a la velocidad asignada (1600 r.p.m.) es la siguiente:

I_{ecx} (A)	0	20	40	60	80	100	120	140	160	180
Eo (V)	0	20.32	40.64	60.96	81.28	101.60	121.92	130	135	138

1. Calcular el valor máximo del reóstato serie adicional necesario para que el vehículo no consuma más corriente de la asignada en el momento del arranque.

2. Se pone en marcha el vehículo regulando la tensión aplicada al motor con el reóstato serie adicional y cuando ha finalizado el arranque y el reóstato queda a cero, se mira el cuentarrevoluciones que marca 1800 r.p.m. ¿Cual será la corriente consumida por el vehículo en estas circunstancias?

3. Si el vehículo llega a una cuesta abajo y aumentamos la velocidad del mismo regulando un reóstato de campo adicional en paralelo con la excitación. ¿Cual será el valor que debe tomar este reóstato para que el motor gire a 3000 r.p.m. con un par resistente igual a 1/3 del asignado?

4. Describir la forma de actuar en el motor para, estando en las condiciones del apartado anterior, frenar el vehículo hasta pararlo.

Nota: Considerar el par de pérdidas mecánicas y en el hierro proporcional a la velocidad y despreciar la caída de tensión en las escobillas. A plena carga, los reóstatos adicionales de control del motor están a cero.

Solución:

1. I_N= (11000/0,86)/120= 106,6 A. R_{ad_serie} = 1,0157 Ω

2. A plena carga: (n=1600 r.p.m) ; E= 108,3 V; Considerando que la zona en la que se mueve la máquina es lineal: Mi = 68,9 N·m ; Mu = 65,65 N·m ; M_{mec+Fe} = 3,25/1600· n ;
    A 1800 r.p.m: E= 109,46 V; I=95,78 A ; Mi = 55,62 N·m ;

3. A 3000 r.p.m: E= 111,53 V; If=58,55 A ; I = 78,87 A ; R_{ad_f} = 0,029 Ω

4. Primero se frena eliminando la resistencia adicional en paralelo con la excitación.
Luego se va aumentando el valor del reóstato serie adicional para ir reduciendo la tensión que se aplica en el inducido.

Finalmente, para conseguir un frenado más brusco habría que invertir el sentido de circulación de la corriente por el devanado inducido o por el inductor, mediante un interruptor de cruzamiento.

PROBLEMA 8

Un motor serie alimentado a 250 V, gira a 1200 r.p.m absorbiendo una corriente de 38.5 A. La resistencia del devanado inducido (incluidas escobillas y devanados auxiliar y de compensación) es de 0.21 Ω, y la del devanado de excitación es 0.052 Ω. Se dispone de la curva característica de saturación en vacío de la máquina, ensayada como generador de excitación independiente a su velocidad asignada (1200 r.p.m.):

I_{ecx} (A)	0	16,46	19,65	22,83	29,2	38,5	45,13
Eo (V)	0	151	180	200	220	240	250

Se pide, determinar y dibujar, para una tensión de alimentación constante e igual a 250 V:

1. Curva característica de velocidad (n = f (I)).

2. Curva característica de par (Mi = f (I)).

3. Curva característica del motor (Mi = f (n)).

4. Punto de funcionamiento si el motor acciona un ventilador cuya característica sigue la siguiente ley cuadrática: $M = 10 + 3.4 \cdot 10^{-3} \cdot \omega^2$;

5. Calcular las distintas pérdidas en el motor en el punto de trabajo del apartado anterior. ¿Con qué rendimiento trabaja?

Solución:

1, 2 y 3. Las curvas n=f(I), Mi=f(I) y Mi=f(n), se obtienen a partir de la curva característica y de las siguientes relaciones:
E= 250- 0,262·I ; n= (E/E$_{1200}$)·1200 ; Mi = E/(2πn/60)·I ;

I (A)	0	16,46	19,65	22,83	29,2	38,5	45,13
Eo (V)$_{1200}$	0	151	180	200	220	240	250
E (V)	250	245,68	244,85	244,02	242,35	239,91	238,17
n (r.p.m)		1952,42	1632,3	1464,12	1321,91	1199,55	1143,2
Mi (N·m)	0	19,78	28,147	36,33	51,12	73,5	89,78

4. Dado que no hay información sobre las pérdidas mecánicas y en el hierro, se realiza la aproximación de suponer el par interno igual al par útil. El punto de funcionamiento obtenido es: n = 1220 r.p.m ;   M = 65,5 N·m ;   I = 37 A ;

5.

$P_{Cu(ind+dev.aux.+polos\ conm.+esc)} = 0,21 \cdot I_i^2 = 287,5$ W ;

$P_{CuEx} = 0,052 \cdot I^2 = 71,2$ W ;

P_{mec+Fe} = No hay información;

$\eta = Mi \cdot (2\pi n/60) / (U \cdot I) = 65,5 \cdot (2\pi 1220/60) / (250 \cdot 37) = 0,9$

PROBLEMA 9

Un vehículo eléctrico destinado a utilización urbana, está equipado con un motor serie de corriente continua de 11 kW de potencia asignada que se alimenta de un grupo de 10 baterías (12 V) dispuestas en serie (U = 120 V). La resistencia del devanado inducido es R_i = 0.10 Ω (incluye dev. Auxiliar y de compensación) y la del devanado de excitación es un 10% de R_i.

Se dispone de la curva característica de saturación en vacío de la máquina, ensayada como generador de excitación independiente a su velocidad asignada (1600 r.p.m.):

I_{ecx} (A)	0	25	45	65	85	105	125	145	165	185
Eo (V)	0	25.05	45	65.02	85	105	125	135	140	143

El rendimiento del motor a plena carga es η = 0,85.

Nota: Considerar el par de pérdidas mecánicas y en el hierro proporcional a la velocidad y despreciar la caída de tensión en las escobillas. A plena carga, los reóstatos adicionales de control del motor están a cero.

1. Calcular el valor máximo del reóstato serie adicional necesario para que el vehículo no consuma más corriente de la asignada en el momento del arranque.

2. Se pone en marcha el vehículo regulando la tensión aplicada al motor con el reóstato serie adicional y cuando ha finalizado el arranque y el reóstato queda a cero, se mira el cuentarrevoluciones que marca 1800 r.p.m. ¿Cual será la corriente consumida por el vehículo en estas circunstancias?

3. Si el vehículo llega a una cuesta abajo y aumentamos la velocidad del mismo regulando un reóstato de campo adicional en paralelo con la excitación. ¿Cual será el valor que debe tomar este reóstato para que el motor gire a 3000 r.p.m. con un par resistente igual a 1/3 del asignado?

4. Describir la forma de actuar en el motor para, estando en las condiciones del apartado anterior, frenar el vehículo hasta pararlo.

5. Calcular las diferentes pérdidas en el motor cuando trabaja en las condiciones del apartado 3. ¿Con qué rendimiento trabaja?

6. Calcular la corriente en el motor en el instante en el que se cambia la polaridad en la alimentación del devanado inducido sólo para provocar un frenado brusco cuando el motor se encuentra en las condiciones de funcionamiento del apartado 2. Dibujar un esquema de como sería el cambio de conexiones en el circuito equivalente del motor.

Solución:

1. I_N= (11000/0,85)/120= 107,84 A.; Mi = 69,6 N·m ;
E = 108,13 V (n = 1600 r.p.m); M_{mec+Fe} = 3,94 N·m
En el arranque (n=0, E=0) : R_{ad} = 120/107,84 – R_{exc} –R_i = 1 Ω

2. Con las siguientes dos ecuaciones: 120 = E +0,11·I ;
E = 0,0006267·I·1800 ; (Observar que el motor trabaja en la zona lineal de la curva característica, por tanto, el flujo es proporcional a la corriente) se obtiene:
I = 96,92 A; E = 109,33 V ;

3. $Mi_{3000r.p.m} = 29,3$ N·m ;   If = 59,11 A ;   I = 82,83 A;   E = 111,12 V ;   Rr = 0,025 Ω ;

4.   Primero se aumenta el flujo reduciendo Rr.
          Se aumenta Rad...

5. $P_{mec+Fe} = 7,4 \cdot \cdot (2\pi 3000/60) = 2324,78$ W ;
                    $P_{CuEx} = 0,01 \cdot 59,11^2 = 34,94$ W ;
                    $P_{CuRr} = 0,025 \cdot (82,83-59,11)^2 = 14,06$ W ;
                    $P_{Cui} = 0,1 \cdot 82,83^2 = 686,08$ W ;
                    $\eta = 21,88 \cdot (2\pi 3000/60) / (120 \cdot 82,83) = 0,69$

6. I = (120+109,33) / $(R_{ex}+R_i+R_{ad})$ = 206,6 A .

PROBLEMA 10

El vagón motriz de un ferrocarril subterráneo metropolitano dispone de 4 motores de corriente continua (DC) de 300 kW, 600 V (dc) y 1000 r.p.m cada uno. Todos ellos son de excitación independiente de $I_{ecx} = 10$ A y $U_{ecx} = 600$ V (dc) de valor asignado.

Con sus motores en condiciones asignadas el convoy supera una rampa de 0,5 % de pendiente a 100 km/h.

Determinar, de forma aproximada, la Potencia mecánica (P_{mec}), el Par en el eje (M_{eje}), la tensión de inducido (U_i), la corriente de inducido (I_i), la tensión de excitación (U_{ex}) y la corriente de excitación (I_{ex}), en las siguientes circunstancias:

Rampa ascendente	0.5 %	0.5 %	0.25 %	0.25 %	-0.5 %
Velocidad	100 km/h	50 km/h	100 km/h	200 km/h	50 km/h

Solución:

	0,5% 100 km/h	0,5% 50 km/h	0,25% 100 km/h	0,25% 200 km/h	-0,5% 50 km/h	
P_{mec} (kW)	300	150	150	300	-150	
M_{eje} (Nm)	2864,8	2864,8	1432,4	1432,4	-2864,8	
U_i (V)	600	300	600	600	300	300
I_i (A)	500	500	250	500	-500	500
U_{exc} (V)	600	600	600	300	600	-600
I_{exc} (A)	10	10	10	5	10	-10
	Condiciones asignadas	M_N $n_N/2$	$M_N/2$ n_N	$M_N/2$ $2n_N$	$-M_N$ (bajando) $n_N/2$	Frenado (invirtiendo excitación)

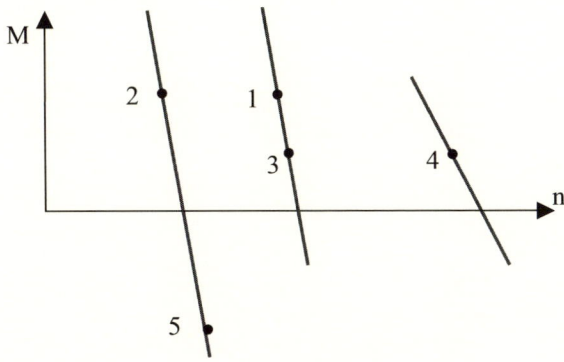